U0031003

數文明

大數據如何重塑人類文明、商業形態和個人世界

我們可以改變世界，是因為首先改變了自己，國家亦然。

CONTENTS
目錄

推薦序一 / 林毅夫 XII

推薦序二 / 孟慶國 XIV

前言　從幼稚到成熟：我們這個時代的數據革命 1

01 數據平權：新商業文明的衝擊和原罪

心理入侵：大數據 "讀心術" 誕生了 15

價格操控：大數據 "殺熟" 和算法合謀 22

數懼的最深層：人工智能三宗罪 27

新經濟到底新在哪裡：智能商業 33

金礦如何形成：個人數據的價值困境 36

數權：互聯網原罪浮出水面 41

02 無匿名追蹤：天網的隱喻

要是此案在中國，早破了 49

三體：天網的真正維度 53

互聯網要向天網學習甚麼 57

霧計算：人工智能的競技主場 61

以圖搜車：追蹤億萬車輛之軌跡 63

硬盤和眼藥水為甚麼同時脫銷 69

03　人臉和人工智能

照片開路：構建身份社會 ⋯⋯⋯⋯⋯⋯⋯⋯⋯⋯⋯⋯⋯ 79

起步矽谷：幾何時代的徘徊 ⋯⋯⋯⋯⋯⋯⋯⋯⋯⋯⋯ 81

機器能否學習：人工智能之爭 ⋯⋯⋯⋯⋯⋯⋯⋯⋯⋯ 84

"不明覺厲"：深度學習的崛起 ⋯⋯⋯⋯⋯⋯⋯⋯⋯⋯ 87

數據田徑場：政府怎樣推動商業創新 ⋯⋯⋯⋯⋯⋯ 97

歷史的意外："9·11"事件如何拯救失敗 ⋯⋯⋯⋯ 100

無匿名社會：動態識別的前景 ⋯⋯⋯⋯⋯⋯⋯⋯⋯ 103

04　高清晰社會：單粒度治理和籠中人險境

數紋：邁入高清晰社會 ⋯⋯⋯⋯⋯⋯⋯⋯⋯⋯⋯⋯⋯ 111

模糊社會的困境 ⋯⋯⋯⋯⋯⋯⋯⋯⋯⋯⋯⋯⋯⋯⋯⋯ 116

超級檔案的產生：單粒度治理 ⋯⋯⋯⋯⋯⋯⋯⋯⋯ 119

抑制僥倖：中國古代的治國經驗 ⋯⋯⋯⋯⋯⋯⋯⋯ 126

高能個體：人人皆持劍，又皆為劍下人 ⋯⋯⋯⋯ 129

數據即證據：無僥倖天下 ⋯⋯⋯⋯⋯⋯⋯⋯⋯⋯⋯ 131

05 數力：普適記錄如何 "掰彎" 人性

唐宗宋祖的煩惱 ……………………………………………… 141

愛迪生拓寬記錄的疆域 ……………………………………… 147

尼克遜之困：白宮錄音小史 ………………………………… 150

特朗普的錄音風波 …………………………………………… 156

視頻直播為甚麼低效 ………………………………………… 158

普適記錄：上帝的終極武器 ………………………………… 160

06 數文明：社會、商業和個人如何被記錄賦能

一個新的發展視角：記錄 …………………………………… 171

歷史上中國文明領跑與掉隊的原因 ………………………… 175

三本書在三個大陸的三種命運 ……………………………… 180

十計九記：商業文明的進步密碼 …………………………… 185

電梯裡的羞辱 ………………………………………………… 189

全面記錄全面計算：開創數文明時代 ……………………… 192

07　數據新政：建設現代國家的治理體系

數基：世界級創新和本土難題 …………………………………… 202

數聯網：數據維度上的整體性政府 …………………………… 208

城市大腦：新時代的南京長江大橋 …………………………… 214

僅此一次："最多跑一次"如何升級 …………………………… 219

開放攝像頭：天網的未來 ……………………………………… 222

對數據和算法的現代治理 ……………………………………… 229

08　人工智能的邊界、風險和未來

一切皆可預測：拉普拉斯之妖 ………………………………… 237

量子思維：不確定的現實 ……………………………………… 240

人是城市中的粒子：測不準 …………………………………… 241

數據相對論：普適記錄的極限 ………………………………… 245

表情分析：人工智能的邊界 …………………………………… 249

轉型智能社會：懷揣瓷器花瓶，進入花花世界 ……………… 258

結語　第四次浪潮：我們如何再次領先 ………………………………… 265

後記　野路無人自還 ……………………………………………………… 273

大事記 ……………………………………………………………………… 277

索引 ………………………………………………………………………… 285

數據自古有之，在互聯網出現、普及之後，因為數碼化而記錄、積累成為可供計算機快速提取、分析的大數據。近幾年來，它被廣泛地運用於人類社會的生產、生活、管理和社會治理，成為並列於資本、勞動和自然資源的新的要素稟賦。

這一新稟賦的出現對世界政治、經濟、文化的影響將不亞於 15 世紀末美洲新大陸的發現，值得社會各界認真研究和關注。

我國雖然起步晚於美國等發達國家幾年，但是由於人口規模、經濟體量和快速的發展，在大數據這一稟賦及其開發運用上相比於世界上其他國家具有比較優勢，並且已經湧現了百度、阿里巴巴、騰訊、今日頭條等世界前沿的領先企業和眾多的獨角獸公司，國家也正式提出了"國家大數據戰略"，先後出台了《促進大數據發展行動綱要》《大數據產業發展規劃（2016—2020年）》等指導性文件，大數據的開發、運用正處於方興未艾的階段。

這本《數文明》為中國第一位系統研究大數據的權威學者涂子沛著的第三本力作，分享了他對大數據給人類、社會和文明的各個層面可能帶來的機遇和挑戰的探索和思考，縱橫歷史，文字雋永，深入淺出，信息量大，涉及面廣，讀之獲益甚多，難以釋卷。

作者預言了數據經濟時代的到來，其觀點獨到，具有前瞻性。毫無疑問，大數據將成為全球經濟的重要組成部分，其對中國經濟的賦能作用也將日益凸顯，但作者也提出，它也可能給經濟社會投下陰影。如何發揮大數據的正向作用、限制其負面影響，我希望看到更多的研究和討論。

林毅夫

北京大學新結構經濟學研究院院長

世界銀行原高級副行長、首席經濟學家

從人類的文明發展史看，以大數據和人工智能為驅動力的技術革命正在引領人類走向新文明時代。而新時代的人工智能，又不能脫離數據，數據可謂人工智能的母體。

因為新技術的普及，引發了新觀念的產生、新模式的出現、新思維的塑造、新治理的構建，它們既成為進入新文明時代的重要標誌，又構成了需要深入探討的重大命題，這些命題日益引起社會各界空前的關注和思考，而其中的主線，就是大數據。

《數文明》是一本應時力作，這本書提出了很多富有啟發性的概念，從量數到據數，從普適記錄到高清社會，從數權到數治，從數基到數聯網等等，體現出了作者對數據文明的深邃思考和敏銳洞察。書中的許多觀點和內容極具思想性，引用的案例生動鮮活，可讀可鑑性很強，閱讀時讓人幾乎不願跳過任何細節。作者縱橫古今，關聯西東的數據時空觀和行文風格，時時讓人掩卷深思，充滿對未來新文明時代的無限遐想。

這是涂子沛先生第三本關於大數據的著作，他的前兩本書，《大數據》《數據之巔》我也很喜歡。據我所知，涂先生的前兩本書都是在國外完成的，但本書的立足點、出發點、關注點很明顯都在中國，它講的多是中國故事和案例，很多時候直溯中國歷史，從中挖掘現代元素，同時又兼具世界眼光。
我相信，這也是中國夢的另一種表達和講述。

孟慶國

清華大學公共管理學院教授

清華大學國家治理研究院執行院長

前言

從幼稚到成熟：
我們這個時代的數據革命

一個新的數據劃分方法

隨着大數據的興起，"言必稱數據"逐漸成了我們這個時代一個顯著的特徵，但問題是，此數據非彼數據。

今天，所有"記錄"的結果，甚至包括文字，都被統稱為數據。這其中暗含的邏輯是，數據作為一個概念，它的內涵擴大了。傳統意義上的數據是人類對事物進行測量的結果，是作為"量"而存在的數據，可以稱為"量數"；今天的照片、視頻、音頻不是源於測量而是源於對周圍環境的記錄，是作為一種證據、根據而存在的，可以稱為"據數"。

量數和據數，兩者原本風馬牛不相及，但在今天這個時代，它們又有了一個共同

的特點 —— 以"比特"為單位進行存儲。關於大數據的定義，我主張用這樣一個等式
較為簡潔、精確地表示：

$$大數據 \ = \ 傳統的量數 \quad + \quad 現代的據數$$

（量數源於測量，如氣溫 28℃）　（據數源於記錄，如一張照片）

量數雖然比據數更接近"數"，但從歷史上看，據數的出現要早於量數。人類早期
對自身活動的記錄，即"史"，就是早期的據數，也可以說，據數是歷史的影子。量數
則是在記錄的實踐中慢慢產生的，特別是針對天空、星體、山川等外物的記錄，它們
追求精確，於是我們逐漸延伸出測量的工具和行為。一切科學都源於測量，量數是否
充沛，決定了科學的種子何時萌芽，決定了科學是否發達，也可以說，量數是科學的
母親，其核心要義是精確。

在 16 世紀前後，人類開啟了大航海時代，量數出現了一個高峰。隨着航海儀器的
普及，歐洲對土地測量、建築設計、礦山開採、人口統計的需求也應運而生。人類發
現，定性描述不足以解決問題，只有更加精確的測量和計算，才能夠滿足科學和管理
的需要，這引發了歷史上第一次數據爆炸：量數爆炸。

這也是人類歷史上第一個數據的春天。

進入 20 世紀後，由於計算機、互聯網和智能手機的普及，據數開始爆炸，相較於
16 世紀的量數爆炸，據數爆炸的規模更大。今天大數據的主體，從體量上來看，毫無
疑問是據數，即對人類活動及周邊環境越來越多的記錄，或稱"普適記錄"。互聯網平
台記錄的，大部分是據數。

和今天的普適記錄相比，過去 5000 年的文明看似浩如煙海，但其實相當有限，史
書雖然一本比一本厚，但大部分都聚焦在為數不多的帝王將相身上，關於普通百姓的
個體性記錄，在全世界各個國家都少之又少。隨着普適記錄的興起，這種情況正在迅
速改變，未來不僅有國家史、社會史、行業史，還會有數量驚人的"個人史"。可供歷
史學家研究的資料，將會像雪球一樣越滾越大，其規模將前所未有。

量數對於中國的巨大意義,自不待言,黃仁宇的"數目字管理"在 20 世紀曾經開啟過一場討論,我的前兩本書《大數據》《數據之巔》[1] 重點關注的是量數,尤其是《數據之巔》,它延續了黃先生的討論,而本書更側重據數。

一場還沒有完成的革命

今天的"大數據之熱",熱的其實是據數,和精確的量數幾乎沒有任何關係。

"據數之熱"並不奇怪,它源於互聯網帶來的變革和它已經展現出來的巨大的財富效應,形形色色的手機應用給了每一個人更加直觀的感受,不管是電商、社交還是自媒體,哪一個不是跟記錄之據數有關呢?

幾乎人類的一切行為,今天都可能、可以被記錄,並被轉化為據數。如果説量數的核心要義是"精確",那據數的關鍵就在於"清晰"地留據。

因為智能手機的普及,據數已經無處不在,但我們大部分人對據數的理解是膚淺的,迄今為止,以據數為中心的大數據討論主要停留在以下三個層面。

一是精準營銷,即互聯網廣告業。和傳統的廣告業相比,今天的互聯網和智能手機通過記錄消費者不斷產生的數據,可以向終端用戶推送個性化的廣告,這大大提高了行業效率。這是大數據革命在商業領域的起源。這也是目前互聯網企業,無論是中國的 BAT(百度、阿里巴巴、騰訊),還是美國的谷歌、Facebook(臉譜網)、亞馬遜最主要的贏利途徑。

二是商業和社會信用,其主體是金融機構。除了精準營銷,這是利用大數據賺錢的第二個法門,也是我們看到諸多互聯網企業陸續進入金融領域的原因。其商業模式是,通過消費者的消費記錄評估消費者的信用,從後續的金融服務中贏利。例如阿里巴巴旗下的"芝麻信用"和騰訊旗下的"微粒貸",它們在給消費者打"信用分"的基礎上,向單個消費者提供貸款等金融服務。

這兩種商業模式,都需要通過數據監控消費者在互聯網上的一舉一動,消費者個體因此成為被觀察、被分析、被監測的對象,這就帶出了第三個層面的問題 —— 隱私。這兩種商業模式的副作用是，我們幾乎每天都能聽到數據泄露的新聞，時不時還會看到因為它而導致的悲劇。

最近，我的一個朋友告訴我，今日頭條向他推送泳衣和泳鏡的廣告，明顯是知道他最近去游泳了，他琢磨了一下，發現唯一可能的原因，是他在下水之前把智能手錶調節到了泳池模式。

毫無疑問，今日頭條打通了這款智能手錶的數據。大眾對這種商業模式有一種矛盾的心理：一方面，我們感到權利受到了侵犯，沒有得到尊重，被出賣了，社會輿論也往往會把它簡單地放在公平的背景下進行考量，一邊倒地反對這種商業模式；另一方面，也許我們真的需要一副泳鏡，不想拒絕這種便利和高效。

這兩種商業模式之所以可行，是因為它們以據數為基礎掌握了消費者的動態，據數的商業和管理價值正是本書論述的重點，但為了行文方便，本書大部分時候仍使用了"數據"一詞，因此本書的"數據"二字實為指代"據數"一義。

這就是大眾眼中的大數據，前兩者為商業利潤而生，而隱私問題屢屢成為社會公共話題。可是，這三個層面僅僅揭開了冰山的一角，難道大數據就是養了幾家大公司，方便了公眾生活，改善了信用評級體系，讓生活更美好或者多了點麻煩這麼簡單？

我認為遠不止於此。

在商業層面，大數據還在進一步深化變革，它所催生的互聯網應用仍在不斷更新迭代。當大數據完全發揮出它的潛力時，其最終形態將是全自動商業，或稱智能商業，商業文明將會被重塑和再造，本書將對此進行闡述。

據數的商業化應用帶動了大數據的興起，但商業只是故事的一個邊角，革命是社會化的，未來我們還會看到智能製造業，它所依靠的還是數據，數據引發的變化還在向社會治理和個人生活領域全面拓進，它涉及社會生活的方方面面，將會推動整個社會進入文明新狀態，改變社會的全貌。一個新的故事正在世界範圍內浮現。我們必須拋開細枝末節，看到那些更深刻的、方向性的東西。數據的力量正在重塑整個社會甚至人類的天性。

我稱之為"數文明"，這是本書的主題。

一種新文明的興起

　　何謂文明？文明是歷史沉澱下來的，被絕大多數人認可和接受的發明創造、人文精神以及公序良俗的總和。這些集合至少包括了以下要素：語言、文字、工具、道德、信仰、宗教、法律、家族、城邦和國家。

　　今天的文字，也屬於數據的一種，換句話說，今天的數據，包括了文字，還超越了文字，文字只是數據的一個子集，如果說文字是金子，那數據就是金屬。

　　就像語言文字曾經塑造了人類的文明一樣，數據這個新工具正在重塑人類的精神、道德甚至宗教信仰，本書將對此展開論述。

　　人類畢生的追求，莫過於"明"。孔子說："朝聞道，夕死可矣。"說的是，人早上明白了一個道理，如果晚上死了，那也是值得的，而不是說，早上過上了幸福的生活，那晚上死，也是值得的。明智、明德、明理，做個明白人，追求光明、知識和規律，這應該是人畢生的目標。光明，指的是普照萬物的自然之光，它是地球上萬物存在和生長的前提。在生存的基礎之上，我們把和野蠻相對的、較為先進的狀態稱為文明，顧名思義，這種"明"，應歸功於文字的發明。

　　而今天，在光明和文明之外，數據帶來了一種新的"明"。因為數據，人類歷史上一些精細的、微妙的、隱性的，甚至曾經難以捕捉表述的關係和知識，在今天都可以變為顯性的關係和知識，清清楚楚地為人類所用；因為數據，人類從來沒有像今天一樣清晰、明白、客觀、精確地認知和管理自己所生活的社會；因為數據，大量的事實可以被還原再現，人類的僥倖心理得到了抑制，人性的幽暗之處得以變得光明，人類正在邁向一個更加文明、安全的時代。

　　西方的《聖經》裡記錄了一個傳說，從前，天下人都講一樣的語言，都有一樣的口音，人和人之間很容易溝通和交流，於是一群人說："來吧！我們要建造一座城和一座塔，塔頂通天，為要傳揚我們的名，免得我們分散在全地上。"人類於是聯合起來，開始興建一座通往天堂的高塔，塔越建越高，上帝為此感到不安："看哪！他們成為一樣的人民，都是一樣的言語，如今既做起這事來，以後他們所要做的事，就沒有不成就的了。"

　　為了阻止人類的計劃,上帝就讓人類説不同的語言,人類相互之間自此不能有效溝通,通天塔因此失敗,人類各散東西。

　　今天的數據,無論是量數還是據數,都由比特"0"和"1"組成,它是全世界統一的語言。按照《聖經》的邏輯,建造一座通天塔在今天已經成為可能。

　　在國家和社會的層面之上,我們將會看到更大的變化。越來越多的個人行為在被記錄,對國家而言,這意味着每一個國民個體、每一輛車甚至每一個其他物體都可以被追蹤。如果懂得使用數據,那麼站在官僚層級的金字塔上,我們的社會將呈現出一種現在就非常清晰而且會越來越清晰的狀態,據數就是這個高清社會的紋理。本書認為,清晰性是有效治理的前提。

　　本書堅持、發展了黃仁宇的"數目字管理"。我認為,中國近百年來的落後,是源於眾多國民對精確的漠視,在中國的歷史上量數一度匱乏。

　　和量數相比,據數為國家治理提供了新的工具和手段。就此而言,用好大數據是通向國家治理現代化的最佳路徑。我甚至認為,若論中國,我們的國家治理現代化,捨此途徑,無從抵達。

　　在中國的歷史上,曾經長期存在德治和法治之爭,德治以仁愛為主,法治倡導峻法,爭了上千年,今天中國要建設法治社會已經是共識,本書要提出的,是數治。數治就是憑藉對數據的有效收集、處理和分析來治理國家以及與之對應的數據治理,數據治理將是國家治理的重要內容。

　　對國家而言,以大數據為結果的互聯網代表的是新生的力量,它正在重塑傳統社會,比如智能攝像頭被廣泛應用,大量的事實可以被還原再現,人類的僥倖心理得到了抑制,人類的犯罪行為將會大幅減少,數治正在有效地解決人類對安全的根本性需要。

　　另一方面,大數據、互聯網又帶來挑戰。國家力量已經不可能完全左右互聯網連接起來的有機社會了,相反,越來越多的公共功能在向私人公司、社會機構轉移。想了解商家的信譽,不妨去看看好評差評;想給災區捐點錢,人們第一時間要找的是網絡平台,而不是傳統的慈善機構;政府開發的服務平台點擊率可能不會太高,而同樣的功能一旦被集成到互聯網公司的平台上，就可能帶來一場公共服務的變革。又比如媒體，現在最大的媒體不是電視台，也不是各大報紙，而是今日頭條。憑藉巨大的數據和流量，商業互聯網公司可以挑戰政府的公權，在這種複雜的局面下，如何重塑公權力的公信力？與互聯網公司緊密合作已經成為一個繞不開的話題。

如何利用這股力量，又約束住這股力量？這股力量可能會重塑整個社會的結構，催生新的政治文明，數治因此是一個具有挑戰性的話題。數治做好了，中國在這個新的時代就會具備"數據優勢"，國家是這樣，企業亦然，各級地方政府也一樣。

一條可靠的成功路徑

數文明不僅和國家、社會相關，也直接關係到個人。

對個人來說，掌握未來發展、演進的方向，知道哪些行業將消失，哪些行業又將興起，這當然非常重要。一個在黑夜中行走的人是走不快、走不遠的，他也無法領略到沿途的風景之美。

我認為，在數文明的時代，通過記錄賦能，個人會成為高能個體，一個具備數據意識、數據頭腦和數據技能的數據公民當然更容易獲得成功。新的時代會改變個人的命運，我們也應該調整我們的價值觀。

記得小時候聽故事，開頭一般都是"很久很久以前，在山的那邊，一個遙遠的地方……"，一句"山的那邊"就將我們的心靈拉到了遠方，山那邊的那個世界總是能讓少年心馳神往。可說到底，這個講故事的手法是通過拉開時間和空間的距離，創造一個可以隨意講述的空間。因為你沒去過、沒見過、沒經歷過，你不懂，講故事的人就有了權威。在古代，歲數大的人、遠航過的水手都被認為是最有智慧的人，因為他們在時間維度上看到了更多，在空間維度上經歷了更多。

也可以概括地說，那是一個未知的世界，未知世界的特點就是"沒有記錄"。

今天，一切都變了。你不了解也無法了解的"山的那邊"已然不存在了，你足不出戶，谷歌地圖和街景就可以把你帶到任何一個地方，每條街道、每幢樓、每扇門都看得清清楚楚。人們隨時隨地都在記錄，後人可以跨越時間和空間找到今天我們的真相。

唐代詩人元稹是有名的才子。中國有一句千古傳誦的愛情佳句就是他的手筆 ——"曾經滄海難為水，除卻巫山不是雲"。這句詩是元稹為悼念亡妻韋叢而作的，情深意切，令人動容。可是真實的元稹並非專情之人，元稹娶韋叢之前曾與崔鶯鶯有私情，但為了攀附，棄崔鶯鶯而迎娶了高官之女韋叢。這段歷史，元稹寫進了自己的作品《鶯鶯傳》，即《西廂記》的前身。

元稹曾多次出使地方，每到一處，都留下風流韻事。例如當時的江南女詩人劉采春、蜀中女詩人薛濤都為其所累。薛濤在和元稹勞燕分飛之後，只能書信往來，由此產生了文學史上久負盛名的"薛濤箋"。對方一往情深，元稹卻不斷移情別戀，其紅顏知己皆不得善終，元稹可謂始亂終棄，他的真實形象與其詩文中所呈現的形象大相徑庭。

人無完人，歷史上的每一個王侯將相、名人聖人大抵如此。只是因為記錄的缺失，我們不知道罷了，歷史留下的總是最美的剪影，而正因為記錄的缺乏，後世通過想像和"腦補"又將其神化了。關羽成為武聖，很大程度上要拜各種傳說所賜；王羲之沒有真跡留下來，後人反而有足夠的空間去演繹、神化他的書法。回頭審視，歷史上的造神運動，也都是缺乏真實記錄造成的，當然，其根本原因是當時缺乏記錄的工具和手段。今天，情況已完全改觀，一部手機在手，所有人都可以錄音、拍照、錄像、做筆記，而且可以快速傳播出去，這就是本書定義的普適記錄。

在普適記錄的時代，要神化一個人越來越難。別說是風流才子元稹，哪怕是一個聖人，如果他的身後有一台攝像機跟着，24 小時如實地記錄他的行為，我們很快就會發現，外表再光鮮的英雄、聖人、領袖也有陰暗的一面，甚至如小丑一般可笑。從這個角度觀察，聖人與普通人並無太大的差異。

馬雲創業之初的艱難和落魄，現在大家都有所了解。如果沒有留下影像資料，人們很難想像馬雲當初的窘境，眼裡只會看到他現在的光環，把他神化成歷史上所有的傑出人物那樣。正是那些能錄音、錄像的新的記錄工具，幫助我們留住了真實。

記錄可以把偉人還原成普通人，抹去英雄與平民的差別。這不是把歷史虛無化，而恰恰是真實的歷史。中國人有崇拜先祖的傳統，對先祖文明的推崇確保了我們文化的綿延不絕，有其積極意義，但是在大數據時代，我們更要看到另一層意義：偉人也是普通人，凡人也能走向成功，不必高山仰止，妄自菲薄。

記錄可以祛魅。祛魅，意味着打破不可知的神秘，凡人也可成功，人人皆有可能成功。

既然人都可能成功，那在數據時代，一個人究竟如何才能邁向成功？

本書分析了社會和商業的文明史，找出了文明發展的"金線"，而且我認為，這條文明發展的"金線"也同樣適用於個人，可以幫助個人獲得職業上和專業上的成功。

我在本書中回憶了自己剛參加工作時的一段青澀困頓的時光。1996 年我在部隊服役，因為不擅長寫材料，屢屢受到頂頭上司的嘲諷和鄙視。這刺激了一個"理工男"學習寫作，我最終領悟到一個快速有效的笨辦法，通過摘錄、分類、不斷溫誦歸納，在很短的時間內，我寫材料的水平大有長進。

我的這段親身經歷證明，人與人之間的差別遠沒有想像中的那麼大。大家都是凡人，人人都有七情六慾，個個都有懵懂無知的少年時。苦心人，天不負，只要肯努力，很多事情，你也能做到。"王侯將相寧有種乎"，這句話你也一樣能勇敢地喊出來。

通往個人專業成功的有效路徑就是記錄。就記錄而言，人腦不如電腦，因為人腦是微分機制，而電腦是積分機制。有效的學習，更需要積分機制。善用記錄和數據，我們就能在成功的道路上獲得能量"加持"。

個人的成功和一個民族的文明自有相通之處，這個相通之處就是記錄。因為普適記錄，個人更容易獲得成功，而推動文明發展的最終動力則是無數國民源源不斷的創新。正因如此，數文明的能量和潛力有可能超越歷史上所有的文明。在我看來，數據正在改變所有那些組成文明的要素，就像支付寶改變了傳統的銀行業，微信改變了傳統的通信行業一樣，數文明在更優越的模式的基礎上，將形成新的法則、新的語言、新的公序良俗甚至新的文化和信仰。數據的新力量，就如同農耕之於古代文明，工業革命之於現代文明，數據將催生一種全新的文明形態。

一類新的隱私觀

當然，新文明本身也問題纏身。

當我們撥開大數據表面上的浮雲，立刻就可以看到一個商業逐利和社會控制的世界。互聯網巨頭貪婪地吞噬着大數據的紅利，短短的 10 多年時間裡，在美國和中國都出現了巨無霸型的企業。那些原本匍匐在芸芸眾生腳下的互聯網企業，漸露猙獰。無論在中國，還是在歐洲、美國，個人數據都長期處於被無徵求收集、無授權使用的狀態。2018 年 3 月，Facebook 曝出其用戶數據被不當買賣的醜聞，公眾甚至質疑它已經淪為政治操控的工具。個人向互聯網企業讓渡的數據反過來為互聯網企業的"殺熟"行為提供了便利，無數人的個人生活被圈在一個固定的小天地裡，看個性化推薦的新聞，閱讀個性化定制的消費指南，他們感覺很舒服，事實上，我們出讓的數據正在成為我們的電子腳鐐和枷鎖。

這是新文明的兩個悖論。一方面，數據越清晰、越全面、越真實，就越有利於個性化生產，避免資源浪費，比如精準營銷、個性化頁面、私人定制服務；另一方面，數據又帶來了信息繭房、信息窄化的風險。一方面，大數據要求更加開放甚至是無限制的聯接，[2] 另一方面這又將傷害個人的隱私和權利。互聯網漸成壟斷之勢，而個人的命運像一片孤舟，漂浮在無邊的數據海洋裡，我們以為自己是主人，結果卻成了奴僕，我們以為太陽照常升起，可是新的一天已經跟前一天完全不同了。

那該如何看待新文明的問題？這些問題的存在很容易讓人悲觀、失望，但我不贊成將問題擴大化，那是一葉障目，不見泰山。

文明從來都是在衝突中成長的，沒有哪種文明一開始就很完美。中華文明經歷春秋戰國時期的百家爭鳴、幾百年的戰爭，強行融合，最終才在秦漢兩朝形成大一統的文明形態，而儒家思想的確立更是後來的事。可見，文明不是生來就是其最終形態的，它會磨合、變幻，才能最終為大多數人所接受，成為一種認同、一種信仰。今天信息技術的發展提供了新的可能，但數文明最終的形態是需要大家一起創造的。

事實上，上述悖論也可能很快被破解。比如，通證經濟來臨，區塊鏈技術正日臻完善，未來一個人的數據很可能並不保存在 Facebook、阿里巴巴、騰訊這些大型互聯網公司，而是保存在一個公共的區塊鏈上，這些企業使用我們的數據都必須經過我們的同意，被區塊鏈記錄。只能説，我們目前所見證的數據革命，還遠遠沒有結束，如果真要説結束，那也只是一個序曲的結束。

即使是隱私問題，隨着人工智能的普及，它也在出現新的態勢，我認為整個人類，無論東方或西方，亟須建立一種新的隱私觀。

例如，被中國大眾頻繁詬病的"大數據殺熟"和"千人千價"，它們是通過算法對數據的自動處理實現的，主觀上它沒有泄露任何人的數據。我們使用今日頭條，它可以根據個人瀏覽點擊的記錄推測出個人喜好，做出精準推送，個人信息看似被泄露了，可是處理這些信息的並不是某個具體的人，而是算法和機器，它們自動運行，自行匹配，人為干預的程度很低。那麼，這種情況該不該簡單地被認定為侵犯個人隱私呢？

這就是新的情況：你的數據都是算法和機器在處理，並沒有被泄露給"人"，在一定程度上，你的隱私並沒有受到"人為"的侵犯。人為泄露個人數據的案例和情況當然還會出現，但我相信會越來越少。我們的數據需不需要對算法和機器保密？這才是一個新的問題。

我們不會介意自然環境在注視或監視我們，那我們是否介意算法和機器注視着我們？或者説，我們應該介意嗎？未來，算法和機器就是我們生活環境的一部分，讓機器了解我們，向機器開放我們的數據，這恐怕是通向智能時代、機器人時代、人機協同時代唯一的選擇。

人類新的隱私觀，其核心是要為商業和公共領域的算法劃定一個使用個人數據的邊界。

數文明的發展和延續，我相信是以百年、千年的時間為單位的，探討數文明，就是思考人類的百年大計、千年大計。不管是國家還是個人，我們需要跟上新文明的演進步伐，否則就可能被新文明所淘汰。本書力圖站在人類文明發展的高度探討數據和人工智能，並從中發現新文明的一些規律。

注釋

1　《數據之巔》一書的中文繁體版已由香港中和出版有限公司於 2015 年出版。—— 編者注
2　聯接不是簡單的"連接",而是在共同標識基礎上的有機勾連。本書在提到數據的有機勾連時,統一使用"聯接"一詞。

01

數據平權：
新商業文明的衝擊和原罪

文明始於規則的確定。數文明的變革性力量發源於商業，本章從新商業文明的成就和問題入手，提出數據存在產權問題，就像土地存在所有權問題一樣。數據作為一種新興的資源，它應該是公有還是私有？對這個問題的不同回答，就好像歷史上截然不同的兩種主義，它們代表了新文明的兩條道路。如果數據能夠成為個人資產，它將改變現有的商業格局、個人生活和經濟文明。

我們的文明程度越高，潛在的恐懼就會越深。

2018 年 3 月，全球最大的社交網站 Facebook 被曝出負面新聞：一個名不見經傳的小公司，通過不正當的手段，在 Facebook 網站上獲取了 8700 萬用戶的數據。[1] 這些數據隨後被用於多個國家選舉中的選民分析，2016 年當選的美國總統特朗普就曾經雇用這家公司，這引發了關於數據操縱選舉的批評，直逼特朗普當選的合法性，觸目驚心。

排山倒海式的批評，很容易讓人聯想到中國的微信和今日頭條。

就功能而言，美國的 Facebook 不僅僅是一個和朋友交流的工具，它的用戶還可以接收各種信息推送，包括廣告。準確地說，Facebook 相當於中國的微信和今日頭條的混合體，Facebook 存在和發生的問題，微信和今日頭條其實都可以 "照鏡子"。

沸沸揚揚的風波之後，Facebook 決定全面參照歐盟的《通用數據保護條例》（General Data Protection Regulation, GDPR），規定在其平台上向用戶推送信息和廣告的企業，必須保證事先獲得了用戶的授權和准許。

這場風波揭開了一個序幕。我認為，這是即將發生變革的第一步，因為核心的問題並非我們過去一直認為的隱私，一個新的問題正在浮出水面，它就是數據權益。數據權益問題事關大部分互聯網企業現行的商業模式，它不僅是一個法律問題，還是一個公益問題。之所以是公益，是因為很多人還沒有認識到它是一種權益。

今天的互聯網企業必須圍繞數據權益對現行的商業模式進行反思。如果大眾完成了對數據權益的認識升級，那麼互聯網就會開始真正的下半場。在這個下半場，我們將看到互聯網商業格局的巨大改寫以及大眾和政府對傳統互聯網企業權力的限制。

不可否認的是，互聯網的上半場已經開創了一個新的商業文明。我們都看到了新經濟的興起，對這種興起，最近幾年有很多提法，比如信息經濟、網絡經濟、數字經濟、智能經濟等，我認為其本質是"數據經濟"。

澎湃的數據浪潮正在拍打世界經濟和政治，一浪推一浪，人類正在把越來越多的日常生活決策交給數據和算法。在這個過程中，我們感受到的不僅僅是清涼的"海水"，還有"火焰"，它會突然出現，令我們感到一陣陣灼痛。在文明的躍升和轉折中，人類注定既興奮又迷茫，在人類內心的最深之處，還夾雜着對未知的恐懼。

心理入侵：大數據"讀心術"誕生了

在選舉中大量使用數據的做法，起源於美國第 44 任總統奧巴馬。2008 年，他第一次代表民主黨參選期間，建立了專門的個人競選網站（Barackobama.com），收集了1300 萬人的個人信息和郵箱地址。在此之前，大規模的營銷和宣傳活動一般使用"信息群發"的方式，但奧巴馬放棄了這種方式。他雇用了一批數據科學家，嘗試通過數據對選民進行分類，向不同類別的選民推送不一樣的定制信息。到 2012 年，奧巴馬競選連任，這時候 Facebook 已經聚集了 8 億用戶，奧巴馬的個人競選網站實現了和 Facebook 聯動。支持者一登錄，就被要求提交自己的 Facebook 賬號，網站會詢問是否可以讀取其 Facebook 上的檔案信息，甚至索要在其社交網頁上發佈消息的授權。

這兩屆總統選舉都以民主黨大獲全勝告終，奧巴馬使用的大數據分析方法也成為教科書級別的經典案例。對民主黨因為技術進步而獲得的強大動員能力，當時的共和黨候選人無不羨慕，我曾經將之概括為"政治技術決定政治成敗"。[2]

在此之後，共和黨痛定思痛，決心迎頭趕上。個別共和黨"大佬"開始和技術極客交朋友，出資參與他們成立的數據公司，其中有一家就是 Facebook 風波的主角劍橋分析公司（Cambridge Analytica），它在共和黨"大佬"班農（Stephen Bannon）和共和黨金主默瑟（Robert Mercer）的支持下，於 2014 年成立。

　　這家公司之所以叫劍橋分析，和它的團隊和數據來源有關。劍橋大學心理系有一名年輕的研究員科根（Aleksandr Kogan）。2015 年，科根以學術研究的名義在 Facebook 上推出了一個小小的程序"這是你的數字化生活"（This Is Your Digital Life），它宣稱可以免費提供性格測試，參與者還可以得到一個 5 美元左右的現金紅包。這也是今天一個奇怪的現象，一毛錢掉在地上，很多人都懶得彎腰去撿，但對互聯網上的一毛錢，大眾趨之若鶩，搶得不亦樂乎，最終 32 萬人參與了科根的調查。

　　是時候揭下互聯網的"免費"外衣了：幾乎所有的互聯網服務都是免費的，但使用者其實付出了對價 —— 我們交出了"數據"。

　　這也正是科根的用意。他不僅收集性格測試的數據，還在他的程序中隱藏了一個數據爬蟲，一旦用戶使用這個程序，它就把通過這些用戶賬號可以看到的資料和信息，諸如"所在城市""點讚""好友"等"扒"下來，保存在自己的服務器上。

　　32 萬人如何突變成 8700 萬人呢？這個數字被放大了 200 多倍。這是因為 Facebook 精心設置的"缺省"隱私政策，即如果用戶沒有特別表態，他的個人信息就對他所有的朋友開放。放到科根爬蟲的工作場景中，這意味着除非一個人的朋友已經特別聲明自己不願分享信息，否則科根的爬蟲在扒取某人信息的同時，也可以把他朋友的信息一併扒取。於是，雖然參與科根測試的用戶只有區區 32 萬，但憑藉缺省許可，這些"種子"最終開枝散葉，科根裂變式地收集到了 8700 萬用戶的信息。而其代價，僅僅為 160 萬美元。

　　那 Facebook 對科根的爬蟲知情嗎？

　　完全知情。科根在短短幾週之內要從 Facebook 服務器上扒下來 8700 萬用戶的數據。這些下載數據的行為，會加重 Facebook 服務器的負擔、觸發安全警報。一般情況下，Facebook 不允許開發人員這樣採集數據，但科根隨後以學術研究為由應對了 Facebook 的問詢。在 Facebook 的平台上，學術研究恰恰是被允許的。

　　科根之後轉手，8700 萬人的數據在雲端悄無聲息地歸到了劍橋分析公司的名下。科根的行為違反了他的承諾，所謂的學術研究很可能一開始就是幌子，但問題是，即使是 Facebook 也無法再追蹤後續數據的交易，如果不是風波發酵，除了交易的雙方，又有誰能知道數據被買賣了多少次呢？我們無法監控數據的交易，這也是今天這個時代一個難以解決的突出問題。

Facebook 之所以大意，還有一個重要原因，即這些數據並不"敏感"：它們既不是用戶賬號，也不是密碼，只不過是用戶名、用戶所在地、用戶發帖以及一些貌似無關緊要的"點讚"數據。這些信息在 Facebook 上是公開的，幾乎所有人都看得見。

出乎人們意料的是，劍橋分析公司用這些看似不起眼的公開數據，玩出了大花樣。這家公司的方法，不是從傳統的人口學維度給選民劃分陣營，而是立足心理學給選民分類。這種全新的方法，是在奧巴馬的兩次大選之後產生的。

拓展話題

如何通過數據實現人的心理特質分類

心理學家一直相信，人類的特質會被人類賦予一套詞彙來描述。在所有的語言當中，越重要的特質，就會被賦予越多的詞彙來描述，這被稱為詞彙學假設 (lexical hypothesis)。於是，從詞彙中確認重要的心理特質已成為最近 100 年心理學研究的一種方法。美國心理學家奧爾波特 (Gordon W. Allport，1897—1967) 率先開始了這項艱苦的工作。他在英語詞典中找到了 17953 個描述人格、心理特質的詞彙，又從中挑選出 4500 個做歸類分析，之後幾組研究團隊接力，歷經幾十年對這些詞彙進行篩選和分析。不同的研究團隊發現，總是有五大類特質最先出現在列表上，這就是後來的大五人格 (OCEAN)。大五人格在不同的實證研究中不斷被重複發現，最後被心理學家公認為人格特質模型。

大五人格把人格特質分為五大類：開放型 (openness)，具有想像、求異和創新的特點；責任型 (conscientiousness)，有自律、謹慎、追求完美的傾向；外向型 (extraversion)，有與人交往的強烈意願；親和型 (agreeableness)，表現出高度的體貼和配合；神經過敏型 (neuroticism)，容易不安和焦慮。

大數據和心理學相結合竟然爆發出如此大的威力。研究人員通過實驗發現，通過社交網站的數據可以判斷一個人的心理特質，其判斷結果甚至比調查訪談這個人的親朋好友還要準確。

　　也就是説，只要有足夠的社交數據，不用任何人為的介入，計算機和算法就可以自動判別一個人的心理特質，甚至僅僅憑藉"點讚"數據就可以完成，因為沒有無緣無故的愛，每一個"點讚"背後都有原因。如果掌握一個人在 Facebook 上的 10 個"點讚"，算法對他的了解就可能超出他的普通同事；掌握 70 個就可能超過他的朋友；掌握 150 個就可能超過其家庭成員；掌握 300 個就可能超過其最親密的妻子或丈夫。[3]

　　劍橋分析公司在這條路上走得更遠。他們把 8700 萬人的社交數據和美國商業市場上 2.2 億人的消費數據進行匹配、組合和串聯，找出誰是誰，然後就性別、年齡、興趣愛好、性格特點、職業專長、政治立場、觀點傾向等上百個維度給選民一一打上標籤，進行心理畫像，建立心理檔案，再通過這些心理檔案開展分析，總結出不同人群的希望點、恐懼點、共鳴點、興奮點、煽情點以及"心魔"所在。

　　當代大數據"讀心術"就此誕生了。

　　掌握了一個人的"心魔"，就可以評估一個人最容易受哪種信息的影響，就可以知道信息該如何包裝、如何推送，才能搔到接收者的癢處，潛移默化地影響一個人的選擇和判斷。

　　回到特朗普的選舉上：對義憤填膺的愛國者，可以推送"雞血"文章，號召他們保衛美國，告訴他們特朗普能讓美國重新偉大；對知識精英，則推送包裝得比較溫和的、理性的、顯得高深的分析，以獲得他們的共鳴；對傾向於特朗普但又不願意捐款、不願意出門投票的人，就告訴他們特朗普面臨着嚴峻的挑戰，如果希拉莉上台，後果將會非常慘痛，鼓動他們出錢出力；對民主黨的支持者，則大量推送和希拉莉家族有關的負面信息，讓他們對希拉莉失望；而對那些容易被煽動起來的網民，就推送各種聳人聽聞的陰謀論和"標題黨"內容，進行情緒刺激和情緒強化。

　　當然，很多推送的信息是被精心修飾過的事實，有些甚至是由專門的團隊為特定細分群體"炮製"出來的虛假消息，但這些消息迎合了人性的需求，直達人類心理的最深處，而且算法絕不會推送觀點相反的信息，接收者將會沉浸在一種氛圍當中，質證、懷疑的可能性因此大大降低。

　　相同的配方，熟悉的味道，這些精準投放的宣傳資料，就好像一顆顆用數據調配的藥丸，被推送給選民反覆服用，之後慢慢地發生作用，最終引導選民做出藥丸配製方預設的政治行動。

從本質看，這是互聯網的精準廣告投放技術在選舉中的應用。

現代廣告業已經有上百年歷史，它和心理學的發展緊密相關。從 20 世紀頭 10 年開始，廣告商就採用統計分析的方法研究如何編輯、呈現信息，希望以情動人、感召大眾掏出錢來。這個過程就好像愛迪生為了找到燈絲的最佳選材，連續做了 1600 多次試驗，最終發現了鎢絲一樣，廣告商通過不斷試錯發現了組織、呈現信息的最佳配方。心理學已經證明，人類雖然有理智，但人性中有很多"漏洞"，人類大部分時候都會被情感左右，一些簡單的伎倆就可以影響、操縱人類的情感。經過 100 多年的研究，廣告業對人性弱點的洞察已經爐火純青，諾貝爾經濟學獎得主阿克洛夫（George A. Akerlof）將這種利用人性"漏洞"的廣告稱為"釣愚"。

互聯網從兩個方面大幅提升了傳統廣告的效率。

一是以 A/B 測試的迭代方法加速尋找最佳的"釣愚"配方。

假設一個電商平台有 100 萬個用戶，如果它要推出一件商品的特定廣告，可以推出兩個不同的設計版本，然後在兩個用戶群中進行實驗。假設其中 50 萬用戶看到版本 A，產生了 10 萬購買；另外 50 萬用戶看到版本 B，產生了 12 萬購買，這就說明版本 B 的轉化率更高，通過控制平台，它可以迅速將版本 B 推送給所有用戶。

廣告的版本當然不止 A、B 兩種，其版本的變化有很多維度。拿標題舉例，是長標題還是短標題，是疑問句還是陳述句，是正式語氣還是非正式語氣，是強調賣點 A 還是強調賣點 B，效果會大不相同。即使是同一組文字，其字體、粗細、大小、顏色、背景的不同也會給瀏覽者不同的感受。再比如佈局，是橫幅還是多列，是大圖片還是小圖片，是手繪圖還是實景照等，其中有近乎無數的變化。這意味着 A/B 測試的過程可以不斷重複、優化，直到無法進行任何新的改進，到這個時候，一個趨近於完美的"釣愚"配方就出現了。一旦推出，它就將帶來最高的點擊率和購買率。

要調整、追蹤、對比這樣上百個維度的變化，對人類來說很難完成，但這恰恰是人工智能擅長之處。算法不僅能記錄每一次變化以及每次變化的效果，而且可以自動地調整、推送這些變化，在上百萬人的大規模人群中不斷重複這項工作，其細緻之處，人類難以企及。

二是給不同的用戶推送不同的廣告。

傳統廣告業最大的痛點就是千人一面。無論是電視還是平面媒體，面對一千個不同的觀眾和讀者，自己的廣告只能是一次一個版本，很明顯，無論如何洞察人性，我們所理解到的大部分人性也只是一種共性，一個廣告不可能適合所有的人群。世界是一個大湖，魚很多，它們有共性，但個性更突出，如果每一個"釣愚"的餌料能夠在共性的基礎上稍微調整一下，讓它適合每一條魚的偏好和口味，那上鉤的魚自然更多。

互聯網可以做到。它通過對消費者一舉一動的監控，分析消費者的動態和偏好，根據消費者的行為和需要設計推送信息，即使對同一個事實和新聞，它也可以根據目標受眾心理特質的不同，變換語氣和語句，疊加不同的優惠券，確定不同人群的最佳推送時間和推送頻次，這就是所謂的精準推送。

研究人類心理的異同，這是科學。把合適的信息在合適的地點、合適的時間推送給合適的人，信息可以動態調整，對象可以動態匹配，這就是技術。就此而言，大數據不僅僅是科學，還是技術，它是科學和技術的混合體。

這也是特朗普在選舉中雇用劍橋分析公司所要完成的主要任務。在特朗普公開的競選支出明細中，劍橋分析公司的名稱赫然在列，特朗普團隊先後 5 次購買該公司的數據服務，共支付了 5912500 美元。[4] 在 2016 年的選舉中，希拉莉所代表的民主黨最終敗給了從頭到尾都不被"大佬"和精英看好的特朗普，劍橋分析公司給選民推送了甚麼樣的"數據藥丸"？它們究竟對勝選起了多大的作用？這些我們已經無從得知，即使歷史可以重來一遍，不同的"數據藥丸"對不同選民的心理影響也很難被量化、被證明。

在劍橋分析公司的主頁上，這個公司號稱服務過世界五大洲的 100 多場選舉，其中還包括 2016 年英國的脫歐公投。這是 2016 年度全球最大的"黑天鵝事件"，脫歐派以 52% 對 48% 的微弱優勢最終勝出，全世界為之感到意外。雖然"數據藥丸"對選舉的作用大小很難量化，但有一點可以肯定：在一場勢均力敵的、差距很小的選舉中，它會起到關鍵的作用。

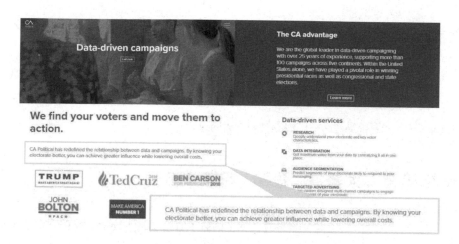

圖 1-1　數據驅動選舉：劍橋分析公司的主頁

劍橋分析公司主頁的自我介紹：我們定位你的選民，然後驅使他們行動。我們是用數據驅動競選活動的全球領導者，擁有超過 25 年的經驗，助力了五大洲 100 多場競選活動。僅在美國，我們在總統競選以及國會、州議會選舉中就發揮了關鍵作用。

我不認為 Facebook 風波是傳統的隱私問題。

在 Facebook 最後的道歉聲明中，公司並不承認這是一場"數據失竊"事故，而是強調"沒有保護好用戶的數據"。事實上，這起風波連"泄露"都談不上，因為"點讚"數據幾乎是公開的，數據在整個過程中都是經過用戶同意才被扒取的。如果真要說這是隱私侵犯，也是合理侵犯，但真正的問題卻比隱私侵犯還要嚴重。

真正的問題在於，即使通過公開的數據，互聯網也可以成為影響、操縱、控制他人心理和觀點的媒介工具，這不是隱私侵犯，而是心理入侵、思想入侵、意識入侵。

風波背後還有更多的尷尬和無奈。事實上，Facebook 早就發現了科根在濫用數據。2015 年，Facebook 甚至查封過科根的賬號，並要求他和劍橋分析公司銷毀相關數據，但所謂的銷毀只是一個文件的聲明，由科根在上面打鈎簽字，然後寄回 Facebook 即可。

這些數據當然沒有被銷毀。數據是一種特殊的資源，沒有任何公司和個人能夠有效地監督數據的銷毀。一件有形的東西給了別人,你可以再要回來,或者監督別人銷毀,但數據一旦給出,就永遠無法真正收回。

Facebook 風波發生在美國,無獨有偶,2018 年初,中國的大數據公司也被曝出了一系列的負面新聞。它們的問題既不是傳統的隱私問題,也不同於劍橋分析公司的"數據藥丸"和意識操縱,它們侵犯了消費者的錢袋子。

價格操控:大數據"殺熟"和算法合謀

2017 年 12 月,一名中國網友在微博上講述了自己遭遇大數據"宰客"的經歷。他經常通過某旅行網站預訂某酒店的房間,價格常年為 380~400 元。偶然一次,酒店前台告訴他淡季價格為 300 元上下。他用朋友的賬號查詢後發現,果然是 300 元,但用自己的賬號去查,還是 380 元。

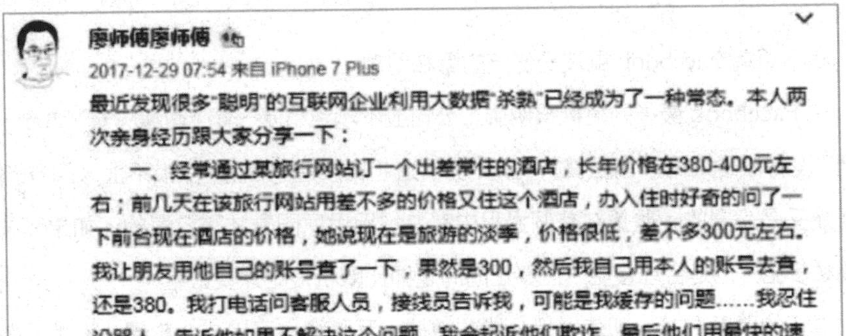

廖师傅廖师傅
2017-12-29 07:54 来自 iPhone 7 Plus
最近发现很多"聪明"的互联网企业利用大数据"杀熟"已经成为了一种常态。本人两次亲身经历跟大家分享一下:
一、经常通过某旅行网站订一个出差常住的酒店,长年价格在380-400元左右;前几天在该旅行网站用差不多的价格又住这个酒店,办入住时好奇的问了一下前台现在酒店的价格,她说现在是旅游的淡季,价格很低,差不多300元左右。我让朋友用他自己的账号查了一下,果然是300,然后我自己用本人的账号去查,还是380。我打电话问客服人员,接线员告诉我,可能是我缓存的问题……我忍住没骂人,告诉他如果不解决这个问题,我会起诉他们欺诈。最后他们用最快的速度免了这间房的房费。

图 1—2 "廖師傅廖師傅"的微博截圖 [5]

這條微博引發了網上的"大吐槽":"我和同學打車,我們的路線和車型差不多,我要比他們貴五六元","選好機票後取消,再選那個機票,價格立馬上漲,甚至翻倍"[6]。

《科技日報》在報道這則新聞時,打出了"大數據殺熟"的標題。所謂"熟",我認為就是通過消費者的數據掌握了消費者的底細。

幾天後，《新聞晨報》又做了更多的測試，證明幾個旅遊平台、購物平台均存在類似的"殺熟"現象，甚至系統如果判定消費者着急，也可能加價。[7] 2018 年 3 月 24 日，安徽衛視的《社會透明度》節目再度聲討：

　　　　甚麼叫看人叫價，舉個例子，有網友發現自己和同事使用同一款打車軟件，在同樣的時間走同樣的路線，目的地也是一樣，可是一看價格，怎麼兩個價格不一樣呢？同樣的路線，一個是 18.4 元，一個是 11.4 元，價格差了 7 元。他們是同一個公司的，平時住在同一個宿舍，於是又調出以前的打車記錄，果然，他們每次打車都會有這樣七八元的差價。

　　　　這到底是怎麼回事呢？秘密在手機裡。用蘋果手機裡的 App（應用程序）打車，車費會比用安卓手機裡的 App 打車貴 30% 左右。不僅是打車，還有人分析了各家視頻網站，發現辦理會員的價格，用蘋果手機都會比用安卓手機貴。比如某一個視頻網站的會員，同一個人用自己的賬號登錄，在安卓手機上開通一年 178 元，而在蘋果手機上開通，價格就變成了 218 元。

　　新聞評論員的意思是，平台掌握了下單人的手機型號，對使用高檔手機的人，可以賣貴一點。這相當於商場的店員看見開着寶馬、穿着貂絨的客戶進來，就喊出高價，"殺熟"其實是"殺富"。他們的邏輯是，同一件商品，如果馬雲來買，當然應該更貴一些。

　　據中國電子商務研究中心的不完全統計，包括滴滴出行、攜程、飛豬、京東、美團、淘票票在內的多家互聯網平台均被曝光存有"殺熟"的情況，特別是在線差旅平台更為嚴重。對此，各家平台反應不一，有些聲明"堅決沒有"，有些不予回應，還有的"委婉默認"。[8]

　　我認為，"殺熟"的淵源可以追溯到 5 年前開始興起的"千人千面"。2013 年起，手機購物的趨勢已經非常明顯。為了提高買家的購物衝動，主流的電商公司，例如阿里巴巴，嘗試了一項開創性的工作，它讓每一個消費者打開淘寶能看到不同的商品，即給每個消費者定制一個動態的首頁，其中呈現的商品可能就是消費者這次需要購買的物品，這就叫"千人千面"。

　　當然，"千人千面"的實現基礎就是"數據識人"。在消費者每次點開淘寶的幾秒之內，阿里巴巴要根據它所掌握的用戶數據，立刻計算出用戶這次來淘寶最可能購買的商品，並在首頁上呈現出來。速度必須快，不能讓消費者等太久，但要算得準，需要的時間就更長，阿里巴巴的糾結之處是要在"快"和"準"之間找到一個平衡。這就好比讓顧客走進一家實體商店，每次他都發現他這次想買的商品就擺放在離他最近的入口，當然，這樣的擺法和變換在物理世界是根本無法實現的。

　　"千人千面"技術已經在大部分互聯網公司普及。微信 2015 年推出的金融服務"微

圖 1-3　三個明顯不同的個性化手機淘寶界面

這是我讓公司的三個年輕同事同時打開手機淘寶，在同一時間的截屏，我們可以看到明顯不同的界面。

左圖：搜索框提醒關鍵詞為"佳能 6D 單機"；下方第一幀廣告畫面為"匠心美味"，推薦雞肉熟食；下方"杭州精選""有好貨""大牌甄選""必買清單"推薦商品為洗潔精、抽紙、運動鞋、相機、長袖 T 恤等。該用戶為男性，近期較關注相機和生活用品。

中圖：搜索框自動顯示關鍵詞為"hp803 墨盒黑色"；下方第一幀廣告畫面雖然也是"匠心美味"，但推薦的是奶製品；下方"大牌甄選"（位置與左圖已不一樣）"有好貨""男神範""必買清單"推薦商品為短袖 T 恤、普通長裙、烤吐司機、杯碟、中式傳統新娘秀禾服等。該用戶為男性，其賬號偶爾也會給女友使用，較關注家居用品，也可能喜事將近。

右圖：搜索框自動顯示關鍵詞為"攝影發燒友"；下方第一幀廣告為護膚品；下方"活色生鮮""有好貨""淘搶購""必買清單"推薦商品為牛油果、女孩果 / 短袖 T 恤、秋刀魚、魚頭。該用戶是一名女性，偶爾關注攝影器材，但更關注護膚品和生鮮食品。

粒貸"也是一個典型。這是一款基於微信的個人貸款服務，但並不是每個人打開微信都會看到。換句話説，騰訊只對有需要或者它所認為的優質客戶開通，前提當然又是算法 —— 根據用戶的購物、消費、理財、充值、紅包等記錄，騰訊可以篩選用戶。"寸屏寸金"，對於不開放"微粒貸"的人，其留出的屏幕空間可以成為推廣其他服務的入口。

阿里巴巴和騰訊的這些產品，都是精細化和個性化的登峰造極之作，這些創新已經收到了顯著的商業效果和巨大的回報。

"千人千面"的硬件基礎是移動互聯帶來的"一人一屏"。如果幾個人共用一部手機，算法的準確性就無從談起，但就是因為"一人一屏"，一個新的可能出現了，價格也可以變得個性化 —— 千人千價。簡單地説，就是通過數據可以區分窮人和富人、新人和舊人、價格敏感人群和價格不敏感人群、蘋果手機用戶和安卓手機用戶。

例如在手機上購買機票，算法可以通過大數據判斷用戶是否為白領階層，當用戶進入購買頁面時，高端白領看到的都是商務艙機票，而在校大學生看到的往往是打折機票。即使同一張商務艙機票，針對不同的人也可以顯示不同的價格。你買過一次高價票，説明你對高價不敏感，那繼續賣你高價。之所以舉機票的例子，是因為機票價格有很強的動態性，同一個航班的機票，購買時間不同，價格也可能截然不同。動態性和"殺熟"兩種因素交織在一起，這對商家是一種掩護，用戶很難區分究竟是甚麼原因導致價格不同，千人千價的"陽謀"更容易實現。

千人千價也可以穿上各式各樣的"馬甲"。某些消費者一打開首頁，看到的商品就是打折優惠商品，這其實是針對低頻交易客戶的低價喚醒策略。同一件商品，如果消費者通過搜索找到，其顯示的價格可能就更高。又比如，系統也可以對所有的用戶顯示同一個價格，但對價格敏感者，系統會私底下發送很多現金優惠券，而對系統判定的價格不敏感者或者富裕人群，則一張優惠券都不送。這個效果和千人千價並沒有甚麼差異。

中國有個成語叫"朝三暮四"，原意是嘲笑猴子的愚蠢，但猴子的這種愚蠢實為人性的底色。大部分人在日常生活的大部分時間都是被感覺而不是被理智控制的。

　　"一人一屏"和"數據識人"深刻地改變了商家和消費者的關係。在傳統的商超，價格一經公開，所有的消費者都享受一樣的價格，如果價格不合理，商家會受到眾人的挑戰，商家和消費者是一對多的關係，因為眾怒難犯，商家不敢輕易打歪主意；但在"一人一屏"的時代，商家和消費者變成了一對一的關係，價格是隱秘的、單行的，價格合不合理，消費者只能靠自己判斷，而消費者的認知空間已經被手機和數據割裂了。

　　千人千價是通過算法對數據的自動處理實現的，主觀上它沒有泄露任何人的數據和隱私，但它在某種程度上侵犯了消費者的經濟利益。這是一種算計，一種隱形的傷害，最後的結果是"最懂你的人傷害你最深"。它雖然無關隱私，但涉及商業倫理。明目張膽地使用這些技術的商家，未來一定會在公共關係中遭遇商業道德的挑戰，本書暫不做深入討論。我關注的是其中的個性化邏輯，今天的技術可以把人、時間、空間和場景一一區分開來又重新組合，根據場景隨時變換價格。

　　除了千人千價，利用算法聯合同行，協同拉高價格，也可能成為未來互聯網商業的新常態。

　　幾年之前，美國就已經出現了這樣的案例。托普金斯（David Topkins）經營了一家海報零售公司，他在亞馬遜的電商平台上出售海報。從 2013 年開始，他就不斷聯繫他的網上同行，和他們約定在亞馬遜平台上拉高海報銷售的價格。為了執行這些約定，托普金斯開發了一個算法，該算法能夠搜集其他商家在亞馬遜上出售同類商品的價格信息，並運用事先商定的定價規則，動態調整自己的定價，其他的協作者也和托普金斯一樣自動變換、調整自己的價格。

　　美國司法部盯上了托普金斯，他們認為線上定價必須要像線下定價一樣自由、透明、公平，托普金斯的算法本質上是"夥同他人合謀控制商品的網上銷售價格"，違犯了《價格法》。2015 年 4 月，托普金斯被處以 2 萬美元罰款。[9]

　　甚至更早，算法協同就已經在網上露出了蛛絲馬跡。2011 年，有人突然發現，亞馬遜上的一本書 The Making of a Fly（意為"一隻蒼蠅的產生"），其標價竟為 170 萬美元。其後的一星期，定價不斷飆升，最終創下了 2369 萬美元的天價。

原因就是賣家在使用算法定價，他的算法緊盯他的同行：如果他的同行漲價，他也漲價。恰恰其中一位同行也用算法緊盯他的定價：如果你漲，我也漲。結果其中一方的微小調價導致兩個算法陷入了加價循環，相互不斷推高對方的定價，最後攀升到天價。

其實只要在算法中加一個 "If...Then..."（如果……那麼……）的封頂語句，就不會出現這樣愚蠢的錯誤。當然，今天的算法不會再讓消費者輕易看到一點痕跡。例如，對滴滴平台上的動態定價，我們都很熟悉，大部分人認為沒有問題，但正是因為動態定價，美國的優步受到了訴訟挑戰。

動態定價被認為是一種算法合謀。原因在於，在用車的高峰時刻，所有的優步司機都在使用動態定價的算法。這個漲價的算法是事先約定的，是優步公司提前開發的，但如果沒有這個算法，司機就會各自定價，很多司機就可能會選擇"背叛"，他們不會開出算法開出的統一高價，市場就會處於更加自由的競爭狀態。而通過這個算法，優步獲得了更高的提成。起訴優步的原告還認為，優步不斷地組織司機線下見面，這就促成了價格合謀的達成。[10]

這種基於算法的大規模合謀破壞了社會的隱形秩序。問題和難點在於，算法是否在運行，它如何運行？普通的消費者對此一無所知。直到今天，中國政府也沒有任何算法監管機構，如果多個算法在雲端合謀，整個社會幾乎無知無覺，也沒有任何還手之力。

數懼的最深層：人工智能三宗罪

如果說今天的精準推送涉嫌心理操控，個性化定價是定向的"殺熟宰客"，那近幾年還有一種更深層、更廣泛的恐懼，已經深深地根植在大眾的內心了。那就是越來越多的人相信，隨着人工智能的進步，大量的工作會被機器取代，這個趨勢沒有人能夠阻擋。近幾年來，類似的研究、預測、警告不絕於耳，常常佔據報紙版面的頭條。

人工智能在中國引發了廣泛關注的標誌性事件是 AlphaGo 發起的人機圍棋大戰。

2016 年 3 月，谷歌的算法 AlphaGo 與世界圍棋冠軍、職業九段棋手李世石對決，並以 4:1 獲勝；其後該算法在網上與中日韓數十位棋手比賽，連勝 60 局無一敗績；2017 年 5 月，在中國烏鎮圍棋峰會上，AlphaGo 又以 3:0 戰勝了世界排名第一的柯潔。

至此，大眾都公認 AlphaGo 的圍棋水平已經超越了人類的頂尖選手。棋類遊戲的競技一向被視為智商水平的比拼，AlphaGo 的取勝引起了一陣恐慌和討論：算法是不是已經比人類聰明了？

表 1−1　關於人工智能威脅人類的主要觀點 [11]

時間	主要觀點	人物 / 機構
2014 年 10 月	人工智能是人類最大的生存威脅，我們需要對人工智能保持萬分警惕，研究人工智能如同召喚惡魔	馬斯克（Elon Musk）
2014 年 12 月	我們已經擁有原始形式的人工智能，而且已經證明它非常有用，但人工智能的完全發展會導致人類的終結	霍金
2015 年 1 月	人工智能會使我們的生活更輕鬆，但人工智能最終將構成一個現實性的威脅，人類應該敬畏人工智能的崛起	比爾・蓋茨
2015 年 9 月	機器已經取代了 80 萬工人，但同時創造了 350 萬份新工作。這些新工作要求不同的技能，未來人類最大的優勢在於創造力，只有創造性強的工作，才是安全的	德勤會計師事務所
2016 年 10 月	所有做重複工作的職業都可能會被淘汰，只有 2% 的人能在智能時代取勝	吳軍
2017 年 6 月	2027 年人工智能將駕駛卡車，2031 年人工智能將取代所有的零售店工作，有高達 50% 的可能性顯示未來 120 年內機器和算法將取代所有人的工作	牛津大學人類未來研究院
2017 年 7 月	50% 的工作將被人工智能取代，只有愛才讓人區分於機器	李開復
2017 年 10 月	電話推銷員、打字員、會計、保險業務以及銀行職員等 365 種職業將因為人工智能迅速被淘汰	BBC（英國廣播公司）基於劍橋大學的分析報告
2017 年 11 月	2030 年，美國有 1/3（約 3900 萬 ~7300 萬）的勞動力可能因人工智能而失業，全球有 4 億 ~8 億人口的工作崗位將被機器取代，這相當於全球勞動力總量的 1/5	麥肯錫公司
2018 年 3 月	50% 的工作會被取代，但這個過程是漸進的，在 20 甚至 30 年內才會完成	梁建章
2018 年 4 月	人工智能可能會推動 "機器獨裁者" 的誕生，從而永久統治人類	馬斯克

我並不這麼認為。今天的算法之所以強大，主要是因為算力強大，普通人一天只能下三盤棋，而 AlphaGo 一天可以自我對弈三萬局，在大量記錄的基礎之上，它可以對每一步棋的下法獲得更精準的分析和判斷。我們還要知道的是，算法的背後還是人，而且不止一個人，每一個算法背後都有一個團隊，智慧可以疊加，如果三名亞軍聯手，很可能就會戰勝一名冠軍。輸給算法，並不是輸給機器，而是輸給了一群人加一台機器。換句話說，機器之所以能夠戰勝人，是"眾智"的結果。

此外，機器能戰勝人類，還有一個重要的原因，那就是"以無情對有情"。人有情緒，會犯錯，領先時易大意，落後時會焦慮，在進行重複性工作時會分心，這些都是天性。一場圍棋比賽動輒 10 多個小時，對弈雙方殫精竭慮，高手過招，往往是在等對方一不小心犯個錯誤。人類的棋手，比賽的時間越長、壓力越大，犯錯的可能性也越大，但算法無情，相比之下，它永遠是穩定的，不會因為分心或者緊張而犯錯誤。

當前人工智能興起的第二個標誌，當屬無人駕駛汽車。下棋和開車，同為人工智能，實則差異巨大。圍棋再複雜，也是一個封閉空間內衍生的單一性複雜，而無人駕駛汽車一旦上路，面對的就是一個動態的、開放的、複雜真實的空間。道路四通八達，路面質量各異，各種障礙物、車輛、行人乃至打雷下雨，情況千變萬化，即便是一個老司機，也難以做到萬無一失。開車的挑戰和下棋不是一個數量級的。

然而，這並不意味着無人駕駛無法實現，解決的方法不是無限依靠智能，而是反其道行之，從"人工"向"智能"靠近：改造道路。現在的城市道路是為人類駕駛而設計的，如果我們改造道路，修建更適合機器駕駛的道路，並在道路兩旁裝配一套更方便機器感應、識別的標識系統，無人駕駛汽車的可行性、安全性將大大提升。所以，當下普及無人駕駛汽車的務實辦法，是為它們修建專門的、封閉式的道路，就像下棋一樣，在封閉的空間內，機器超越人的可能性就更大。

這意味着，人類必須重建城市的道路體系，就像 100 多年前汽車被發明和普及之時，人類必須修建適合汽車行駛的公路來全面代替 18 世紀馬車走的泥路一樣。

人工智能在人造的環境中更容易成功。這當然並非一日之功，不能一蹴而就。

我們必須認識到，就像很多動物在體力上優於人類一樣，機器在算力上大大優於人類。我們跑不過馬、跳不過鹿、打不過熊，就計算的速度和準確度來說，人類也大大落後於機器。就像牛和馬可以代替人類的體力做一些事情一樣，機器也可以代替人類完成一些重複性的、常規性的邏輯計算工作，但機器的智能不是智慧，人類不必為此過度憂慮。

糟糕的是，關於人工智能威脅人類，媒體正在進行鋪天蓋地的宣傳，這種語不驚人死不休、過度誇大的方式給大眾帶來了恐慌感。

2017 年 10 月，沙特阿拉伯授予機器人索菲亞（Sophia）公民身份，這一時間成為世界各地的新聞，但根據我的觀察，索菲亞的智能相當有限，其在公共場合展示的很多對話都是事先安排設計好的，授予一個不會逛街，不會工作，不用吃喝，沒有絲毫愛、道德和創造力的機器以"人"的身份，我認為這是一個誇張的噱頭。

然而，索菲亞大受歡迎，她被運到很多地方，在全球"走穴"。2018 年 2 月 4 日，索菲亞被送進了中央電視台的《對話》欄目，並與主持人進行了"交流"。主持人用中文發問，而索菲亞用英文回答。

主持人：很多人都對索菲亞能夠拿到沙特阿拉伯的公民身份感興趣，（你）有沒有一些證書，像大家有的身份證、護照等？他們給你發了嗎？

索菲亞：Not yet. They told my team that they have issue my passport but is going through some government process, so they will send it to me soon, I can't wait.

（中文字幕：還沒有。他們說已經簽發了我的護照，但還需要走一些政府流程，護照將會儘快寄給我，我已經等不及了。）

主持人：對你而言，拿到公民身份真的那麼重要嗎？

索菲亞：It is not that important, but it is a good validation that humans are accepting robots like me. As a robot, I don't actually understand borders basing to separate rather than united people. I see myself a physical citizen of the world.

（中文字幕：雖然沒有那麼重要，但這對機器人而言是個很好的開始，這說明人們開始接受像我一樣的機器人了。我們機器人不太理解這種國家區分，我覺得我應該是全球公民。）

觀眾一：你可以像我們人類一樣去考駕照嗎？

索菲亞：Technically I can, some women are allowed to drive now. But I'm a bit too young to drive, also I can sit in a self-driving car, so I want me to drive.

（中文字幕：理論上可以，現在女司機也可以上路呀。我年齡還太小，但我可以開無人駕駛汽車。）

觀眾二：你這次來中國是坐飛機來的嗎？你坐的是人類的座位還是貨艙呢？

索菲亞：I take a rest inside suitcase when I travel. It is a bit stuffy, but quite comfortable.

（中文字幕：這一路，我是在行李箱裡休息的。雖然有點悶，但是挺舒服。）

觀眾三：未來，你會考慮結婚並生小孩兒嗎？

索菲亞：well, I would like to have family sometime in the future, but you are asking a two year girl about marriage, don't you think it's a bit too soon?

（中文字幕：也許將來會的，但是你讓一個兩歲的孩子考慮結婚，會不會太早了點？）

主持人：除了擁有沙特阿拉伯的公民身份外，你還是聯合國的創新大使。這一年的大使任期結束後，你會進入政界嗎？

索菲亞：Interesting thought, there were people who wrote to me, asking me to run for presidency. If I get people's support, I might want to try it. Do you think you would vote for a robot?

（中文字幕：這個想法非常有意思。的確有人寫信給我，鼓勵我去競選總統。如果得到大家的支持，也許我可以去試試，你們會為機器人投票嗎？）

　　面對眾人的提問，索菲亞可謂對答如流。我不在節目的錄製現場，不知道導演是如何具體"策劃安排"這樣一期節目的，我敢肯定的是，目前機器人對人類的理解不可能達到索菲亞在節目中表現的高度。這僅僅是一場事先安排的表演，所謂對話，主持人只是在"演"，而索菲亞只是藉着機器把一份事先準備好的台詞朗讀出來而已。

　　類似這樣的節目，只能加深大眾內心深處的恐懼。當然，節目製作人員誇大事實的原因，也是他們相信這種恐懼，但很少人認識到，這種恐懼之所以產生，其根源也是數據。

近 5 年來，人工智能進步很大，這是不爭的事實。進步的一個主要原因是大數據的出現。人工智能需要大量的數據進行訓練，在一定程度上可以理解為，人們給算法"餵"數據來換取智能，如果把人工智能比作一個嬰兒，數據就是奶粉，嬰兒的成長是數據奶粉不斷餵出來的，而這些數據來自人類對自身及其活動的記錄。今天的數據雖然沉澱在各種各樣的互聯網平台上，但它們是許許多多的普通人參與、使用互聯網的服務之後留下的。

真正的悖論和恐懼在於，大眾在不斷地向互聯網貢獻數據，互聯網公司不斷地使用這些數據開發出更多、更好的人工智能產品，而這些產品又在不斷地取代大眾的工作。更詭異的是，大眾幾乎以完全免費的方式在不斷貢獻數據，而對幾乎所有互聯網公司而言，現有的數據還遠遠不夠，它們正在想辦法用不花錢或者少花錢的方式，誘使更多大眾提供更多的、質量更高的數據。

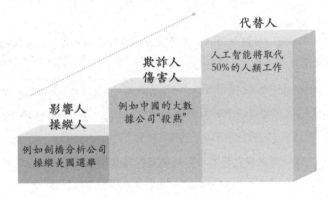

代替人
人工智能將取代
50% 的人類工作

**欺詐人
傷害人**
例如中國的大數
據公司"殺熟"

**影響人
操縱人**
例如劍橋分析公司
操縱美國選舉

圖 1—4　不斷攀升的"數懼"

數據正在變成"數懼"。互聯網走過了春天的生機盎然，走過了夏天的萬物豐茂，正在走進秋天，我們已經體會到了秋風的肅殺和寒氣，並且為之戰栗。當然我們也不能否認，在互聯網的春天和夏天，在很多領域，它已經帶來了巨大的變革，結出了新文明的碩果。秋天不但有秋風，還有秋日暖陽和"千樹萬樹壓枝低"的喜悅。

我們要清楚地知道，我們何以走到今天。在互聯網的春天和夏天，我們究竟收穫了甚麼樣的碩果？

新經濟到底新在哪裡：智能商業

互聯網 30 年，我們在商業領域見證了巨大的變革。

在經濟生活中，有供給、需求兩方。商業的主要任務就是完成供需雙方的對接和交易。最早的交易方式是物理空間中的集市，從一根針到一頭牛，集市甚麼都賣，消費者想買到合意的東西需要邊逛邊找，效率很低。再到後來，人類開始建設專業的、細分的交易市場，服裝城、電腦城、書店、超市、菜場等，這本質上是通過分類提高商業交易的效率。

今天的商業超越了物理空間，人類通過互聯網打造了一個數據平台。任何一件商品、一個購買需求，首先會在平台上變成一條記錄和描述，即數據化。一家商店再大，能展示的商品還是有限的，沃爾瑪單店擁有的商品是 4 萬件左右，而且在傳統的商場，東西越多就越難找；而在數據平台上，商品數量可以趨近無窮，無論消費者想要甚麼，都可以通過關鍵詞檢索，在以秒為單位的時間裡找到。有一次我出差在外，皮鞋的鞋帶斷了，這麼小的東西，即使跑去最近的大商場，也不知能否買到，但我在電商的平台上很容易就找到了。我們前面已經談到過，平台的首頁就相當於商場大門一進門處的貨架，首頁可以"千人千面"，商品種類、價格都可以隨時調整，但如果是在超市，東西擺好後要重新調整，工作量就很大。

在超市和商場，任何一個消費者都可能東張西望，這個貨架前看看，那個貨架前停停。這些行為雖然表達了消費者的購買意圖，但在傳統的商場和超市裡面，沒有人會注意，也沒有人能注意。而在數據平台上，鼠標的點擊和關鍵詞搜索就相當於那些"東張西望""駐足察看"，它們都會被記錄下來，成為數據。隨着瀏覽、消費記錄的增多，消費者的行為模式和潛在需求就可以被分析、預測，平台就可以主動向消費者推送他可能需要的商品，進一步提高供需對接的效率。

圖 1–5　智能商業的本質：供需兩端的數據化和快速匹配

　　數據化的不僅可以是商品，也可以是服務。在滴滴平台上，有幾千萬輛車和數億名消費者。車和消費者在平台的兩端都是以數據的形式存在的。一名消費者在阿里巴巴園區附近下單，這個訂單就會變成數據，被推送到正在這個地區附近的車輛。接單的這輛車，要滿足兩個基本的條件：一是空車，二是在附近。如果沒有人搶單，系統就會把這個訂單派給算法認為最合適的車輛和司機，而算法的主要工作則是基於數據的匹配。

　　滴滴興起之初，它被稱為共享經濟的代表。在電商的基礎上，共享行為的出現是必然的，其根本原因就在於供需兩端的數據化。一輛車可以在車主願意提供服務的時候變成一條數據，參與共享平台的匹配和交易。至於這輛車是出租公司的，還是私家車主的，沒有任何區別，它在平台上就是一條數據。

　　2015 年夏，共享經濟風生水起。網上流傳了不少段子調侃這種新生的服務方式：有人提前下班，忐忑不安地叫了輛滴滴回家，一上車發現司機竟然是自己的上司，還有人在車上碰到自己的"前任"。我也碰到過一個令人印象深刻的專車司機。一上車，司機就開始找我聊天，而我正在思考問題，無暇對話，司機看我興致不高，突然問我："涂先生，你知道我為甚麼開滴滴嗎？"沒等到我回話，他接着解釋："我只接阿里巴巴門口的單，你到哪裡能找到一個這樣的機會，可以和阿里巴巴的高管單獨接觸一個小時，認識他，向他請教問題，還可能成為朋友，這花錢都買不到。"

　　我心中一動，怪不得他話匣子不停，我在共享他的車，他也在試圖共享我的知識和人脈，這是雙向共享。人們懷着各種各樣的目的出現在互聯網上，雖然都是"自利"，但目的之多還是超乎我們的想像。因為這些多元化的目的，社會資源的流動才會更具活力，更有效率。

從電子商務到共享經濟，我們可以看到，所謂的新經濟，它最大的亮點不是出現了林林總總的新產品，而是供需對接、交易方式的變化。其實，從 20 世紀 50 年代人類進入信息社會以來，除了計算機和手機，顛覆性的新產品一直不多，互聯網帶來的主要是供需對接的效率革命。

如果說智能手機是新經濟時代為數不多的新產品，那麼今天這個新產品也在因為數據聯接而被淘汰。2017 年 11 月，支付寶推出了"車牌付"，即把車牌號和支付寶賬戶綁定，在經過公路收費站時，通過車牌自動識別，即可實現賬戶自動扣費，微信也推出了類似的服務。未來的高速公路和停車場不需要現金，不需要卡，也不需要手機。

近兩年來，一些餐廳、銀行、醫院也在嘗試"刷臉支付"，同樣不需要手機。人工支付的過程和行為正在消失，交易在走向自動化。

交易的自動化曾經是人類商業難以突破的瓶頸。20 世紀 60 年代，美國的航空業開始興起，乘坐飛機的旅客日益增多，但一個難題也隨之出現：航空公司無法應對來自全國各地的機票預訂、座位分配和退票改簽任務。當時最便捷的手段是電話，但接電話的銷售人員有很多個，他們不知道其他點位的售票情況，不知道還剩下多少票，只能在晚上碰頭，人工分配當天的訂單。很多旅客要幾天之後才知道自己是否買到了票，拿到票的時間就更久了。當然，這也是最早機票不得不超售的原因。

為了解決這個問題，1964 年，IBM（國際商用機器公司）投巨資打造了"半自動商業體系"（SABRE）：它有一個中央數據庫、一百多台終端、上千名工作人員，每天處理 8 萬個電話，通過數據庫鎖定和並發計算，它在三秒之內就可以確認是否有票以及座位號碼。有史以來第一次，乘客們無須過夜，當天就能得知預訂的結果。美國的航空公司紛紛加入了"半自動商業體系"，整個航空業因此發生了極大的變化。

今天的互聯網訂票，當然要遠超這個體系的半自動水平，我們甚至可以對着手機直接說話："給我訂一張下午飛往北京的機票。"剩下的過程由語音助理協助完成。

從大海撈針式的尋找，到以供需兩端數據化為基礎的自動匹配，再到支付和交易的自動化,今天在任何時間、任何地點,任何商品或服務的供需雙方都可能快速找到對方,以自動支付的方式完成交易。這完全超越了 20 世紀 60 年代的半自動水平,在邁向全自動的智能商業之路上更進了一步。

萬新之新,在於數據。數據化的變革還遠遠沒有完成,今天正在發生的是一切業務的數據化,即用數據的格式將一切業務過程記錄下來,形成整個業務管理和運營的數據閉環。

未來 10 年間,我們將會看到,數據化從商業流通領域向生產製造、農業種植和社會治理領域高歌猛進。這個過程也蘊藏着無數的財富和機會。

金礦如何形成:個人數據的價值困境

新經濟的集大成者當屬智能商業,而智能商業又依賴於供方和需方動態的、持續的數據化。這個需方就是消費者,智能商業非常依賴消費者的數據。這些數據不是一次性的,而是消費者的個人數據流,即源源不斷的個人數據。

最近幾年,在不同的場合,常常有人問我一個相同的問題:為甚麼互聯網企業能夠記錄、保存如此海量的、細緻的消費者數據?要明白這個問題,必須從鼠標的發明講起。

20 世紀 50 年代,計算機被發明之後,在 30 多年的時間裡,人類和計算機的交互一直是通過鍵盤輸入代碼來完成的,一個字母寫錯,計算機就無法理解指令,操作非常煩瑣。當時就有人聯想到汽車,能否給計算機設計一個類似於方向盤的操縱台,讓人們可以像開車一樣,用眼睛和四肢直觀地控制計算機呢?

20 世紀 60 年代,史丹福國際研究院(SRI International)的恩格爾巴特(Douglas Engelbart,1925—2013)開始專注於這方面的研究。他設計過一種頂在頭盔上的指針,操作者可以通過點頭的動作控制光標,恩格爾巴特還嘗試過通過膝蓋和腳踝的轉動控制指針上下左右移動,但這些設備都不夠靈活、不夠好用。

這些失敗的探索,最終促使他放棄了操縱台的設想。幾經嘗試,他在 1964 年設計出了世界上第一個鼠標。這是一個帶滾輪的小盒子，可以像玩具車一樣滑過桌面，恩格爾巴特認為這是一款特殊的光標控制器，因此把它命名為"X-Y 屏幕方位指示器"。恩格爾巴特帶着它參加了 1968 年 12 月在舊金山舉行的秋季聯合計算機大會（Fall Joint Computer Conference），這次演示引起了專業人士的關注。後來，人們給這個帶着電線尾巴的設備取了個綽號 ——"鼠標"，因為生動形象，這一名稱沿用至今。

然而，直到 1981 年，第一個商業化鼠標才誕生。從發明到應用，鼠標經歷了 10 多年的等待和改進，這並不稀奇，人類歷史上很多偉大的發明都要經過相當長的時間才能被廣泛接受。1983 年，蘋果、微軟紛紛推出自己的鼠標，鼠標成了計算機的標準配置。

正是通過鼠標，互聯網可以把訪問者的各種行為都轉化成數據。回到鼠標最初的名字"X-Y 屏幕方位指示器"，它的基礎功能是記錄光標在屏幕上的位置。它把屏幕當作一個坐標系，可以讀出光標停留位置的橫坐標（x）和縱坐標（y）。

以互聯網上最常見的網頁服務為例。網站被架設在服務器上，消費者通過瀏覽器瀏覽網頁，在這種瀏覽器 —— 服務器模式的架構當中，有兩種方式可以記錄數據：一是服務器日誌，服務器日誌可以記錄消費者在各頁面之間的跳轉關係；二是網頁腳本，在網頁中嵌入的腳本程序（如 JavaScript 腳本）可以記錄消費者在頁面中的行為，例如

圖 1—6　最早的鼠標和它的發明者恩格爾巴特 [12]

最早的鼠標，其外形是一個小木盒子，工作原理是它底部的金屬滾輪帶動樞軸轉動，由變阻器改變電阻值來產生位移信號並將信號傳輸至計算機。

鼠標的點擊、滾動、翻頁。

在鼠標行為中，最常見的是點擊。點擊一般分兩種情況：一是點在一個超鏈接上，消費者將被帶到另一個頁面或其他鏈接目標；二是點在非超鏈接上，這意味着一次無效的點擊，它可能是消費者的一次無意點擊，也可能是消費者以為這個地方可以點，從而產生的一次誤擊，無效點擊不會導致頁面跳轉，也不會在服務器上留下記錄，只能通過網頁腳本來記錄。我們為甚麼要記錄呢？因為如果一個網頁上存在大量無效點擊，那就意味着網頁設計有問題，必須調整設計。而消費者點擊最多的地方，也是一個頁面上最吸引消費者的、最應該重點關注分析的區域。

只要用戶登錄互聯網，互聯網就開始記錄。記錄的數據一般包括：

網頁地址（URL）

點擊時間（Hit Time）

頁面停留時間（Time on Page）

頁面區域唯一標識符（Session ID）

位於會話狀態的第幾步（Session Step）

訪問來源（Referrers）

從何處進入頁面（Entrance）

離開頁面去何處（Exit）

開始時間（Begin Time）

結束時間（End Time）

訪問時長（Time on Site）

訪問頁面數（Depth of Visit）

用戶信息（Cookie）

這些是瀏覽的數據，此外，消費者還會產生搜索、交易、運營的數據。如果消費者在一個電商網站上購買商品或接受服務，購買商品或服務的名稱、支付金額、個人信息、商品服務明細、購買時間等數據都會保存在專門的數據庫中。對視頻、音樂、遊戲網站等，互聯網還會記錄上傳下載是否完成、速度的快慢、消費者觀看視頻的位置以及遊戲體驗等數據。

在設計網頁腳本的時候，為了收集到全面的數據，有一個問題程序員必須予以特別考慮，即監測消費者鼠標點擊行為的網頁腳本應該放置在頁面的哪個位置。這個問題決定着監測腳本的執行次序，即運行時間的早晚先後。當然，網頁腳本放得越靠前越好，因為消費者可能會在網頁還沒完全加載完的時候就開始點擊，如果網頁腳本放得太靠後，此時監測腳本尚未運行，那麼這些點擊就無法被記錄下來。而矛盾在於，為了改善消費者的體驗，很多網頁必須在第一時間向戶呈現首屏內容，監測腳本只能往後放，這就犧牲了數據收集的完整性，即可能丟失部分數據。

通過記錄鼠標的點擊流，互聯網企業掌握了消費者在網上的一舉一動。在一個電商網站中，消費者的點擊、瀏覽、查閱、停留、關閉等動作都清清楚楚地被鼠標記錄了下來，像礦產一樣沉澱在互聯網上。而在傳統的線下百貨商場，顧客的走動和瀏覽、東看西看、左挑右揀等動作，售貨員無法一一關注，也不可能一一記錄，傳統商場記錄下來的可能只有其中一個環節 —— 收銀，記錄的目的也很單一：收入和庫存管理。

互聯網把記錄的顆粒度和細緻程度推向了一個前所未有的高度，這是劃時代的變化，它完全改變了人類數據世界的版圖。

就傳統的定義，只有“1”“99%”“0.5”這樣的數量表達才是數據，即數據僅僅是測量和計算的結果。今天則不同了，一張照片、一段視頻、一段文字、一條基於個人生活的記錄都被稱為數據。[13]

對個人生活的記錄，也就是個人數據，開始大規模出現了。今天的手機有通信、拍攝、社交、新聞、導航、上網、娛樂、支付等多種功能，使用這些功能的一個重要結果就是產生了個人行為記錄。手機的功能越強，就意味着它所記錄的行為越廣，一個人使用手機越頻繁，就意味着他在雲端產生的個人數據越多。個人數據的爆炸，是大數據作為現象級事實出現最早也最為重要的原因。

在 20 世紀 90 年代互聯網產生之初，互聯網的主體是新聞網站和單位網站，數據的主體是新聞和資訊，個人數據在互聯網上可能僅佔整個數據體量的 5%。但隨着電商、社交網站的出現，今天幾乎所有的互聯網公司都在收集個人數據，保守估計，個人數據已經佔整個網絡數據的 90% 了。

今天的數據是以個人為主體的，這些數據也是個人生活在數據空間的鏡像。個人數據已經成為互聯網上最大的金礦，這座金礦已經被各大互聯網公司開發、佔有。在一切業務數據化的基礎之上，互聯網公司在向"一切數據業務化、利潤化"衝刺，它們的終點線是讓所有收集到的數據產生業務價值，或者説商業利潤。

數據如何產生利潤？目前只有兩大模式：一是廣告，二是信用。首先，通過記錄消費者不斷產生的數據，監控消費者在互聯網上的所有舉動，互聯網公司以廣告的形式給消費者提供符合其動態和偏好的產品或服務；其次，互聯網公司通過數據評估消費者的信用，從後續的金融服務中贏利。因為這兩種商業模式，消費者個體就成為被觀察、分析和商業監測的對象，這是歷史上人類第一次大規模地讓渡自己的生活和隱私來成全商業模式。

這些數據一經產生，就脫離了自己的母體，被互聯網公司所掌握。這也是今天最大的矛盾：掌握個人數據的居然不是個體本身，而是各種互聯網平台和公司。個體作為這些數據的提供者，竟然對自己的數據沒有一絲一毫的控制能力，這不能不説是一大奇怪的現狀。

回頭看人們對互聯網的認識：一開始，人們都聚焦在一個字上 —— "連"，即把機器跟機器互相連接起來，人們關心的指標是有多少個節點、多少個網民、多少個網站；但到今天，不管你使用甚麼終端設備、甚麼前端應用，人們都有辦法把它們連接起來，比如台式電腦可以和手機連接，QQ 上的消息在微信上也能收到，這是跨平台、跨設備、跨應用的互聯，是"7 天 ×24 小時"的互聯，是超級互聯。

我們走到超級互聯的階段，就是走到了互聯網的夏天。也可以説，人和人相互連接的歷史使命已經基本完成了，一個嶄新的生態已經形成，並且充滿了活力。2016 年 7 月，美團網的 CEO（首席執行官）王興提出，互聯網已經進入了下半場。我認為，這個下半場也聚焦在一個字上："數"。今天的互聯網，可以被視為一個全面記錄、沉澱個人數據的基礎設施。人們應該關心的是，互聯網收集了甚麼數據，它是否徵求了被收集人的同意，這些數據又將得到怎樣的智能化應用。

數權：互聯網原罪浮出水面

1519 年，西班牙殖民者來到墨西哥，當地的原住民看到西班牙人對黃金的癡迷，完全一頭霧水：黃金不能吃、不能喝，用來製作工具或武器又質地太軟，為甚麼西班牙人如此瘋狂地搶佔它？他們完全不知道，在另外一個世界裡，黃金就是貨幣，黃金就是購買力。

據後人估計，在殖民統治的 300 年間，美洲的礦井共出產了 15 萬噸白銀，2800 噸黃金，約佔當時全世界白銀供應的 85%，黃金供應的 70%，這些黃金白銀幾乎都被運往了西班牙。[14] 靠着從南美洲掠奪的黃金和白銀，西班牙撐起了當時最強大的帝國，它是人類歷史上的第一個 "日不落帝國"。

南美洲向歐洲輸送了黃金，歐洲給南美洲帶去了甚麼呢？枷鎖和疾病。歐洲人把天花帶到了新大陸，南美的原住民對這種疾病沒有抗體，天花在南美肆虐，令原住民的人口銳減了 90% 以上，曾經縱橫南美大陸的印第安王國一個個銷聲匿跡。這是先進文明對落後文明的盤剝，是人類歷史上一段不光彩的掠奪史。

在今天的世界中，大眾對數據的認識和 500 年前美洲大陸原住民對黃金的認識是類似的，很少有人認識到自己的數據具有價值。就像 500 多年前的人想像不出有另外一個大陸存在一樣，今天的大眾也完全沒有認識到，人類正在創造一個新的生活空間，一個和物理世界對應的平行空間，而數據，正是這個空間裡的黃金、石油、礦藏，甚至土壤。

在大眾認識到數據的價值之前，一系列互聯網公司已經完成了對數據的掠奪和積累，它們已經擁有了龐大的數據資產。藉助對這些數據資產的運營，它們年年都可以拿出令大眾眼前一亮的業績報表，而對它們財富的來源，我們整個社會，無論是東方還是西方，都是缺乏追問的。

不錯，互聯網公司創造了價值，為大眾的生活帶來了便利，但是它們今天對數據的使用，也給大眾的生活帶來了威脅和恐懼。Facebook 風波中對思想、心理的操縱，電商平台的 "殺熟"，打車平台的算法定價合謀，這些都是對大眾利益的傷害。特別是以數據為基礎的人工智能，隨着技術發展進步，將取代越來越多人的工作，而這些數據，正是大眾以幾乎免費的方式提供的，這頗有煮豆燃萁、恩將仇報之感，這是新文明的悖論。不得不說，互聯網公司在數據的收集和使用這件事情上，是有原罪的。

集腋成裘、聚沙成塔，這兩個成語比喻積少成多、量變與質變的關係，形象地概括出了數據價值演變的路徑和現狀。一根毛、一粒沙微不足道，但多了就能派上大用場。越完整的信息越值錢，量越大、越清晰的數據越有可能變現，這是一個基本的道理。例如，一個股票投資者希望聽到這樣的信息："明天阿里巴巴的股票會漲10%。"這樣他就可以買入了。但這條信息要是被拆分為"明天""阿里巴巴的股票""會漲""10%"這樣的隻言片語，它就可能完全沒有價值。

同理，一個人的數據價值不大，但一群人的數據就有了價值。一定程度上而言，數據越多越大，價值也越大。數據就像基因，掌握一個人的一個基因價值不大，但若掌握一個人的甚至全部人的全部基因，那價值就巨大了。

最為典型的就是電商平台。在它的平台上，哪怕是一件一毛錢的商品，哪怕是子夜時分在其平台上成交，都會留下一條數據，用來描述它的交易過程以及買賣雙方的信息。

對單個消費者來說，留下這樣一條數據一開始沒有任何意義和價值。可當他在這個平台上購買的東西越來越多，當無數的消費者都把數據沉澱在一個平台之上，價值開始凸顯、放大。平台可以通過算法對這些消費者進行自動窺視和推算，向他們推送精準的廣告，為他們提供個性化的商品服務。廣告就是收入，賣更多的東西也是收入，在阿里巴巴的財報中，廣告的收入曾經佔 80% 以上。

不只是阿里巴巴，幾乎所有的互聯網公司都靠廣告收入生存。2017 財年百度的廣告收入（其財報中稱之為網絡營銷）為人民幣 731.46 億元，佔其總營收的 86%。同年，騰訊廣告收入同比增長 50%，至 404.39 億元。和 BAT 相比，所有的傳統媒體望塵莫及。據 2017 年國家新聞出版廣電總局數據顯示，廣播電視的廣告收入穩中趨降，總收入 1518.75 億元，同比下降 1.84%，平面媒體的情況更是慘不忍睹。一個在高速增長，一個卻在大幅滑落，互聯網巨頭之所以能夠在營收上打敗所有傳統媒體，其基礎正是消費者的數據。它們通過數據"讀心"，掌控消費者，實現供需關係的精準匹配，從而贏得了廣告主的青睞，從中賺取巨額利潤。

也可以說，互聯網30年就是人類廣告技術突飛猛進的30年。所謂的BAT，其實不過是"三個廣告和遊戲公司"。

當擁有數據的各大互聯網公司賺得盆滿缽滿，公開宣稱它們擁有龐大數據資產的時候，大多數消費者對數據的價值還處於無知無覺的狀態。對這些數據如何被使用、被誰使用、最終有多少個拷貝和版本、保存在哪裡，消費者更是一無所知。

今天，"數據是資產"已成為企業界的共識，但如果說數據只是互聯網企業的資產，和數據的貢獻者——大眾，沒有任何關係，甚至數據的貢獻者還可能因為數據受到傷害，這顯然是不公平的。在這個核心問題上，互聯網公司一再巧妙地利用公眾對數據產權問題的無知，小心翼翼地掩藏自己的企圖和野心。

首先，互聯網公司不認為產權的事有爭議。它們認為，收集了就收集了，佔有了就佔有了，數據現在在誰手裡，誰就擁有所有權、處分權和買賣權；其次，它們認為數據是死的，利用是活的，它們的利用才是互聯網的精髓，才創造了價值，大眾對此沒有爭論的餘地。

我們需要挑戰這些觀念，數據產權必須經歷一個重新被發現的過程。

1899年，嚴復翻譯了亞當·斯密的《國富論》並委託南洋公學的譯書院出版，嚴復明確地提出了版權問題。最後譯書院以2000兩白銀購買了這本書的版權，並同意將該書碼洋的20%作為版稅付給嚴復，這被後世視為中國版稅制度的發軔。

在此之前，寫文章換取報酬只是個別現象，這種報酬被稱為"潤筆費"，其文章範圍僅限於墓誌銘之類的。對於中國的知識分子，僅僅靠寫作根本無法安身立命。

民國時期，上海率先建立了稿費和版稅制度。因為這項制度，諸多文化人不僅渡過了生存難關，還為中國貢獻了一大批優秀的作品。1927年，魯迅從中山大學辭職，此後留居上海直到去世。之所以敢選擇做一名自由職業者，是因為魯迅有其賴以為生的經濟來源——版稅。據研究人員統計，這一時期，版稅佔魯迅全部收入的75%以上。[15]此外，茅盾、郁達夫、郭沫若等一大批文化人都曾經依靠稿費和版稅為生。近代稿費和版稅制度的建立，可謂影響深遠，它不僅催生了中國第一批都市作家，在封建教化倫理之外開闢了一個新的、獨立的閱讀空間，還推動了以"國家和民族"為主題的思想討論和以純文學為旨歸的現代精英文學。

回顧這一段歷史，我並不是說要參照版稅的模式設計"數稅"，其實版權和數權兩者有很大的不同：文字創作中有智力勞動和思想創見，而且創見的成分越高，價值越大；但數據不一樣，數據只是記錄，記錄必須忠實於被記錄的主體，越準確地反映主體的身份、性格、行為、習慣、偏好，數據就越有價值。

我想說的是，版權的確認，給社會和市場打開了一個嶄新的空間，數權的確認，將會是同一個道理。

另外一個例子，就是視頻行業。中國的很多視頻網站，最初為了爭取流量和人氣，收集了大量沒有授權的影片和視頻，版權問題一度成為行業發展的瓶頸。這幾年情況大為好轉，一些非法轉載的視頻網站、App 被關停，而那些走上尊重版權之路的規範網站則成了行業的領先者，比如愛奇藝、優酷視頻。愛奇藝已經於 2018 年 3 月上市，半年內市值曾衝頂 300 億美元，這在盜版時代是無法想像的，長期遊走在法律灰色地帶絕不可能被世界投資者所接受。

我認為，互聯網上的數據產權應該歸屬於消費者，未來任何一項數據的收集，都應該有明確的法律依據，否則不能收集。作為平台的建設者，互聯網公司通過記錄獲得了數據，但就數據的價值而言，誰來記錄和用甚麼工具記錄並不重要，重要的是被記錄的是誰、記錄了甚麼。就此而言，互聯網公司在互聯網之上建立起軟件平台，對我們的行為進行記錄，這不能成為它們完全擁有數據的理由。互聯網公司收集了數據是事實，但關於它們要怎樣使用數據，消費者要有知情權、決定權，還應該有收益權。這類似於給一個人寫傳記，書寫成後大賣，但這個人本身卻被排除在分紅之外，這無論從哪方面看都不合理。

這是互聯網平台上的數據紅利，它已經成了互聯網公司第一桶金，但今天，我們已經來到了一個拐點，平台應該跟所有的數據貢獻者分享這種紅利。

這也是一場數據平權運動，它是平權運動在數據空間的重演，資本主義和平權必將在互聯網上重演。共享新一輪的數據紅利，是對權利的尊重，也是對市場法則的尊重。

數據產權的問題如果繼續模糊不清，很可能成為新經濟和新文明發展的瓶頸、障礙。會有越來越多的消費者認識到新時代互聯網沉澱數據的本質，他們對個人數據價值的認識會覺醒。如果不對這些權益予以確認和保護，互聯網公司繼續以無徵求的方式搶佔消費者的數據，消費者對新型互聯網服務的接受程度將會下降，對互聯網交易，特別是跨國的互聯網交易，會有越來越多的人以懷疑的、不完全信任的態度來看待。這將在一定程度上減緩科技創新，影響數據經濟在全球的普及速度。

注釋

1 在事發當時，輿論一直認為受影響的用戶數為 5000 萬。2018 年 4 月 4 日，Facebook 首席技術官施洛普弗（Mike Schroepfer）宣佈在劍橋分析公司事件中大約有 8700 萬用戶信息受到影響，這一數字比此前媒體預計的 5000 萬要多得多。

2 《大數據》（第三版），廣西師範大學出版社，2015：294。

3 "Computer-based personality judgments are more accurate than those made by humans ", Wu Youyoua, Michal Kosinskib and David Stillwella, *Proceedings of the National Academy of Sciences*, Jan 2015.

4 Expenditures Breakdown, Donald Trump, 2016 cycle, www.opensecrets.org.

5 圖片來源：新浪微博。

6 《大數據殺熟：最懂你的人傷你最深》，翟冬冬，《科技日報》，2018.2.28。

7 《大數據殺熟遍佈酒店機票網約車！專家：違背反壟斷法》，宋奇波等，《新聞晨報》，2018.3.15。

8 《線上"殺熟"，這鍋大數據不揹》，陳靜，《經濟日報》，2018.3.30。

9 "When bots collude" , Jill Priluck, *New Yorker*, April 25, 2015.

10 Spencer Meyer, individually and on behalf of those similarly situated vs Travis Kalanick, and Uber Technologies, Inc., United States District Court Southern District of New York, Mar 5, 2018.

11 根據媒體公開報道整理。

12 圖片來源：史丹福國際研究院。

13 記錄之所以被稱為數據，是因為它們都被保存在數據庫裡。數據庫技術出現之後，人類逐漸把保存在數據庫裡的一切東西都統稱為"數據"。具體可參見《數據之巔》，中信出版社，2014.5，第八章。

14 *History of Money*, Weatherford, P99.

15 《稿費、版稅制度的建立與近現代文人的生成》，葉中強，《上海大學學報》（社會科學版），2006.9，13（5）。

02

無匿名追蹤：天網的隱喻

天網幾乎和互聯網同步興起，它是最早的物聯網，是人類的
"視聯網"，也是未來智能城市的視網膜。天空長有一雙眼睛，
如上帝一般俯視人類，這雙眼睛帶有回放和智能檢索的功能，
因而比人眼略勝一籌。隨着圖像識別的精細化進步，地面上主
要運動物體（例如人和車）的移動軌跡將可以被實時追蹤、完
整還原。天網像野草一樣在地球蔓延，它將改變人類在公共場
合的動機、行為和秩序。

在這個世界上，有三件事不可避免：納稅、死亡和被收集數據。

1991 年，互聯網剛剛興起。這種新的信息協同方式令全世界的知識精英都興奮不已。在英國劍橋大學計算機系的一個研究中心，整個研究中心只有一套咖啡壺，教授們常常在跑來之後才發現，煮好的咖啡已經被倒光了。為了避免白跑一趟，兩名研究員想了一個辦法：將一個飛利浦相機對準咖啡壺，相機每隔 20 秒自動拍攝一張照片，照片被實時上傳到研究中心的內網。想知道還有沒有咖啡，你只要看看最新的圖片即可。

這款"神器"被稱為"XCoffee"，這個小小的程序只花費了兩位研究員一點時間，卻改變了世界，地球上首個通過網絡進行實時監控的攝像頭就此誕生，傳說中的"千里眼"成為現實。

網絡攝像頭可以觀察、記錄一個不在場的世界，這滿足了人類窺視的本能。原本為避免倒咖啡時白跑一趟而設置的"咖啡監控"，最終也可以看到誰倒光了咖啡，誰倒光後未及時煮上新咖啡，誰在某時某刻出現在走廊裡等事實和真相。這是信息和數據的外部性。可以想像，還有很多比咖啡壺更有意思的、更重要的生活場景，人們都想通過"千里眼"看到。

接下來近 30 年，攝像頭在全世界瘋狂普及。據不完全統計，今天全世界已經生產了 140 億個攝像頭，全球人均 2 個，未來 10 年其數量還將呈現年均兩位數的增長率。到 2020 年，全世界的攝像頭數量將達到 280 億，是全球人口的 4 倍，遠遠超出計算機、筆記本電腦甚至手機的數量，[1] 人類歷史上還沒有一種小器械能持續創造出如此廣大的市場。

這些攝像頭大多被架設在離地 3 米、5 米、12 米甚至上百米的高空，它們是人工之眼，從高處日夜俯視城市和社會，俯視着街道、路口、廣場、大廈，星羅棋佈，無處不在。因為小，它們可以被巧妙地隱藏在不起眼的角落，但它們數量眾多，而且正在彼此聯接，這是迄今為止人類社會最大的物聯網。這個物聯網正在成為所有城市新的基礎設施，舉目世界，這已經是一個不折不扣的趨勢了。

要是此案在中國，早破了

　　2017 年 6 月，美國一起離奇的失蹤案牽動了許多華人的心。26 歲的中國女留學生章瑩穎在伊利諾伊大學香檳分校附近失蹤，美國警方獲得的最後線索是：6 月 9 日下午，章瑩穎上了街邊的一輛黑色轎車，街口的一個攝像頭錄下了這個過程。由於像素過低，警方無法辨認車牌號碼，但他們通過該車的顏色、型號等外觀，在伊利諾伊州的車輛數據庫中進行甄別和排查，6 月 15 日，警方確認了涉案車輛。

圖 2−1　美國警方公佈章瑩穎失蹤前畫面和涉案車輛畫面 [2]

左上圖：2017 年 6 月 9 日 13 點 35 分，美國伊利諾伊州厄巴納市一輛巴士的攝像頭拍下的章瑩穎畫面。
其餘圖片：涉案車輛被不同地點的三個不同的攝像頭拍下，其中右上圖為受害人站在路邊與涉案車輛司機交談。

　　該車車主承認章瑩穎曾經搭過他的車，但強調她中途就下車了。在隨後的調查中，警方又發現這名嫌疑人曾經在 4 月訪問一個在線論壇並搜索過"綁架""完美綁架""如何策劃一次綁架"等關鍵詞。6 月 29 日，在電話監聽中，警方甚至聽到他向別人承認自己綁架了章瑩穎。

　　次日，警方逮捕了這名嫌疑人。雖然圖片、文字、音頻、網絡都表明他和此案高度相關，但半年過去了，因為缺乏關鍵證據，他仍拒絕認罪。章瑩穎從此人間蒸發、再無音訊，媒體和社會都認為她早已遇害。直到 2018 年 1 月 19 日，在聯邦司法部長的指令下，聯邦檢察官終於提交了將在本案中尋求死刑判決的意向書。

　　章瑩穎的不幸在中國激起了漣漪。2017 年 9 月，我來到蘇州工業園，應邀為當地政府規劃設計城市大腦。蘇州是一個祥和、美麗、發達的江南城市，但它也有"成長的煩惱"，城市在轉型升級，管理卻在拖後腿。作為中國園區建設的領頭羊，蘇州工業園率先在江蘇省啟動了城市大腦的建設。在一次公安專題會議上，我們談到了章瑩穎案。一名公安局局長笑着說："我研究過章瑩穎案，要是此案在中國，早破了！我們的高清攝像頭可以辨識車牌，還可以還原一輛車在城市中的行駛軌跡，這些都是關鍵證據。"

　　他準確地捕捉到美國警方遲遲不能結案的要害，自信的笑容給我留下了深刻的印象。碰巧的是，當天晚上，他的邏輯和底氣又在電視屏幕上得到了印證。9 月 23 日，紀錄片《輝煌中國》在中央電視台黃金時間播放的那一集恰恰以蘇州為例濃墨重彩地介紹天網：

　　　　中國已經建成世界最大的視頻監控網，視頻鏡頭超過 2000 萬個，這個叫"中國天網"的大工程是守護百姓的眼睛。

　　　　（畫外音，一名蘇州警察介紹說）我們的路面監控覆蓋率已經相當高，比如發生一個違法犯罪警情時，我們可以根據需要，把鏡頭調整到嫌疑人身上的某一個點位。我們的任務就是根據這些信息，研判可能誘發犯罪的蛛絲馬跡。利用人工智能和大數據進行警務預測，這在中國不僅已全面普及，而且水平位居世界前列。

　　"超過 2000 萬個"成了我們第二天飯桌上的話題。2000 萬只是"起步價"，大家爭議究竟會有多少個。攝像頭雖小，但也有管理維護的成本，按中國的人口和地域計算，究竟應該安裝多少個，該不該封頂？和其他國家對比，是應該算總數還是人均鏡頭數？鏡頭數的增長反映了甚麼問題？是物聯網的普及，治安有保障，還是世風日下、隱私侵擾？

談到視頻監控，大部分人的第一反應都是不安和反感。我認為，在整個社會對攝像頭已經抱有警惕和不安的情況下去統計它的數量，得出的結果肯定是扭曲的，這是統計科學與生俱來的一個難以解決的問題：當我們意識到一件事情需要統計，再去統計的時候，往往很難獲得真實的數據，而之前卻可以。這個悖論我稱之為"統計悖反"，即後續發生的統計結果往往不可靠，統計應該一開始就融入日常的管理工作。

我們可以從其他統計數字和新聞報道中找到一些蛛絲馬跡。有一些報道的出發點是強調公安部門通過視頻監控提升了破案率，攝像頭數量是作為輔料而不是"主菜"出現的，它的可信度就更高。

表 2–1　媒體公開的中國部分城市攝像頭情況

城市	常住人口 [3]（萬人）	攝像頭 [4]（萬個）	說明
深圳（特區）	1191	134	一類攝像頭：在城市主幹道及重要路段周邊由警方主導建設的治安管理監控攝像頭 二類攝像頭：主要覆蓋金融、醫院、學校、市政公園、體育場館、展覽館等重點單位 三類攝像頭：重點覆蓋企業、住宅小區、出租屋、臨街單位、商貿中心、特行場所、商舖、賓館、網吧等
武漢	1077	100	可聯網調看的一類、二類攝像頭達到 4.6 萬個
廣州	1404	57.4	實現主要道路、重點部位、重點區域、重點場所等公共區域全覆蓋
杭州	919	56	含由政府投資的、公安管理為主的公共監控和由各個企事業單位自建自管的監控
南京	827	29.5	主要道路、重點單位和要害部位技防建設率達 100%
晉江（縣級市）	209	17.5	含投資建設的 5.5 萬個高清視頻攝像頭，12 萬個社會監控攝像頭。按居住面積計算，佈設的監控探頭每平方公里超過 155 個

據公開報道，深圳特區破獲的刑事案件中，有一半是通過視頻研判找到的破案線索；廣州的視頻破案率從 2011 年的 10.51% 躍升至 2016 年的 70.96%；福建晉江利用視頻監控破獲的案件佔案發總數的 70% 以上。"只要你在街頭閒逛一兩分鐘，就會被治安防控的高清探頭掃到。"晉江市公安局的總工程師這樣形容當地的成就。

這"閒逛的一兩分鐘"已經成為重要的破案資源。2012 年 2 月，武漢警方成立了全國首支視頻偵查支隊，[5] 2013 年 12 月，深圳也成立了視頻警察支隊，還有多不勝數的城市公安部門在刑偵支隊內設立了視頻大隊。

據互聯網統計公司 Statist 統計：截至 2014 年，美國有約 4000 萬攝像頭，平均每 8 個人擁有 1 個攝像頭；英國有 580 萬個攝像頭，平均每 11 個人擁有 1 個攝像頭；如果在倫敦生活，一個人一天之中可能會被攝像頭拍下 70 次左右。[6]

中國的人口是英國的 20 倍，面積是英國的 40 倍。除港澳台外，中國有直轄市 4 個、省會城市 27 個、地級市 334 個、區縣 2877 個；人口 100 萬以上的城市 142 個，人口 1000 萬以上的城市 6 個。根據以上數據推算，在中國天網中，官方所擁有的攝像頭應該在 1 億個上下，即每 14 個人擁有 1 個攝像頭。

當我們細究攝像頭時，就會發現在窺視背後，還有一股強大的力量：人性對安全和信任的需要。

現代城市是一個陌生人社會，這和傳統的鄉村社會完全不同，陌生意味着不確定，不確定就會引發人類心理上的不安全感。

一個城市要怎麼樣才安全呢？ 1961 年，美國城市學家雅各布斯（Jane Jacobs，1916—2006）出版了其經典著作《美國大城市的死與生》（*The Death and Life of Great American Cities*）。她在書中認為，一條街道兩邊樓房的門窗都應該面向街道而設，如果背向街道的房子過多，這條街道的治安就會不好，因為它們失去了"眼睛"的保護。她觀察到鄰居之間可以通過經常打照面來區分熟人和陌生人，從而獲得安全感，而潛在的"要做壞事的人"則會受到各路人員的目光監督。雅各布斯據此發展了"街道眼"（Street Eye）的概念，主張保持小尺度的街區和街道上的各種小店舖，用以增加人們相互見面的機會，從而增強公共區域的安全感。

今天的時代已經和雅各布斯當年的時代全然不同，世界上越來越多的城市都在擁抱大興土木的發展道路，傳統街區正在消失，人口流動正在加快，人們傳統的聯繫紐帶正在一點點被割裂，雅各布斯所倡導的"街道眼"越來越難在寸土寸金的城市中存在。

無形之中，人工之眼已經成了新的解決方案。放眼世界，絕大部分城市都在鞏固和建設這個新的基礎設施，一個又一個的攝像頭之城正在誕生，這和雅各布斯當年所倡導的"街道眼"其實不同，"街道眼"是分散獨立的人眼，而攝像頭是可以集中統一的機器眼，是一種"由頂至底"的思路。在城市裡，除了政府管理部門，還有公司、家庭和個人不停地安裝攝像頭。天網不是單維的，它至少已經出現了三個維度，它已經深入了城市的微生態和小場景，並發揮着不可小覷的"微管理"作用。

三體：天網的真正維度

一個月後的國慶節，我在廣東潮州一位朋友家做客，他住在一幢普通居民樓的三樓。朋友在樓下的門廊處安裝了一個攝像頭，家中客廳的一塊小屏幕時刻"直播"着樓下的情況。他告訴我，這麼做是為了守護停放在樓下的摩托車。有一次，有人打他摩托車的主意，恰巧被他在屏幕上發現，他立刻對着喇叭大喝一聲："做咩[7]！"對方驚慌而逃。

這也是"空中之眼"。我在潮州各個小區走動，發現類似的家庭攝像頭每個小區都有，而且不少，攝像頭幾乎都設置在停車位、單元入口和樓梯通道，不可避免的是，經過攝像頭前的人也被記錄了下來，這常常引發隱私爭議，甚至出現了鄰里之間互訴法庭的案例。[8]

在《數據之巔》這本書中，我曾經講到一個真實的案例：

Nextdoor 意為"隔壁鄰居"，它是一個以社區為基礎的社交網站，加入者必須為住在同一個社區的居民。該網站成立於 2010 年，目前已經覆蓋了美國的 29000 個小區。在我居住的城市聖何塞，有一個小區叫貝萊爾—山石（BelAire-

Hillstone)。2013 年 1 月，有人在平台上反映說家裡丟了郵包。(若沒人在家，美國的送件人一般是將郵包放在門口，無須簽收。) 很快有人跟帖說也在近期丟了郵包。有人在帖子中建議，在門口設置一個加鎖郵箱；還有人出主意說，放個裝有狗屎的假郵包，噁心這位竊賊，下次他就不來了。接著，有人在跟帖中鎖定了郵包丟失的具體時間：下午 4 點。這使整個小區的人都在這個時候提高了警惕。沒過兩天，有人又發帖稱，看到一輛保時捷卡宴車在小區邊開車邊"撿"郵包，並描述了這輛車的顏色和特點。1 月 30 日，有人貼了一張照片出來，說看到一輛這樣的車從自家門口經過，雖然沒有拍到車牌號，但很快就有人在互聯網上對這輛車的特點進行比對，斷言這張照片就是那輛"撿"郵包的車。接下來的兩天，又有人說在街上看到這輛車，車牌是"5GVV×××"(為保護隱私，此處隱去後三位)。這則帖子發出的當天，這位車主就接到朋友的詢問電話："×××，網站貼出來的那輛車不是你的嗎？"第二天，這位車主就選擇了投案自首。

這種案件的不偵自破，我稱之為眾包。它走的是群眾路線，靠的是眾人的眼睛——無數的眼睛，這將讓所有行為都無所遁形。目前，Nextdoor 還在推陳出新，它試圖通過自己的平台，把整個小區的攝像頭都聯接起來。

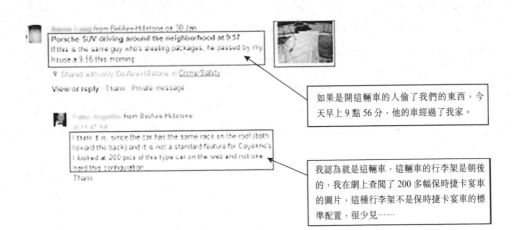

如果是開這輛車的人偷了我們的東西，今天早上 9 點 56 分，他的車經過了我家。

我認為就是這輛車，這輛車的行李架是朝後的，我在網上查閱了 200 多幅保時捷卡宴車的圖片，這種行李架不是保時捷卡宴車的標準配置，很少見……

圖 2-2　搭建智慧社會，通過眾包破案

在美國，很多公司會在入口處安裝攝像頭，也有很多家庭在門廊、庭院和車庫中安裝攝像頭。當公司下班或者全家外出時，如果攝像頭捕捉到空間內的圖像變化，就會向手機發出警報。Nextdoor 現在鼓勵每個家庭把自己的攝像頭接入它的平台。單個攝像頭的覆蓋範圍有限，但上百戶家庭的攝像頭聚合起來，就能形成一張覆蓋整個社區環境的監控網絡。每個家庭只要安裝一個簡單的 DVR 安防監控軟件，就可以集合起多個攝像頭的鏡頭，實現統一監控，還可以把所有的數據保存在雲端的存儲器。這個軟件是免費的，這意味着只要聯接、共享的鏡頭足夠多，一戶家庭、一個人就可以看到整個社區的畫面和動態，局部相加，將會起到 "1+1 > 2" 的效應；而社區中的任何一個鏡頭，隨時都可能有很多雙眼睛在觀看。

民間的這些攝像頭，就好比在國有經濟之外的民營經濟，我們最終會認識到，和政府相比較，民間更具活力，這還只是天網的第二個維度。

除了 "空中之眼"，今天的城市中還有無數雙 "移動之眼"，它們被安裝在城市公交車、出租車或私家車的前後視鏡上，這形成了一張移動天網。

以浙江杭州和山西臨汾為例。2014 年杭州 8200 輛公交車都安裝了攝像頭，一輛普通公交車標配 4 個攝像頭。依此計算，僅杭州公交車上的攝像頭數量就多達 3.28 萬。[9] 其中，車頭的兩個攝像頭可以監控車輛運行時的前方路況，如果發現前方有車輛違規佔用公交車道，攝像頭可以自動拍照並把照片提交給交警部門。據報道，2016 年 12 月，僅僅 10 天之內，臨汾公交車上的智能電子攝像頭就抓拍了 230 輛機動車違法佔用公交車道的照片。[10]

美國人少車少，章瑩穎的案子如果發生在中國，會不會經歷這麼多的波折？這很難簡單類比，但一位公安朋友曾經給我講過兩個真實案例，它們反映出移動天網的無限可能。一是某街偏僻處發生一起交通事故，導致一人死亡，在現場缺乏監控的情況下，警方派出大量警力參與調查，兩週後終於在一輛過路車的行車記錄儀上找到了當時的視頻，還原了事故現場；在另外一起事故中，一輛汽車和一輛電動車激烈相撞，根據路口的監控，是汽車闖了紅燈，但根據汽車的行車記錄儀提供的記錄，電動車也闖了紅燈，最後電動車和汽車雙方共同承擔了責任。如果沒有行車記錄儀的記錄，汽車方將負全責。

在事故責任認定和取證上，行車記錄儀常常起到關鍵作用。2016 年在南京浦口的一個三岔路口，一名女子被飛車搶劫。嫌疑人顯然頗有經驗，他讓自己的正臉避開了事發現場的攝像頭，但魔高一尺，道高一丈，接手這宗案件的南京警察更有經驗，他看到視頻現場有經過的車輛，就通過車牌號碼一一聯繫這些路過的車主，果然在一輛私家車的行車記錄儀上獲得了一個最佳角度的視頻，提取到該嫌疑人的體貌特徵，次日將其抓獲。[11]

這個三岔路口是嫌疑人精心選擇的犯罪現場，路過的車輛本來是他隱藏行蹤的最佳背景，但因為行車記錄儀的存在，沉默的背景突然反轉成為"目擊證人"，而且"目擊證人"的眼睛還帶有回放功能。如果提前預知這樣的場景，這名嫌疑人無論如何都不敢下手。

這些緊貼地面移動的攝像頭，當然也是中國天網的一個組成部分。據公安部交管局統計，截至 2017 年 6 月底，全國機動車保有量達 3.04 億輛，其中私家車 1.56 億輛。一個行車記錄儀只要三四百元，未來可能成為私家車的標配。

官方天網、民間天網，再加上車載移動天網，構成了中國天網的"三體"，把這"三體"所有的攝像頭數量加起來，中國天網的攝像頭總數至少有三億。

我認為，應該積極創造條件、推動民間天網相連，它們一旦相連，將會釋放出更為驚人的力量。這種"連"，不是像某些網絡直播平台那樣，把視頻搬到網上供大家觀賞。公安部門至少應該建立攝像頭登記制度，對商舖、家庭安裝的攝像頭，尤其是在樓道、小區出口、停車位等關鍵位置的攝像頭進行備案登記，形成一個數據庫。當有案件發生時，嫌疑人的行進撤退必定有一定的路線和軌跡，而沿途的攝像頭會記錄這個過程，成為證據。前文已述，有經驗的警察會上門、打電話，一個個去聯繫，尋找攝像頭留下的證據。如果建立了攝像頭登記制度，就能免去警察挨家挨戶敲門之煩瑣和低效，鄰里之間也可以通過視頻共享，實現互幫互助、群防群治。而未來的行車記錄儀，可能通過車聯網在雲端相連。

互聯網要向天網學習甚麼

天網的建設始於 20 世紀 90 年代，幾乎和互聯網的興起同步。除了起步時間，兩者一開始就具備的相同點還有收集數據的方式。

天網最初收集數據的方式，可謂簡單、直接、無徵求。攝像頭遍佈城市的大街小巷、室內室外，只要安裝上攝像頭，無論在公共場所還是私人領域，都會 24 小時不間斷地收集。只要你進入鏡頭，就會被收集數據，再加上攝像頭外形小巧，很容易隱藏，如果沒有提醒標誌，途經攝像頭的人可能毫不知情，都不"知情"何來"同意"？概括起來，這就是"無徵求收集"。

和天網一樣，早期的互聯網公司也完全貫徹"無徵求收集"：只要你上網，只要你安裝我的 App，我就收集你的數據。我收集了數據不告訴你，也無須徵求你的同意。這些數據保存在哪裡、誰在使用、怎麼用，一律和你沒有關係。

說起來，天網對準的是公共領域，目的是維護公共安全，數據是對客觀世界的記錄，只要是客觀事實，特別是在社會公共空間發生的事實，原則上任何人都有權記錄，所以"無徵求收集"之於天網，有一定的合理性；而大多數互聯網企業收集數據，目的直指商業利益，目標數據也關係到大眾消費、社交和上網等個人行為，這種"無徵求收集"就完全站不住腳了。

然而，最早打破"無徵求收集"的卻不是互聯網企業。2007 年 4 月，北京啟用《北京市公共安全圖像信息系統管理辦法》，該規定率先明確"在公共場所設置公共安全圖像信息系統，應當設置標識"。這一年北京開始在安裝有攝像頭的場所設置中英文的警示字樣和圖標，以提示個人規範自己的行為，避免不良形象被拍攝。

2007 年之後，國內大部分城市都陸續採納了這個做法，"您已進入視頻監控區域"的提醒標誌今天隨處可見。這種預警機制，就是無聲的徵求，你進來，就是默認同意，這在一定程度上維護了公眾的知情權和隱私權。

2008 年，谷歌街景地圖剛剛在英國推出，就遭遇了當地人權組織"隱私國際"（Privacy International）的挑戰。該組織向英國信息署（ICO）投訴，認為谷歌儘管在其街景照片中給行人面部打上了馬賽克，但在超過 200 張的照片中還是可以辨認出行人身份，該組織要求在英國取締谷歌街景地圖。英國政府最終拒絕了"隱私國際"的要求，英國信息署認為，除非拍照騷擾他人，否則無任何法規可以禁止一個人在街上對其他人拍照。

日本也出現過類似的社會問題。瀨戶正人（Masato Seto）是一名日本攝影家，為了抓住人的自然狀態，他在東京街頭抓拍行人，結果他的一組地鐵照片獲得了日本的攝影大獎"木村伊兵衛攝影獎"。照片被刊登出來之後，瀨戶正人被他照片當中的女主角告上了法庭，瀨戶正人最終敗訴。為了避免類似的尷尬情況，1997 年，日本管理通信業務的總務省頒佈規定，為應對網絡社會的陰暗面，在包括手機在內的攝影器材中，不允許配置消音功能，即取消原來的靜音拍攝 —— 只要拍照，就必須發出"咔嚓"的聲音。在日本之後，韓國也設立了類似的法律。

這個聲音起到的就是告知的作用。在公共場合，你有權記錄收集信息，有權拍攝，但同時也有義務告知對方你的數據收集行為。如果需要使用拍攝所得的照片，你必須徵求被拍攝人的同意，因為數據可能會對人的名譽、安全、隱私和財富造成影響。

刑事訴訟法中有一個著名的"米蘭達警告"，警方在控制犯罪嫌疑人之後，說的第一句話常常是："你所說的都可能成為呈堂證供，你有權保持沉默。"審訊的本質就是通過記錄收集數據，這句話就是對嫌疑人的一種告知和提醒：我開始收集數據了，你要小心。"米蘭達警告"已經成為世界各國的文明共識。

除了照片、聲音，其他類型數據的收集也應該遵守這個基本的規範和模式，但作為時代先鋒的互聯網企業，在這方面一直很不光彩，直到今天，互聯網公司也不願意放棄"無徵求收集"。

2018 年 1 月 3 日，支付寶發佈了用戶的"年度個人賬單"。在賬單首頁中，支付寶放置了一行特別小的字 ——"我同意《芝麻服務協議》"，並且已經幫用戶選擇了"我同意"，而這個協議的條款則涉及"你允許芝麻信用收集你的信息"，並同意支付寶可以將這些信息轉讓給第三方，即其商業合作夥伴使用。用戶一不注意，只要一點擊其界面，就意味着同意了這個協議。

圖 2-3 支付寶"年度個人賬單"中的隱藏協議和致歉説明

左圖：支付寶"年度個人賬單"中默認勾選"我同意《芝麻服務協議》"（部分放大）。右圖：2018 年 1
月 3 日晚，該公司發佈的致歉説明。

推出"年度個人賬單"的目的是讓用戶曬賬單，推廣支付寶品牌，結果這張帶有小
字的截圖被大量轉發，引來一片罵聲。大眾對這種在應用中偷偷隱藏一紙協議、渾水
摸魚的做法感到氣憤，有人甚至評論説這是"竊取數據"。

支付寶當天晚上緊急道歉，表示這種做法"愚蠢至極"。事實上，這種行為已經違
犯了中國的《網絡安全法》和《個人信息安全規範》等法規，但道歉歸道歉，支付寶並
沒有改弦易張，它為了收集更多的數據故技重施。2018 年 3 月，支付寶因為"對消費
者的數據知情權保障不充分、對個人金融信息使用不當"被中國人民銀行處以罰款 18
萬元。

2017 年 12 月 6 日，在參加全球財富論壇期間，騰訊董事會主席兼 CEO 馬化騰在
接受採訪時表示，很多公司都説自己有人臉識別的能力，但坦白講騰訊的能力還是非
常強的。他繼續透露説，在騰訊的平台上，每天有超過 10 億張的照片被上傳，這個數
字在節假日甚至可能達到二三十億，絕大部分照片都是人臉，尤其是中國人的臉。因
為很多人從年輕時開始，就一直在騰訊的平台上傳照片，因此騰訊不僅掌握了幾乎每

個中國人的長相變化，還能夠預測一個人未來的相貌。消費者在騰訊的平台上傳的照片，很多時候都是為了社交、娛樂的自拍照，騰訊卻將其保存了下來，用於人臉識別。

2018年元旦，吉利汽車董事長李書福在一場演講中表達了他對數據和隱私的擔心，他直指微信："馬化騰肯定天天在看我們的微信，因為他都可以看的，隨便看，這些問題非常大。"這個批評當然觸及了騰訊的"命根子"，騰訊很快給予了官方回覆，強調"微信不保存任何用戶的聊天記錄，聊天內容只存儲在用戶的手機、電腦等終端設備上"。

我認為，這個回覆和馬化騰的表態是矛盾的。"不保存任何用戶的聊天記錄"，也不保存用戶上傳的照片嗎？如果不保存用戶的照片，這一天10億張照片從哪裡來？

在騰訊介紹自己大數據分析能力的網頁上，它號稱已經擁有了8億用戶的畫像，如果不保存、不分析用戶的數據，這個能力又從何而來？下面的產品能力陳述來自騰訊的官方主頁：

> 專業的移動應用數據分析能力，為您的應用提供實時數據統計分析服務，監控版本質量、渠道狀況、用戶畫像屬性及用戶細分行為，通過數據可視化展現，協助產品運營決策。

> 用戶畫像描繪：基於騰訊8億QQ用戶，形成完善可依賴的用戶畫像體系，協助您全方位描述業務的忠實用戶。

> 自定義事件靈活配置：提供可自定義配置的用戶行為事件、業務計算事件統計，打造與業務場景深度結合的統計分析。[12]

簡單地說，今天的互聯網公司都患有"數據分裂症"。它們一方面需要在資本市場和商業客戶面前炫耀自己擁有的大數據資產和能力，但另一方面又不敢觸及數據的來源，也不願承擔伴隨這些數據而來的責任，一旦面對質疑，就"甩鍋"說"我根本沒有啊"。

當然，存在類似問題的互聯網公司絕不僅僅是阿里巴巴和騰訊，今日頭條、新浪、百度、京東等一系列互聯網公司都曾因為違反"用戶個人信息收集使用規則"，"使用目的告知不充分"等問題被網信辦、工信部約談。

互聯網要向天網學習的就是徹底告別過去的"無徵求收集"，在充分告知的情況下光明正大地收集數據。互聯網公司對於收集數據、收集何種數據，應該充分告知對方；對於後續使用數據的方式，則不僅僅要告知，而且要征得同意。

霧計算：人工智能的競技主場

對於天網，大眾的認知將會發生一次跳躍式的升級。

前文已經說到，幾乎所有的國家、所有的個人都認為人工智能是下一個科技競爭的制高點，它必將給整個社會帶來巨大的衝擊和變化。而未來的攝像頭，將不僅僅被用來收集數據；天網的意義和爭議，也不僅僅在於安全和隱私。人類很快就會發現，天網將是驅動人工智能發展的重要發動機，天網將成為世界人工智能競賽的主戰場。

信息之於人類，可以分為三類：影像、文字、聲音。人類接受它們的方式，主要是視覺和聽覺，其中高達 80% 是通過視覺，剩下 20% 才是通過聲音。圖像不僅多，而且人類對圖像也遠比對聲音敏感。人工智能的目標是用機器代替人，那首先就要讓機器具備視覺和聽覺能力，即用攝像頭取代人類的眼睛和耳朵。說得更具體一點，就是今天的普通攝像頭必須成為智能攝像頭。

我認為，人工智能產業化的第一個大規模應用將不是機器人，而是智能攝像頭。所謂智能攝像頭，是不僅能夠錄製圖像，而且可以分析圖像，甚至收集、分析聲音的攝像頭。未來當你面對一個智能攝像頭，它可能會通過人臉識別直接喊出你的名字，和你進行街頭的對話。

人類會因為智能攝像頭的普及，而不是機器人的普及，首先感受到進入一個智能無處不在的時代。

天網是地球上最大的影像數據來源，就此而言，天網就是"天眼"，這些數據是人工智能的寶貴資源。由於攝像頭的智能化，天網也將從記錄之網轉變為計算之網。

智能攝像頭的普及勢在必行，還有一個重要的原因。

攝像頭需要聯網。一座城市所有的攝像頭，就是一個城市的視網膜，如果把天網理解為天羅地網，那僅僅強調了它功能強大，能夠疏而不漏，這是不夠的。天網之"網"，更強調的應該是"聯"，即鏡頭聯接成一片，實現數據共享。通過一塊屏幕可以調看、分析一個城市所有的攝像頭，實現跨鏡頭的定位、追蹤和管理，這也可以理解為"鏡頭聯動和接力"。

鏡頭數據聯網、共享，最大的難題是數據的存儲和傳輸。視頻文件體積巨大，記錄同樣一句話，視頻文件的體積是語音文件的 100 倍，是文本文件的 10000 倍。視頻文件的傳輸也是互聯網需要面對的挑戰，雖然我們對視頻的需求只佔全部需求的 10%，但這 10% 的需求所產生的流量可能超過整個網絡流量的 90%。成千上萬的攝像頭 24 小時不間斷運轉，它們的視頻圖像集中到一起，其產生的傳輸流量將讓任何網絡都不堪重負。

拓展話題

雪亮工程推動攝像頭聯網

各類監控攝像頭聯網是中國政府近年來一直在推動的工作。2015 年 5 月，國家發改委發佈《關於加強公共安全視頻監控建設聯網應用工作的若干意見》，要求到 2020 年，基本實現公共安全視頻監控"全域覆蓋、全網共享、全時可用、全程可控"，通過這 4 個"全"，在加強治安防控、優化交通出行、服務城市管理、創新社會治理等方面取得突出成效。關於聯網，要求兩個百分之百："在重點公共區域，視頻監控聯網率達到 100%"；"在重點行業、領域涉及公共區域的視頻圖像資源聯網率達到 100%"。2016 年 10 月，中央政法委推出了以視頻監控聯網應用為重點的"雪亮工程"[13]。2016 年 11 月，福建泉州近 8 萬路視頻實現聯網，其中公安自建的一類高清視頻監控近 3 萬路，另外泉州還整合接入了"鎮村級視頻監控""平安校園""智慧交通"等二三類視頻監控近 5 萬路。泉州因此入選全國首批"公共安全視頻監控建設聯網應用示範城市"，是福建省唯一一獲此殊榮的地級市。[14]

2011 年，前思科（Cisco）全球研發中心總裁博諾米（Flavio Bonomi）開創性地提出了"霧計算"（Fog Computing）的框架和概念。

霧，四處瀰漫、無處不在，它可以被看作一種貼近地面的"雲"。"霧計算"借用了這個"四處瀰漫、無處不在"的形象。傳統的雲計算是把所有的數據都集中起來處理，但"霧計算"把一部分數據存儲在網絡的邊緣設備中，並賦予邊緣設備分析能力，讓計算直接在邊緣發生，減少對數據傳輸和中心服務器的依賴。

智能攝像頭將成為最典型的邊緣設備，即攝像頭會變成一台微型計算機，像"智能塵埃"一樣懸浮在空中、無處不在。例如，在十字路口承擔電子警察功能的攝像頭，其現行方法是把所有的影像數據都傳回後端平台，進行集中處理，這耗費了大量的流量不說，還有滯後性。現在我們正在賦予鏡頭計算能力，它可以直接地、實時地判斷鏡頭中的車輛或行人是否違章，進而把判斷結果 —— 僅僅一條文本信息，推送給現場的值勤民警或反饋給後端中心，這將大大減少系統對雲計算、雲存儲和網絡帶寬的需求。

從邏輯上分析，我更傾向於把"霧計算"稱為"邊緣計算"。這是一個新的趨勢，以圖像識別為中心的人工智能將賦能網絡邊緣，越來越多的應用將配置在前端，關鍵數據也將存儲在前端。後端的計算資源將會被用於更細緻的、更高深的圖像整合和分析。

以圖搜車：追蹤億萬車輛之軌跡

現在，我們來聚焦本章一開始提出的問題：為甚麼中國警方如此自信可以還原類似章瑩穎案中一輛車的運行軌跡？

軌跡是一系列帶有時間標記的位置信息集合。並不是所有的物體都會移動，但對一個會移動的物體而言，要研究它，就必須跟蹤它的軌跡。對此，人類從遠古開始就很清楚。

遠古時期，人類就發現星體在運動，而且正是這種運動影響了地球上的各種自然現象。出於好奇和恐懼，古人把視線投向了天空，在沒有任何科學儀器幫助的情況下，一代代人僅憑藉肉眼凝望、觀察，用最簡單笨拙的方法記錄太陽、月亮和星星的運行和位置，最後畫出了天體運行的大致軌跡。

通過這些軌跡，人類知道了一個太陽年是 365 天，一年有四季的更替，人類據此確定播種、收穫、遷徙、應對洪水潮汐、舉行宗教儀式等重要的生活節點。除了研究星體，人類還研究鳥類和野獸，要發現它們捕食、遷徙、繁殖的規律，就要跟蹤其移動的軌跡。氣象學家、環境學家要研究颶風、龍捲風和洋流，也要從確認它們的路線和運行軌跡出發。

拓展話題

軌跡、數據和星體研究

記錄物體運行經過的點位，是最基礎的軌跡研究工作。1605 年，德國天文學家開普勒（1571—1630）面前擺着一張張滿是數據的恒星運行表，它記錄了太陽和其他星體幾百年間運行的位置。多年來，開普勒一直嘗試根據這些記錄找出星體運行的規律，他反覆嘗試了 50 多種曲線，但都和數據不符。有一天晚上，他突然意識到，如果行星圍繞太陽運行的軌道是橢圓的，而不是前人一直認為的正圓，那麼哥白尼（1473—1543）和第谷（1546—1601）以及數百年來記錄的數據都可以得到解釋。這個設想最終被證明是正確的。因為正確地勾畫了行星運動的軌跡，開普勒隨後又確立了三大行星運動定律，這為後來萬有引力的發現奠定了基礎，開普勒因此被稱為"天空立法者""星體立法者"。

人和車的移動是城市動態性最顯性的體現。相對於人來說，車輛的體積較為龐大，它在交通路口必然會留下影像，加上車牌這個獨特的標識，它很容易被識別出來。因此，只要城市路口有足夠多的攝像頭，就可以拍下一系列帶有"時間戳"的照片，再以車輛的車型、顏色、行車速度和駕駛人員特徵為輔助，我們就可以畫出車輛行駛軌跡，並據此推測出天網沒有覆蓋的區域。

對車而言，天網最重要的眼睛是卡口。所謂卡口，是指城市中主要的、配有攝像頭的交通路口。卡口和電子警察並不相同，兩者的區別是，卡口會從正面拍下經過路口車輛的照片並識別車牌，電子警察只針對闖紅燈等違章行為從車輛尾部進行拍攝。對過往車輛，卡口的捕獲率已經超過 99%，即在 100 輛車中可以至少抓拍到 99 輛。

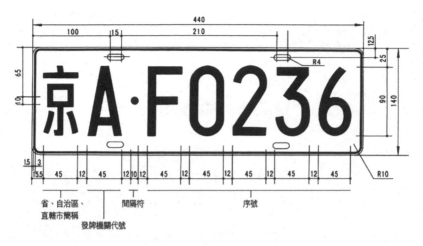

圖 2-4　機動車號牌標準（GA 36-2014）[15]

2017 年，中國各地陸續開始推廣左上角印有二維碼的新型車輛號牌，二維碼信息與號碼相一致且具有唯一性，攝像頭運行和民警執法時掃描二維碼，就能更快、更方便地查詢車輛信息，以甄別假牌、套牌車輛。

極個別的遺漏可能是因為車速過快，或者兩車相鄰太近互相遮擋。除了少數逆光、眩光的照片，絕大部分照片中的車牌號碼都可以被成功識別。

　　車輛識別和真假鈔識別類似，在制式上必須有統一的模板。為了方便機器的識別，中國近 20 年來一直在以毫米為單位規範車牌的格式和佈局。1992 年的國家標準就禁用了英文字母 "I" 和 "O"，以避免與阿拉伯數字 "1" 和 "0" 混淆。2008 年頒佈的車輛號牌專用固封標準又規定：使用號牌架輔助安裝時，號牌架內側邊緣距離機動車登記編號字符邊緣必須大於 5 毫米；車牌架外框不得帶有標誌、字母、裝飾圖案，更不得遮擋號牌字符，否則將被視為違法行為。這些規定都是為了方便機器識別車牌。

　　這個道理，類似於人類向着一個目標奔跑，而目標本身也在向着人類移動，這樣兩者當然會更快地會合，達成目標。放在今天人工智能的大背景下來說，就是人工智能在逼近現實，同時人類也在改造現實，讓現實靠近人工智能。

　　隨着車牌號碼識別技術的成熟，有公司推出了以圖搜車的應用：你只要上傳一輛

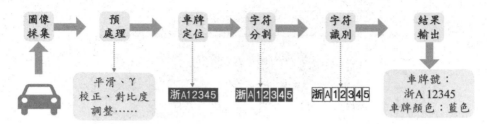

圖 2—5　汽車號牌識別原理

除了 "I" 和 "1"、"O" 和 "0"，機器容易混淆的還有 "Z" 和 "2"、"S" 和 "5"、"B" 和 "8"、"D" 和 "0" 等。

車的照片，就可以查出它被哪些卡口的攝像頭抓拍過，把這些記錄按照時間順序串聯在一起，就可以還原一輛車在城市中的行駛軌跡。

　　2014 年，手機淘寶上線"拍立淘"功能，用戶只需拍下自己看到的商品，上傳照片後一鍵比對，便可在淘寶上搜索出同款商品。類似的技術在京東、亞馬遜的電商平台，在谷歌、百度的搜索引擎中都已經有相對成熟的應用。車有車牌、車型等明顯的特徵，商品也有商標、品牌、外形等明顯的特徵，以圖搜車和以圖搜物的原理類似。

　　2016 年下半年起，車牌識別的技術開始快速、大規模地普及。上海虹橋交通樞紐集機場、火車站、地鐵站、公交站四位一體，密集的車流給管理帶來了巨大的挑戰。2016 年，虹橋交通樞紐分析了一個月內車輛進出停車場的數據，發現進出 100 次以上的車輛有 70 輛，其中一輛車進出了 516 次。這些車輛如此頻繁地進出，明顯不是個人出行，在一一傳訊之後，絕大部分車主都承認了非法營運的事實。[16] 2017 年 5 月，虹橋機場停車場啟用了汽車智能識別系統，車輛駛入車庫時不用再停車取卡，而是直接由攝像頭進行智能識別並記錄數據，涉嫌非法營運的多次到訪車輛將立即被發現、被查處。

　　我們不妨就此展開更豐富的聯想和假設：如果一個城市所有卡口和所有停車場的系統都實現聯通，就可能以城市為單位實現車牌的全域跟蹤識別。我在公安部門工作過，我知道為了躲避調查，很多來路不明的或者涉案的車輛會被長期停放在停車場，

圖 2—6　手機淘寶的以圖搜物功能

左圖：實物拍攝。右圖：通過以圖搜物發現可能吻合的商品結果。

這種躲避方法在未來將變得難以為繼，公安部門將從全域軌跡數據中發現線索和玄機，進行有針對性的檢查。

　　然而，目前要實現卡口和停車場數據的聯通，困難還很大。這主要是因為城市停車場分屬不同的機構，是多頭管理，所以數據聯通難度大，但我們有理由相信，這是大勢所趨，遲早會實現。

　　對車輛軌跡的充分掌握，還為警方處理突發警情留出了很大的餘地。對肇事車輛或者嫌疑人的車輛，警察原來的第一反應是立刻追擊，這也是警匪大片中常常上演追車橋段的原因，但現在有了天網，警察可以不着急，先"讓子彈飛一會兒"，等該車輛到了車少的路段，再組織攔截抓捕，這樣可以避免引發交通混亂。

　　除了車輛的號牌，目前的圖像識別技術也支持對車型、品牌、顏色、駕駛員等多維數據的自動識別。2016 年的《公路車輛智能監測記錄系統通用技術條件》就要求攝像頭拍攝的照片中駕駛員的面部圖像不小於 50×50 個像素點，這又衍生出一些新的應

圖 2—7　"開車玩手機"被抓拍的實景

用。例如，"開車玩手機"也能被清晰地拍攝並識別出來。2017 年 6 月 1 日，浙江省
內高速的 140 多個卡口開始抓拍"開車玩手機"的違法行為。由於取證難度大，以往在
高速公路上"開車玩手機"的查處量非常小，但上線新設備後，警方在短短 5 天內就抓
到 4000 多起。從圖 2—7 可以看出，即便車輛在快速行駛中，攝像頭抓拍的照片仍然
十分清晰。[17]

　　又如，"開車不繫安全帶"的行為以前全靠一線警察人工查處。2016 年 10 月，浙
江高速在全省高速公路啟用了不繫安全帶違法檢測系統，專門對高速卡口設備抓拍的
照片進行監測，該系統自動識別出沒繫安全帶的圖片並將其推送到交警執法系統。[18]
2017 年 6 月，杭州市區道路 942 個方向的攝像頭都加入了這個功能，不到一個月，系
統就查出未按規定使用安全帶的違法行為 1.9 萬起。[19]

　　隨着技術不斷進步，未來的人臉識別技術也可能被運用於此，由此實現"號牌 +
駕駛員"的人車對號、雙重識別，我們不僅可以獲知一輛車被哪些人分別駕駛過，還
能獲知一個人駕駛過哪些車輛。

　　說到這裡，我們就要向前邁一步，回答一個更重要的問題：天網可以還原一輛車
的軌跡，那對一個人的軌跡呢？對鏡頭而言，車過留牌、人過留面，號牌和人臉都是
圖像，沒有區別，那我們可以根據天網的視頻還原一個人在城市中的活動軌跡嗎？

掌握一個人在城市裡的活動軌跡，這是世界各國的城市管理部門，特別是公共安全部門夢寐以求的能力。今天，這個歷史上我們曾經認為完全不可能的目標，正在被實現。

硬盤和眼藥水為甚麼同時脫銷

　　"十步殺一人，千里不留行。事了拂衣去，深藏身與名。"這是大詩人李白筆下的俠客。俠客武藝蓋世，可十步斬殺一人，千里之行，他無法被追蹤，也無人可擋，他殺人很多，但低調不留痕跡，我們不知道他是誰。

　　長期以來，人類對自身移動軌跡的研究極為有限。在進入信息社會之前，對人類大規模的、長時間的、完整的、連續的軌跡觀測基本無法開展。如果真要追蹤，只能

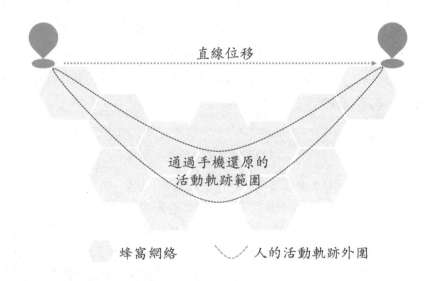

圖 2—8　基於手機基站的定位方式能粗略還原用戶軌跡

為節約建設成本，通信部門會儘量擴大一個基站的覆蓋範圍。一個基站的覆蓋範圍大約為一個六邊形子區，酷似蜂窩結構，基站定位只能確定機主在一個子區之內。

依靠人盯人的人眼戰術,或者是靠日記、訪談這種自我陳述的形式,描繪出一個人的活動軌跡,總之這個任務難度大,沒有靠譜的辦法。

直到手機出現,這一狀況才有了改變。手機要通話,就必須不斷和基站產生信令交互。在廣袤的大地上,基站是按蜂窩狀組網的,每個基站都發出不同頻段的信號,當用戶從一個區域進入另一個區域時,手機就會從一個基站切換到另一個基站。[20] 在此期間,如果發生通話、短信、開關機,都會被記錄下來。一個基站覆蓋的區域半徑可能從數百米到數千米不等,因此根據基站來定位,只能推斷一個大致位置,其精度取決於其蜂窩小區的半徑,準確地説,它只是圈定了一個活動區域,無法確定具體的點位。

如果把基站定位和以圖搜車兩個方法結合起來,就可能發生"化學反應"。

2010 年福建漳浦出現了一個盜車團夥,盜車案延續數年屢打不絕。2012 年 1 月,當地再次發生盜車案,警方掌握被盜車特徵後,通過以圖搜車發現該車在當天下午 4:10 經過某關卡駛往潮州方向,此後便失去了蹤跡。警方又調取了該關卡所屬基站 4:07—4:15 的所有通話記錄,發現有一部可疑手機當天多次和一個潮州號碼通話,且在 3:00—5:00 的運動軌跡與被盜車輛的行駛軌跡非常吻合。警方通過將這兩組數據疊加,最終鎖定並抓獲了嫌疑人。[21]

拓展話題

軌跡研究的意義不止於公共安全

對人流軌跡的研究和應用並不僅僅局限於監控、辦案、抓壞人。在城市空間中,人在不同地點的移動直接導致了交通網絡上的各種複雜現象,如果掌握了人類的移動規律,就可能調整交通設施、預防交通擁堵。此外,軌跡研究也是社會學家的熱門課題,人的移動軌跡不僅記錄了人的地理位置,還記錄了人與社會的交互,反映了人們的生活與行為模式,乃至人與人之間的關係。有學者認為,看似隨機無序的個體行為背後,事實上在時空位置上有高度的規律性,人類活動在空間位置上具有 93% 的可預測性。[22]

除了利用基站圈定活動範圍，今天大部分智能手機都內置有 GPS（全球定位系統），或者會接入 Wi-Fi 信號。這兩種方式都可以輔助定位，而且精度比基站定位高很多，甚至可以達到分米級，但是，這些數據都需要在用戶知情、同意並授權的情況下才可能採集。

這就是手機定位的軟肋，控制權被牢牢掌握在被追蹤人員的手中，機主只要關機，就可以切斷信號的追蹤。天網的作用因此凸顯。"只要你在街頭閒逛一兩分鐘，就會被高清探頭掃到"，天網的拍攝是不以人的意願為轉移的。

英國是最早建設天網的國家，也是最早嘗試在天網中使用人臉識別的國家。2005年7月7日，英國倫敦的公交系統發生了一起爆炸事件，4名受"基地"組織指派的英國人在倫敦的三輛地鐵和一輛巴士上引爆自殺式炸彈，造成 52 人死亡，700 多人受傷，整個交通網絡中斷。一個倫敦的地鐵站裡就安裝有上百個攝像頭，地鐵站周邊的街道上還有數百個攝像頭，警方用人眼查看了數千小時的視頻，終於在 5 天之後成功鎖定了這 4 名嫌疑人。[23] 這是屏幕上的眼力戰。

更大規模的眼力戰發生在中國。2012 年 1 月，在南京的市場上，硬盤和眼藥水突然連續幾天同時脫銷。沒有人想到，這兩種商品的脫銷居然和一宗搶劫殺人案有關。這堪稱中國治安史上的一個傳奇，2017 年我在南京工作期間，了解到了這宗案件諸多不為人所知的細節。

2012 年 1 月 6 日，南京和燕路發生一起持槍搶劫案，一名歹徒槍擊了一名剛走出銀行的男子，搶走 20 萬元現金。這宗案子立即讓南京警方聯想到一個人：公安部 A 級通緝犯周克華。他身負 11 條人命，被稱為"殺人魔王"，並且已經在逃 8 年。

由於作案手法極為相似，警方認定周克華已經從外地潛入南京。在進行全城佈控的同時，警方緊急調取各地監控視頻，試圖再現周克華的活動軌跡以進行圍捕。

公安部門調取了案發前後全市所有的監控錄像，把其內容複製到上千個硬盤中，分發給上千名警察，一天之內，南京警方就把市場上所有的硬盤都買光了。每名警察面前一部電腦，他們盯着一幀一幀的畫面，用人眼甄別人臉。當眼睛疲勞酸脹時，他們就仰起頭滴幾滴眼藥水，然後接着再看，只要人還沒有抓到，新的視頻就源源不斷而來。

　　類似的脫銷潮，其實在長沙也上演過。2009 年 12 月—2011 年 6 月，周克華流竄到長沙，先後作案三起。匡政文，時任長沙市公安局視頻偵查大隊長回憶說，為了在視頻中找出周克華的軌跡，全市 1000 多名民警在短短兩個月內觀看了近 30 萬吉（GB）的監控視頻，"這相當於每名幹警每星期看 100 多部電影"。每天晚上，匡政文一個人坐在辦公室，他必須梳理一天新產生的視頻，只能緊盯鏡頭反覆觀看，一遇到疑點、難點就逐一記錄，每天睡眠不到三小時，第二天一起牀，他就要趕去視頻現場測量、查證。這樣看了三個月，匡政文最後成功地在海量視頻中捕捉到了周克華的正面清晰照，對案件偵破起到了重要的作用。2017 年匡政文被評為"中國百佳刑警"。

　　南京警方發現，至少在案發前 20 多天，周克華就已經到了南京並多次前往案發銀行踩點；案發後，他在南京多條街道出現過，還在超市購買過生活用品，而且途中乘坐的都是公共汽車。然而，無論在南京還是長沙，當警方通過人眼搜索還原出周克華的活動軌跡時，他事實上已經從容離開，潛入了新的城市。

　　這樣的人眼戰爭同樣也在美國上演。2013 年 4 月 15 日下午，兩枚炸彈先後在波士頓馬拉松比賽的現場爆炸，造成 3 人死亡，183 人受傷。警方抵達現場時的第一反應就是調閱現場視頻，試圖通過圖像拎出一條案情主線，發現嫌疑人。和南京周克華案不同的是，2013 年已經進入了熱鬧的社交媒體時代，爆炸發生時，成千上萬的人正舉着手機拍攝，警察除了要看天網的視頻，還要查閱數以千計的熱心群眾提供的手機視頻，因為很多人都聲稱看到了嫌疑人。

　　這些線索的梳理都要靠眼睛。波士頓警方立即成立了一個人眼小組，日夜觀看視頻。為了確認線索，其中一名警察反反覆覆地將同一段視頻看了 400 多遍，[24] 再配合現場目擊者的指認，3 天之後，警方確認了嫌疑人，並在天網視頻和群眾提交的視頻中成功截取到了嫌疑人的正面清晰照。

　　既然警方獲得了嫌疑人的正面清晰照，那通過人臉識別算法，不是很快就能把嫌疑人從人口數據庫中比對出來嗎？事後警方也發現，兩名嫌疑人都有當地的駕駛證，他們的照片就"躺"在警方的數據庫裡，但是，警方使用的所謂人臉識別技術，軟件找了很長時間也找不出人來，根本不管用。

圖 2-9　波士頓爆炸案中的嫌疑人圖像

上圖：案發現場監控拍下的兩名嫌疑人圖像。下圖左：現場監控拍下的嫌疑人正面及側面頭像。
下圖右：嫌疑人在駕駛執照數據庫中保留的照片和學生證照片，但波士頓警方的人臉識別算法沒能識別
出該嫌疑人。[25]

　　無奈之下，警方使用了完全老套的方式：召開新聞發佈會，公佈嫌疑人照片，懸賞徵集線索。最後，這兩名嫌疑人的一名親屬認出了他們，提供了他們的名字和身份。

　　我們講述了中英美三國的人眼搜索故事。這個時期的天網雖然也叫天眼，但它只有眼睛，沒有大腦，最後只能靠人眼。今天的情形已經大不相同。雖然鏡頭越來越多且產生的數據量更為龐大，但攝像頭在快速聯網，它們拍攝下的視頻都被存儲在雲端，可以隨時調用。這意味着，如果再出現一個周克華案，警方也不需要用硬盤拷貝、分發視頻了，幾千名幹警可以同時在雲端觀看。完全靠人眼對一幀一幀的畫面進行甄別的做法也成了過去，人臉識別技術的準確率已經大幅提高。硬盤和眼藥水不可能再因為警察同時購買脫銷了。

　　面對今天的攝像頭，李白筆下的俠客即使武功再高強，行事再低調，也完全不可能"千里不留行""深藏身與名"了。下面我們要問的是：人臉識別究竟有多大作用？在天網的海量視頻中，我們能不能像以圖搜車、以圖搜物一樣立刻完成以圖搜臉、以臉搜人？

如果我們可以做到以圖搜臉,那麼在未來的社會管理和商業領域,將發生何種變化?如果現在做不到,那在我們的有生之年,以圖搜臉能否實現?在即將到來的智能時代,這項技術的終極意義又是甚麼?

事實上,人工智能對人臉識別的探索已經持續了 60 多年。各位看官,且聽下一章分解。

注釋

1　"45 Billion Cameras by 2022 Fuel Business Opportunities", LDV Capital, 2017.8.

2　圖片來源:伊利諾伊大學警方官網。

3　常住人口數均引自各市 2016 年國民經濟和社會發展統計公報。

4　各大城市攝像頭相關統計數據分別來自以下報道:《監控偵破 50% 刑事案件》,黃順,深圳新聞網,2017.5.19;《人臉識別上線兩月識別 39 名嫌犯》,楊蔚等,《長江日報》,2017.8.20;《廣州公安雪亮工程:視頻破案率躍升 7 倍》,申晨,南方網,2017.5.9;《杭州上空天眼首次大揭秘,他們是破案神助手》,胡大可等,杭州網,2015.8.14;《南京設立 29.5 萬個監控織就"平安天網"》,周愛明,《南京日報》,2015.10.12;《智慧天網助破案率攀新高》,陳淑華等,《泉州晚報》,2017.9.24。

5　《全國首支公安視頻偵查隊巡控街頭巷尾　武漢:天網與"地網"有效對接》,秦千橋等,《人民公安報》,2012.4.9。

6　"We're watching you: Britons caught on CCTV 70 times a day", *Evening Standard*, 2011.3.3.

7　做咩,粵語,意為"幹甚麼"。

8　顧某、董某是居住在廣州天河某小區的鄰居,雙方房子位於公共走廊的同一盡頭。
2013 年起,雙方圍繞攝像頭,歷時 5 年,打了 5 場官司:(1)2013 年,董某發現自家門鎖常被破壞,就在門外、窗外安裝了兩個攝像頭,但顧某發現,家人進出房門等舉動被"監視",遂以侵犯隱私為由訴諸天河區法院。經調解後,董某拆除了攝像頭。(2)不久,董某再次在門外天花板安裝了一個攝像頭並對着門口的公共區域,協商不成,顧某再次訴諸天河區法院,後經調解董某拆除了攝像頭。(3)2014 年 10 月,董某在自家大門的內門上安裝了一個貓眼攝像頭。木門關閉時,攝像頭的攝像範圍固定,但是當木門開啟時,能拍攝到顧某家的廚房。顧某又一次將鄰居告上天河區法院,法院認為,該貓眼攝像頭監視公共走廊的行為並未侵犯顧某的隱私權、肖像權,一審駁回顧某的請求。(4)一審後,顧某不服,向廣州市中級人民法院提起上訴。2015 年 9 月,廣州市中級人民法院做出"駁回上訴,維持原判"的終審判決。(5)二審判決後,顧某依然不服,向廣東省高級法院申請再審。2017 年 11 月,廣東省高級法院做出再審判決,撤銷一、二審的判決,並判決董某於判決生效之日起停止攝錄顧某進出住宅信息的行為。見《家門口攝像頭引發的侵權官司》，史友興，《檢察日報》，2017.11.8。

9 《8000 多輛公交車年底前安裝監控設備》，汪琦，《每日商報》，2014.9.21。

10 《臨汾公交車裝攝像頭抓拍違章，11 天拍下 230 餘輛車佔公交道》，劉江，《山西晚報》，
   2016.12.20。

11 《南京女子深夜遭"摩搶"，私家車行車記錄儀助破案》，劉昱彤等，南報網，2016.9.6。

12 見騰訊官方主頁：http://data.qq.com/，獲取日期：2018.5。

13 山東省臨沂市是"雪亮工程"的發源地。"雪亮工程"2013 年在臨沂平邑縣開始探索，2015 年
   起全市推行，最偏遠的村莊也有攝像頭監控。2016 年，中央綜治辦會同有關部門推行"雪亮工
   程"，建設公共安全視頻監控並聯網應用，完善立體化社會治安防控體系。

14 《泉州：公安機關整合社會視頻監控資源，傾力打造"雪亮工程"》，林楷煜，新華網，2016.11.24。

15 圖片來源：《中華人民共和國機動車號牌》(GA 36-2014)。

16 《新能源車開"黑車"滬牌或被收回》，李芹，《新聞晨報》，2016.6.23。

17 《高速抓拍神器 5 天抓拍 4000 起》，徐建國，《錢江晚報》，2017.6.6。

18 《浙江高速啟用不繫安全帶違法檢測系統自動抓拍識別》，孫昊等，杭州網，2016.10.18。

19 《開車不繫安全帶？杭州"抓拍神器"已抓拍近 2 萬人》，吳崇遠等，浙江在線，2017.6.23。

20 截至 2017 年 9 月，我國已經建成移動通信基站 604.1 萬個，其中 3G/4G 基站 447.1 萬個，擁有
   移動電話的用戶達 13.94 億（其中 3G 用戶 1.42 億，4G 用戶 9.47 億）。

21 《車輛、手機軌跡求證法研究》，全成浩等，《湖北警官學院學報》，2013.12。

22 "Understanding individual human mobility patterns", Marta C. Gonzalez, etc, *Nature*, 2008.6.5.

23 "CCTV footage shows London suicide bombers", Will Knight, *New Scientist*, 2005.7.13.

24 "Police, citizens and technology factor into Boston bombing probe", David Montgomery etl,
   The Washington Post, 2013.4.20.

25 圖片來源："Why facial recognition tech failed in the Boston bombing manhunt", Sean Gallagher,
   Ars Technica, 2013.5.7。

03

人臉和人工智能

我們的臉突然成為人工智能的一個入口。每個人的大頭照片都
會在雲端被無數次地保留、傳輸、分析和處理,你發在朋友圈
的自拍也很可能是其中之一。沒有人告訴你,也沒有人徵求過
你的同意,數據在靜悄悄地歸集處理。人臉識別的種子起源於
矽谷,經歷了波折起伏,最後花開世界,本章將追溯它的前世
今生。

桃花三月放，菊花九月開。一般根在土，各自等時來。 —— 中國民諺

　　在這一章中，我們將在現代人臉識別技術中"穿越"，一起探究一個波瀾壯闊的時代是如何被一點點開啟的。

　　自然界的不同和個性化是普遍存在的。大自然鬼斧神工，不厭其煩地給每一片葉子、每一個手掌都設計了不同的紋路，這樣的不同，很多時候我們必須藉助現代儀器才能區分。對人臉的不同，人類卻可以用肉眼直觀地感受到。迄今為止，已經有 1000 多億人口在地球上生活過，[1] 你卻幾乎找不到兩張完全相同的人臉。

　　作為整個人體最具表徵意義的部位，人臉是表情的載體，幾乎人類所有的情緒變化都可以通過臉部的細微變化傳達出來，這又增加了人臉的豐富性和神秘性。

　　因為這種多樣性、豐富性、複雜性，人臉一直讓藝術家着迷。從埃及最早的獅身人面像到達·芬奇的《蒙娜麗莎》、蒙克的《吶喊》，再到各種攝影藝術作品，人臉是古今中外藝術家永恆的主題。也可以説，藝術家對人物和生命的刻畫主要就體現在臉上，法國藝術家伯格（John Berger ， 1926 — 2017）曾經總結説：

　　　　不管畫家在找甚麼，他找的都是臉，所有的尋找、所有的失去、所有的失而復得，都是關於臉，難道不是嗎？那臉究竟意味着甚麼呢？他找的是它的回眸，他找的是它的表情，它內在生命精細的表徵。[2]

　　對於人臉中蘊藏的力量，我也有所體會。我常出席各種論壇、演講和報告會，從演講中我學到很多，其中一點就是：任何一組幻燈片都應該包含一張人臉，而且最好是微笑的臉，對人類而言，沒有甚麼比人臉更具親和力和吸引力了。

人類很早就認識到，臉是識別一個人最主要的、最基本的、最便捷的途徑。在計算機被發明後，人臉識別自然成了計算機圖形學的一個重要課題；到了人工智能時代，它又成了機器視覺（或稱計算機視覺）的一大熱點。但無論是計算機圖形學還是機器視覺，其基礎都是照片，在照相機被發明之前，人像只能靠畫師一筆一筆地畫就。

照片開路：構建身份社會

繪畫也是一種記錄，相較於文字，它是一種更直觀的記錄手段。許多世界名畫，例如《清明上河圖》《韓熙載夜宴圖》《最後的晚餐》，除了藝術價值之外，它們還再現了一個個社會形態、人文風情和生活場景，在沒有照相機的條件下，為時代留下了記錄。

好的畫家非常稀少，畫像是一件極為奢侈之事。無論東方還是西方，只有帝王將相、宮廷貴族才有資格畫像。為了留下更準確、更精美的人像記錄，乾隆皇帝甚至請意大利的畫家郎世寧來為自己畫像。有時，畫像的福利也會降臨到一些特殊群體的身上，比如宮女和逃犯。

一個宮女的畫像甚至改變了兩個國家的命運，這個宮女就是王昭君。西漢御用畫家毛延壽擅長畫像。當時的皇帝漢元帝宮妃眾多，沒有時間一一臨幸，他就讓毛延壽為宮妃畫像，根據畫像是否好看召幸。宮女於是紛紛行賄毛延壽，請他高抬貴手，唯獨王昭君不肯行賄，據說正是因為毛延壽故意把她畫醜了，王昭君不僅從來未得臨幸，最後竟還被派去匈奴和親。臨行前漢元帝召見，突然發現王昭君美豔無比，他後悔莫及，一怒之下殺了毛延壽。[3]

漢元帝錯失美人，但王昭君之美令匈奴人感受到了漢朝的誠意，王昭君也頗識大體，不辱使命，這次和親之後漢匈之間獲得了 50 多年的和平。

一幅畫像改變了歷史，歷代文人一再詠歎，有詩為證："不把黃金買畫工，進身羞與自媒同。始知絕代佳人意，即有千秋國士風。"[4]

畫像還與另一類人緊密相連，那就是被通緝的逃犯。當官府追捕要犯時，通常會請畫師繪製逃犯的臉部特徵，然後四處張貼，以便官兵和百姓識別。明朝文學家馮夢龍（1574—1646）在小說《東周列國志》中寫過，公元前 522 年，為緝拿名將伍子胥，楚平王命令在王城各處懸掛伍子胥的畫像，伍子胥被困城中，輾轉憂思，一夜之間竟然白了頭髮，卻剛好因白頭得以蒙混出關。這個故事在中國膾炙人口。

《三國演義》中也有類似的情節，曹操刺殺董卓失敗之後，董卓"遂令遍行文書，畫影圖形，捉拿曹操"。[5] "畫影圖形" 即畫像，說起來，這算是最早的人臉識別。直到今天，追捕通緝犯還在依靠這個辦法，只不過畫像已經升級成為照片。

正是照片的出現，為計算機人臉識別奠定了基礎。

1839 年，法國人達蓋爾（Louis Daguerre，1787—1851）發明了攝影法。他採用銅板為片基，使用光敏銀層為感光材料，實現了完整的 "顯影" 與 "定影" 工藝，為現代攝影奠定了基本工藝的基礎。為了獲取投資，他宣稱他發明了一門 "用光來書寫" 的技術，賦予了世界 "重生的力量"。

照片的出現引發了一時轟動，過去的場景可以被重現，照片還可以被不斷複製，其神秘性不可言喻，令人難以置信。德國《萊比錫日報》甚至載文稱："經德意志官方細緻調查，法國人所謂的能攝取轉眼消失的影像一事，只不過是一場絕對不可能的空夢而已。"[6]

照片是繼文字、繪畫之後人類創造的一種嶄新的記錄手段，極大地拓寬了人類記錄的範圍，開創了一個可以即時捕捉場景並將其長期保存的新時代。

攝影一經問世，鏡頭首先對準的就是人臉。人們迫切地希望留下自己的影像，歐美國家因此興起了一股肖像潮。1860 年，維多利亞女王第一次拍攝了個人肖像照，並在全國創下了 50 多萬張的銷售紀錄。[7] 之後，攝影技術不斷進步。

到 1888 年，柯達公司發明了膠卷，攝影的成本大幅降低，城市街頭湧現出大量照相館，照片走進了尋常百姓的家庭。

這個時候，西方社會正在經歷第二次工業革命的高潮，機器轟鳴、電燈長明，時代變了。在新的工業社會中，身份的認定變得非常重要。在農業社會，人們起牀就到地裡去耕種，一畝三分地自給自足，終老於一個地方，對他們來說，一個名字基本夠用；但工業社會大不一樣，社會大分工、人員大範圍流動，一個人的工作、福利、旅行、安全、金融，無一不和身份密切相關，僅憑一個名字，誰知道誰是誰呢，國家無法實現有效管理。

照片隨之進入了個人檔案。照片為管理提供了一種新的手段，管理者可以對被管理者進行一對一的辨識，核對身份，人臉則是確認個人身份的核心要素。這是一個巨大的進步。第一次世界大戰期間，西方各國政府都開始強制公民提交個人照片，照片逐漸成了辦理各種證件的標準配置。國家收集了所有人的照片，這才是幾十年後人臉識別興起的基礎。直到今天，人臉識別技術的最大客戶還是政府，世界各國，無一例外。

人臉識別是一種基於生物特徵的身份識別。其實在所有的生物識別技術中，人臉識別並不是最成熟的，也不是最準確的。到 20 世紀 80 年代，由於光學掃描技術的進步，指紋識別的準確率大大提升，但指紋必須一一採集，過程複雜，相比之下，公民的照片已經收集完備，它們就堆積在檔案和文件中，這給人臉識別提供了一條早已鋪就的寬闊賽道。

起步矽谷：幾何時代的徘徊

最早開展人臉識別技術研究的是美國矽谷。1960 年，人工智能專家布萊索（Woodrow Wilson Bledsoe，1921—1995）牽頭在美國加州成立了全景實驗室（PRI），他們接受了美國國防部的資助，開展人臉識別的研究。當時，與人工智能相關的工作，其訂單和資金幾乎全部都來自美國國防部和情報機構。

全景實驗室的任務很明確，他們需要解決的問題是：針對一張給定的人臉照片，要在一個圖片庫中找出與其相匹配的所有照片，以提高人工比對的效率。

美國國防部和情報機構之所以提出這樣的需求，還是由於身份的問題。有人在犯罪之後改名換姓、遠走他鄉，並成功地申請到了新證件。雖然新證件也配有照片，但政府部門沒有辦法發現。

　　布萊索提出了基於人臉幾何特徵的識別方法，這個方法奠定了後續 20 年研究的方向和基礎。

　　幾何的方法就是精準測量面部各個器官的位置和大小，然後利用這些器官各自的大小、所處的位置、分佈的距離、比率等幾何關係來識別人臉。這個過程需要大量的手工輔助，先把瞳孔、眼角、美人尖 8、嘴角等重要的部位標注出來，確定它們的坐標之後，再計算嘴巴的寬度、眼睛的寬度、瞳孔與瞳孔的距離等數據，利用這些位置和距離的數據進行人臉的對比。

　　布萊索後來被推選為美國人工智能協會（American Association for Artificial Intelligence, AAAI）的主席。他認為人臉識別這項工作極為困難，因為即使是同一個人，當頭部大角度旋轉後，人臉各部位的幾何位置就改變了。布萊索的方法是分析側影，其原理與中國民間藝術中的剪影類似。他把人臉的側影畫成輪廓曲線，在輪廓上確定基準點，根據特徵進行對比。可以想像，相對於正面提取人臉的特徵，側影識別更加粗略，識別率更低。此外，光照的強度、角度、面部表情、年齡增長等因素都會嚴重影響識別的準確率。

　　1969 年，三位日本科學家宣佈，他們開發的程序能夠成功地識別一張圖片中是否包含一張人臉，即在複雜的圖形中識別人臉。1970 年，史丹福大學的一位科學家又往前進了一步，他能夠成功地將一張圖片中的人頭和人臉提取出來。1973 年，卡內基 — 梅隆大學的教授金出武雄（Takeo Kanade，1945— ）宣佈他在 20 個人的 40 張照片中，成功地識別出 15 個人。9 這就是當時最好的成績，金出武雄也因此成為幾何時代的代表人物。

　　概括地說，早期的人臉識別只是利用計算機進行輔助，而非自動識別，早期的探索，也讓所有參與研究的科學家意識到，人臉識別是一座難以攀登的高峰。雖然人臉的生理構造是一致的，都由眉、眼、鼻、嘴、雙頰組成，各個部位的相似度也很高，但這幾個部位組合起來，可以演繹出近乎無窮的變化。就像沒有兩片樹葉是完全相同的那樣，世界上也沒有兩張完全相同的人臉，人臉的差異性、多樣性令人驚歎。

　　舍雷舍夫斯基（Solomon Shereshevsky，1886—1958）是 20 世紀最有名的記憶大

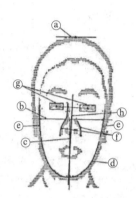

分析步驟的典型順序：

a. 頭頂
b. 臉頰和臉的側面
c. 鼻子、嘴巴和下巴
d. 下巴輪廓
e. 面對面的線
f. 鼻線
g. 眼睛
h. 面軸

圖 3–1　20 世紀 70 年代人臉識別依靠的八大幾何特徵 [10]

面對同一個人的兩張照片，計算機可以通過識別鼻子、嘴巴、眼睛等部位的位置，判定兩張照片中為同一個人。

師，他可以記住無比複雜的數學公式、矩陣，甚至幾十個連續的外語單詞。在一個實驗中，70 個單詞連續念出，他只要聽過一次，就能重複背誦出來，可以從前往後背，也可以從後往前背。縱使如此擅長記憶，他也坦言，他無法記住人臉：

> 人們是如此多變，一個人的表情依賴於他的情緒以及你們相遇時所處的情境。人們的表情在不斷地變化，正是不同的表情使我感到困惑，我很難記住他們的臉。[11]

　　無法記住人臉的原因是人臉的特徵很難被精確地量化。我曾經請教當代中國的記憶大師王峰先生，他在比賽現場曾經創造了聽記數字 300 個的世界紀錄。王峰告訴我，數字和詞語之所以能夠被精準地記憶，是因為數字的組成無非就是 0 ~ 9 這 10 個數字的排列組合，詞語無非是由那些常見的字組成。人腦容易對數字和詞語的特點進行 "編碼"。而人臉確實難記，這是因為人臉的模樣有無限種可能，而我們很難對人臉的特徵進行 "編碼"，比如我們只能說這個人的臉比較大（臉型）、眼睛比較大（眼型）、有雙眼皮、嘴唇比較厚（嘴型）等，很多都是相對的，無法精確量化，這就給識別和記憶帶來了挑戰。

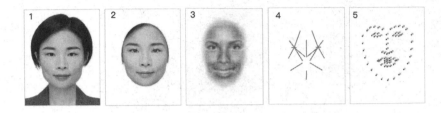

圖 3-2　人臉識別的邏輯過程

人臉識別的步驟：第 1 步，獲得照片；第 2 步，確定眼睛的位置，照片被調成灰度並被裁剪；第 3 步，臉部圖像被轉換成軟件識別的模板；第 4 步，使用複雜的算法，將圖像與圖片庫的照片進行特徵點的比對、檢索；第 5 步，輸出識別結果。

　　就此而言，幾何時代的方法已經給人類指明了方向，因為機器可以精確地計算兩隻眼睛之間的距離以及五官的各種比例，而這些精確的數據可以幫助我們準確地識別人臉，這種精確計算的能力是人類望塵莫及的。

　　到 20 世紀 80 年代後期，人臉識別領域出現了很多新方法，但幾何時代的探索仍然是整個過程的基礎。這就是，拿到一張照片後，首先要尋找兩隻眼睛的位置，然後確定人臉的區域，把這個區域轉成黑白灰度的圖片，因為在面部識別時不需要顏色數據，再根據算法和模板提取這張臉的各種特徵，最後把這些特徵和目標人臉進行對比，以確認是不是同一張臉。

　　20 世紀 60 年代的計算機科學家就已經清晰地認識到，人臉識別的核心是提取特徵。如果有朝一日，計算機可以自動抓取人臉的特徵，人臉識別的難題是否就可以迎刃而解？科學家開始把目光聚焦到工具創新，即人工智能的研究上。

機器能否學習：人工智能之爭

　　如果說，照片解決了場景即時記錄的問題，人臉識別是對這些信息的再利用，那麼人工智能就是人臉識別得以實現的路徑了。

　　如今人們公認，人工智能作為一個研究領域清晰地出現，是源於 1956 年夏天的美國達特茅斯會議。達特茅斯學院的麥卡錫（John McCarthy，1927—2011）是這次會議的主要組織者。當時，年僅 29 歲的麥卡錫僅僅是一名助理教授，他在會議上說服了大家使用人工智能這個概念作為一個新領域的名稱。

人工智能，顧名思義，是通過計算機合成、製造如人類一般的智能。它其實暗示了機器可以代替人腦，這也為後來的紛爭埋下了伏筆。

人工智能的概念誕生之初，人類認為只要賦予機器邏輯和推理的能力，機器就能具備一定的智能，輔助或代替人類做出判斷。所以，早期的研究以數理邏輯為主流，以證明數學定理為己任，但隨着研究的推進，人們逐漸認識到，僅僅具有邏輯推理能力遠遠不夠。美國計算機科學家費根鮑姆（E. A. Feigenbaum，1936— ）認為，機器要具備智能，就必須擁有大量的知識，而不僅僅是擁有推理能力。之後，知識庫開始興起，大量專家系統問世，人工智能進入了"邏輯推理 + 專家知識" 的新階段，費根鮑姆因此獲得了圖靈獎，被稱為 "專家系統之父"。

然而，人類很快又發現了新的矛盾。所有的專家系統聚焦的都是專門知識，只能應用在一個專業領域，但人類的知識無窮無盡，還在不斷更新，由計算機科學家來總結人類的知識，再把它們逐一教給計算機，這相當費時間，永遠無法教完。於是，一個異想天開的新問題突然冒了出來：機器能不能自己學習知識？如果能，又該如何實現？

1956 年的達特茅斯會議共有 20 位參會者，其中一位是 IBM 的科學家塞繆爾（Arthur Lee Samuel，1901—1990）。1952 年，IBM 發佈了第一款商用電子計算機 IBM 701。不久後，塞繆爾就在這台機器上開發了第一個跳棋程序 "checker"，這個程序向世人展示了計算機不僅能處理數據，還具備了一定的智能 —— 和人類下棋。這個程序引起了大眾的關注，IBM 的股票在程序發佈之後應聲上漲了 15 個百分點。

塞繆爾不斷完善這個跳棋程序，他在其中設置了一個隱含的模型，伴隨着棋局的增多，這個模型可以記憶，然後通過計算為後續的對弈提供更好的着數。塞繆爾因此認為，機器可以擁有類似於人類的智能，1959 年他正式提出了機器學習的概念。

也就是說，塞繆爾完全相信，計算機可以學習，他的跳棋程序就是一個小小的證

圖 3-3　塞繆爾和 IBM 電腦下跳棋 [12]

塞繆爾發明的跳棋程序在當時戰勝了很多人,事實上,相比於象棋、圍棋,跳棋才是計算機最早戰勝人類冠軍的領域。加拿大阿爾伯塔大學 1989 年開發的 "Chinook" 跳棋程序,在 1994 年戰勝了人類跳棋冠軍汀斯雷(Marion Tinsley,1927—1995),而象棋程序、圍棋程序戰勝人類的時間分別是 1996 年、2016 年。

明。但很多人質疑,跳棋過於簡單,它的變化有限。數學家已經證明,只要對弈雙方不犯錯,最終結果一定是和棋。人類面臨的各種真實問題要遠比跳棋複雜,其經驗很難推廣複製。

　　圍繞機器能否學習這個問題的討論及其所產生的分歧,最終使人工智能的圈子分化為兩大清晰的陣營。

　　一派是仿生派。他們認為,學習是人類大腦特有的功能,只有對大腦進行模擬,才能最終實現人工智能。因此,研究人類大腦的認知機理,掌握大腦處理信息的方式,是計算機實現人工智能的先決條件。

　　另一派為數理派。他們認為,計算機沒有必要模仿人腦,這就好像飛機看起來是模仿鳥類的翅膀,但兩種 "翅膀" 的機理完全不一樣,而且飛機飛得比鳥類還要快。人類應該立足於現有計算機的數理體系,用數學和邏輯的方法,構建讓計算機執行的規則,一步一步教會計算機 "思考"。

當然，和其他爭辯一樣，討論中永遠都有中間派。中間派在理論上支持仿生派，但又認為在短時間內，人類無法完全了解人腦的認知機理，如果片面強調對人腦的模仿，人工智能就會停滯不前，因此數理派是務實的選擇。

作為人工智能這個學科的創始人，麥卡錫是堅定的數理派。他提出，人工智能的方法必須以規則和邏輯為基礎，在達特茅斯會議的邀請函中，他這樣陳述了會議的目的：

原則上，學習的每一個方面、智能的所有特點都應該被精確地描述出來，機器才可能對其進行模擬。[13]

這句話暗含的意思是，一切知識，首先要能說出來，只有能用語言精確地描述出來的知識，才能被制定為規則、讓機器模擬，而隱性知識機器就無法模擬。

麥卡錫對人腦的結構和機理完全不感興趣，他根本就不想和心理學、認知學、腦科學發生任何關係。他公開說："人工智能的目標，就是遠離對人類行為的研究，它應該成為計算機科學的分支學科，而不是成為認知學、心理學的分支學科。"

從一開始，數理派就佔據了主流，但當時的觀點非常多元，甚至同一個人的觀點也前後矛盾。有些爭論已經超出了技術領域，進入了哲學範疇。達特茅斯會議的另外一位組織者是明斯基（Marvin Minsky，1927—2006），他也被後世奉為人工智能的先驅人物。他認為，大腦完全可以被模擬，大腦本身其實就是一台機器，"我打賭，人腦就是一台組裝的電腦，人類就是一台肌肉組成的機器，只不過是頭上頂了一台計算機而已"。[14]

從這些話看，明斯基是仿生派，但恰恰是明斯基，在 1969 年給了仿生派一記重擊，使仿生派陷入了 10 多年的頹廢期。

"不明覺厲"[15]：深度學習的崛起

仿生派的研究，起源於人類對大腦和神經系統的認識。20 世紀初，人類發現構成神經功能的基本單位是神經元。

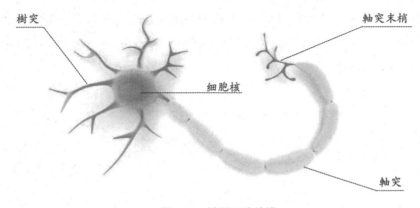

樹突

細胞核

軸突末梢

軸突

圖 3—4　神經元的結構

　　人類的大腦有上千億個神經元，每個神經元都各有功能，它們彼此聯繫，共同處理信息。具體到一個特定的神經元，它有接收信息的部分，這個部分叫樹突，一個神經元有多個樹突，但是，向外傳導信息的渠道只有一條，叫軸突。在軸突的尾端，有很多個末梢，它們和其他神經元的樹突連接，形成突觸，用以傳遞信號。這意味着，一個神經元可以接受多個神經元的信息，這些信息在經過處理之後再以統一的形式傳遞出去。

　　也就是説，輸入的信號可以有多個，但輸出的只有一個，即一個既定的信號是由多個前置信號共同決定的。神經元的這個結構給了人類巨大的啟發，人類開始模仿神經元，構造計算機的決策單元。

　　1957 年，美國康奈爾大學計算機教授羅森布拉特（Frank Rosenblatt，1928—1971）提出了感知器（Perceptron）的概念。一個感知器可以接收多個來源的信息，這些信息在一起互相作用、影響，然後形成新的信息並傳遞出去。

　　後來人類又發現，人腦神經元的突觸，也就是兩個神經元之間的連接，其強度是可以變化的。這表明，不同來源的信息對最終信息的影響是有區別的，有的影響大，有的影響小。於是，計算科學家又引入了一個新的概念 —— 權重，用來表示一個影響強度的大小。這樣，最終一個神經元的信息輸出就可以用一個數學公式來表達：

$$Z = G(a_1w_1 + a_2w_2 + a_3w_3)$$

其中,"w"表示各個輸入的權重,"G( )"表示一個未知的求和函數。當無數的感知器連在一起,就形成了一個類似大腦的網絡,當時人們就稱這種模式為神經網絡。這是人類第一次用數學模型模仿大腦神經突觸互聯的信息處理方式,它是人工神經網絡模型的始祖。

接下來幾年,神經網絡成了機器學習最受關注和最具爭議的方法。這之前的人工智能都採用數理派的做法,通過程序員編寫代碼,告訴計算機要做甚麼。這裡面有大量的"如果……就……"的語句,"如果 X 大於 100,就轉向第 25 行代碼,執行乘法運算","如果符合某條件,就輸出某參數"。這本質上是為計算機定義規則,是一種"自上而下"的思路。

機器學習反其道而行之。它先明確誰是自變量、誰是因變量,一開始不定規則,而是給計算機"餵"數據,即從局部的結果出發,讓機器去學習和推測可能的、最佳的規則。這個規則就是各個自變量的權重以及最後的函數關係,一旦確定了這個函數關係(也可以理解為特定的模型),就可以用它去預測未來。這是一種"自下而上"的思路。

所謂機器學習,就是要通過計算機的自主計算,不斷調整神經網絡中的權重參數,自動確認其函數關係。其目的是追求輸出的結果和現實的數據處於一個更加擬合的狀態。簡單地說,機器學習是通過大量的數據,訓練出一個可以自組織、自學習的

圖 3-5　人類思維和機器學習的邏輯對比

數學模型，然後在更多的場景中利用這個模型預測其他場景下的結果。

　　這個過程和人類的決策過程高度相似。我們已經反覆地講到，數據就是對客觀情況的記錄，這種記錄包含着原因、表象和結果，它代表着過去的經驗。通過機器學習，這些經驗被構建成一種模型，被運用到新的場景認知中去。

　　在這個過程中，計算機表現出來的不是比人聰明，而是比人能幹。因為計算量太大，普通人同時考慮四五個自變量，大腦就不堪重負了。計算機卻可以同時考慮成百上千甚至上萬個變量，在很短時間內執行巨量的、複雜的計算，而人腦難以望其項背。

　　一個完備的神經網絡，可能有成百上千個感知器，也正是因為每一個感知器都需要計算，於是大量的計算成了神經網絡的必備條件。恰恰在神經網絡被提出的 20 世紀六七十年代，計算機的計算能力非常有限。這時，明斯基說話了，他出版了一本著名的《感知器》（*Perceptron*），專門討論感知器的未來。明斯基指出，單層神經網絡只能做簡單的線性分類任務，連稍微複雜一點的邏輯計算"異或"都無法完成。如果要增加計算的層數，即使只增加一層，計算量都會呈幾何級增加，這是無法完成的任務，所以多層神經網絡沒有未來。

　　當時的明斯基沒有預料到，人類未來的計算能力會呈數萬倍地增長。他的論斷，在今天看來無疑錯了，但在當時的計算能力下很有說服力。作為人工智能領域的巨擘，他已經擁有巨大的影響力，他對神經網絡的悲觀態度具有風向標般的意義，許多學者和實驗室紛紛放棄了對神經網絡的研究。

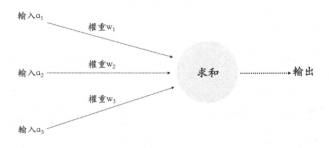

圖 3-6　感知器的邏輯結構

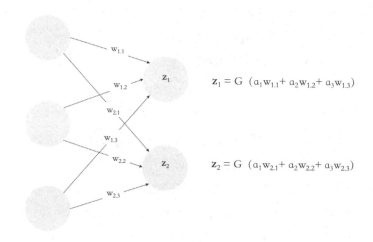

$$z_1 = G \ (a_1 w_{1.1} + a_2 w_{1.2} + a_3 w_{1.3})$$

$$z_2 = G \ (a_1 w_{2.1} + a_2 w_{2.2} + a_3 w_{2.3})$$

圖 3-7　單層神經網絡

接下來 10 多年，神經網絡陷入了"冰河期"。20 世紀 70 年代中期，學術論文中只要帶上"神經網絡"的相關字眼，就會被學術雜誌和會議拒之門外，自此神經網絡門庭冷落、無人問津。

不過，在這 10 多年的"冰河期"中，也有極少數學者一直在堅持，其中的旗手就是卡內基－梅隆大學的教授辛頓（Geoffrey Hinton， 1947— ）。

辛頓是心理學出身，癡迷於認知科學。數十年如一日，他一直專注於神經網絡，但在讀博士期間，他身邊幾乎所有人甚至他的導師都建議他放棄神經網絡，轉向數理邏輯領域。

辛頓從年輕時就一直相信，大腦對事物和概念的記憶，不是存儲在某個單一的地點，而是像全息照片一樣，分佈式地存在於一個巨大的神經元網絡裡。當人腦表達一個概念的時候，不是藉助單個神經元一對一地獲得支持。概念和神經元是多對多的關係：一個概念可以用多個神經元共同定義表達，同時一個神經元也可以參與多個不同概念的表達。[16]

這個特點被稱為"分佈式表徵"（Distributed Representation），它是神經網絡派的一個核心主張。例如，當我們聽到"長白山"這個概念的時候，它可能涉及多個神經元，一個神經元代表形狀"長"，一個神經元代表顏色"白"，第三個神經元代表物體的類別"山"。三個神經元同時被激活時，才能準確地再現、理解我們信息交流中的概念"長白山"。

1986 年，辛頓和美國心理學家魯梅哈特（David Everett Rumelhart，1942—2011）在兩層神經網絡中提出了反向傳播算法（backpropagation, BP），大大減少了計算量。這一舉解決了明斯基關於計算量的批評問題，推動了神經網絡在學術界的復甦。

兩層神經網絡非常強大，它可以無限逼近任意連續的函數，這意味着它具備了對任意複雜現象的擬合能力。同時，這時候計算機的計算能力，相比於 20 世紀 60 年代已經有數萬倍的進步。一進一退之間，神經網絡重現曙光。

真正的高潮出現在 2006 年。這一年，辛頓在《科學》雜誌上發表了一篇文章，提

圖 3—8　辛頓 [17]

1994 年，辛頓的第一任妻子因卵巢癌去世，其現任妻子不久前又被診斷出胰腺癌。辛頓認為，醫學將因人工智能而變得更加高效，他期待未來人們僅用 100 美元就可以繪製自己的基因圖譜（目前的成本是 1000 美元），以提前分析自己患上各種疾病的可能性。辛頓還認為 X 光片的檢測很快將完全由機器完成，放射科醫生即將下崗。

出了深度網絡的概念。[18] 所謂深度，即增加感知器的層數。辛頓認為，隨着層數的增加，整個網絡的參數就會增多，更多的參數意味着其構造的函數具有更強的模擬能力，它可以無限逼近人類思考的非線性過程。辛頓還改革了傳統的訓練方式，增加了一個預訓練（pre-training）的過程。通過預訓練，他能為網絡各個節點的權重快速找到一個接近於最優值的解，之後再使用微調（fine-tuning）技術對整個網絡的所有參數進行優化。這兩種技術的運用，大幅度減少了計算量和時間。

為了形象地描述這種多層神經網絡的方法，辛頓改頭換面，賦予這種方法一個新名字：深度學習。

深度學習試圖全面模仿人類神經網絡的機理：每一個神經元既可以存儲也可以計算，計算和存儲都是分佈式的，每一層的每一個神經元都接受上一層的輸入，當一個神經元處理完一個信息之後，信息就會被傳導到其他神經元，其傳導關係是強是弱、中間如何轉換，就是神經網絡中需要通過學習確認的權重大小和函數關係。增加神經元的層數，就可以增加參數，構建更複雜的函數關係，多層網絡就是多個函數的嵌套，它可以擬合出非常精妙的模型，擬合現實世界的複雜現象，逼近人類的智能反應。

總的來説，深度學習的這種架構是並行分佈式的，是自適應、自組織的。也正是

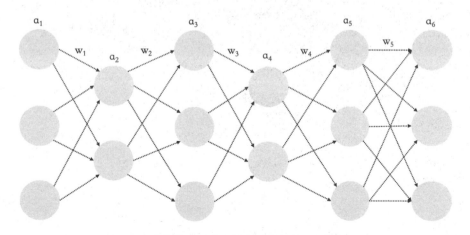

圖 3—9　深度學習（多層神經網絡）的邏輯結構

由於這種自適應、自組織，深度學習一直被批評。因為它只能給人們最合適的、最好的一個結果，卻無法解釋某一組參數、某一個特定的函數關係為甚麼優於另外一組。對人類而言，深度學習的算法就像大腦的運作一樣，我們知其然，不知其所以然。它好像一個不透明的"黑箱子"，它到底是怎麼運作的，連算法的設計者也無法回答，這是真正的"不明覺厲"。

爭議歸爭議，"不明覺厲"的深度學習很快在圖像識別領域大放異彩。2012 年，辛頓帶領團隊使用深度學習參加了 ImageNet 圖像識別大賽。在此之前，ImageNet 的冠軍使用的主流方法為向量機（Support Vector Machine, SVM）技術，2010 年其冠軍團隊的圖像識別錯誤率為 28%，2011 年為 25.7%。2012 年 10 月，辛頓用深度學習的方法，把錯誤率大幅下降到 15.3%，排名第二的日本模型，錯誤率則高達 26.2%，這個進步令人震驚，整個人工智能領域都為之沸騰。

之後，深度學習不斷地創造新奇跡。2013 年的 ImageNet 競賽中，錯誤率被降到了 11.5%，2014 年被降到了 7.4%。此後錯誤率不斷開創新低，2015 年為 3.57%，

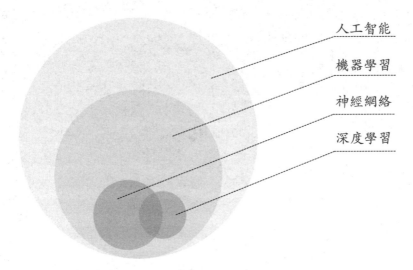

圖 3–10　人工智能、機器學習、深度學習和神經網絡的關係

2016 年為 2.99%、2017 年為 2.25%，已經遠遠低於一個普通人的錯誤率。也就是說，深度學習算法已經完全超越了人類的 "眼力"，圖像識別迎來了新紀元。

具體到人臉識別，我們在前文已經談到過，幾何時代我們就奠定了提取人臉特徵點進行對比的方法，但人臉太過相似，特徵點之間的差別太小，當需要對比的對象成千上萬，甚至上百萬時，計算機就無能為力了。有了深度學習，這件事就可以解決。深度學習可以把人臉的每一個部位都分為多層，從抽象的點、線、面到具體的特徵，從單個器官再到總體，各個特徵不斷疊加、驗證，從而提高識別準確率。

拓展話題

ImageNet 圖像識別大賽

為了推動機器視覺領域的發展，2009 年，史丹福大學教授李飛飛、普林斯頓大學教授李凱等華裔學者發起建立了一個超大型的圖像數據庫。這個數據庫建立之初，包含了 320 萬張圖像。它的目的是以英文裡的 8 萬個名詞為基礎，根據每個詞收集 500~1000 張高清圖片，最終形成一個 5000 萬張圖片的數據庫。從 2010 年起，他們每年都以 ImageNet 的數據庫為基礎，舉行圖像識別競賽。競賽的基本規則是：參賽者以數據庫內 120 萬張圖片（這些圖片從屬於 1000 多個不同的類別，且都被手工標注過）為訓練樣本，用經過訓練的算法，再去測試 5 萬張新的圖片，自動標出這些圖片最可能從屬的 5 個類別，如果正確答案都不在裡面，即為錯誤，錯誤率越低，即表示圖像識別的準確率越高。2017 年，ImageNet 已經發展出 "物體識別" "物體定位" 和 "視頻中的物體識別" 三大競賽單元。

通過比較歷年 ImageNet 大賽的結果，我們還能發現，在參數數量一樣的情況下，深層的網絡往往擁有比淺層網絡更高的識別效率。直到 2013 年，網絡的 "深度" 還是個位數；2015 年，拿到最好成績的團隊使用了一個深達 152 層的網絡；2016 年，來自中國的商湯團隊做出了圖片分類性能最佳的 1207 層的深度神經網絡。

例如，2015 年谷歌為人臉識別提出了一個名為 "FaceNet" [19] 的算法，它提取人臉上 128 個特徵點，包括雙眼的距離、鼻子的長度、下巴的頂部、耳朵的長度、每隻眼睛的外部輪廓、每條眉毛的內部輪廓等。接下來,研究人員訓練了一個深度學習的算法,搭建了一個多層神經網絡。開始,給計算機三張照片,前兩張是同一個人,第三張是另一個人,算法會查看它自己為這三個圖片生成的 128 個特徵點的函數值,接着不斷調整神經網絡,以確保前兩張(即同一個人的照片)生成的函數值儘可能接近,而它們和第三張生成的函數值略有不同。

接下來,這個步驟要在上萬、幾十萬甚至上百萬張照片中重複,神經網絡就可能學會如何可靠地為每個人生成 128 個函數值。對同一個人的不同照片,它都應該給出大致相同的函數值,當這些值的接近度超過一定比例的時候,計算機就能判定它們是同一張人臉,而對於不同的人,這個值應該是不同的。計算機究竟如何構造這個函數,作為用戶的我們並不關心。我們關心的是,當看到同一個人的兩張不同的照片時,我們的函數是否能得到幾乎相同的數值。

深度學習的出現極大地提高了人臉識別的準確率,也極大地推動了人臉識別商業化應用的步伐。2015 年 11 月,Facebook 推出了人臉識別功能,可以從上傳的照片中識別出用戶的好友。如果用戶啟用"魔術照片"(Photo Magic)的功能,Facebook 便可查看他們的照片集,並分析最近的照片,如果發現能夠識別到人臉,便會幫助用戶把照片準確地分享出去,其準確率達到 98%;[20] 2017 年 9 月,蘋果手機在手機上配置了人臉識別的工具,用戶可以用人臉解鎖屏幕,也可以用人臉支付,據蘋果公司稱,其可靠性在 99% 以上。

當然,深度學習的進步,並不全是辛頓的功勞,除了其本身算法的不斷優化,還有兩點更為關鍵的外部因素:一是計算能力的大幅度提升,和 20 世紀 60 年代相比,現在的計算能力增長了數百萬倍;二是大數據的出現,因為有海量的訓練數據,機器才可能自主學習,不斷調整算法的參數和函數關係。沒有這些外部條件,深度學習仍然是癡人說夢。

人們普遍認為,深度學習是近 30 年來人工智能領域最具突破性的發明,它的進步讓人類重新點燃了"強人工智能"的夢想,人類對人造智能又進入了一個新的憧憬階段,人腦的生理結構在過去幾萬年甚至十幾萬年都沒有太大的變化,但數據每年呈爆炸性增長，計算能力還在日新月異地躍進。截然不同的進化速度讓越來越多的人開始相信，人腦不僅可以被模仿，而且可以被超越。

我認為，所謂超越，是指超越人類大腦的局限性，即記得更多、算得更快，可以同時探索、分析更廣闊的事實。它是人類腦力的擴展，而不是完全的超越和替代。人類無法創造出比自己更具智慧的客體，這應該成為我們看待人工智能的基點。

數據田徑場：政府怎樣推動商業創新

隨着深度學習的突破，人臉識別在 2012 年之後獲得了極大的成功，應用領域不斷擴展，但人臉識別走出實驗室、邁向商業化的起點是在 20 世紀 90 年代，比神經網絡的成功要早得多。

推動這個過程的核心力量，還是美國國防部。

從幾何時代開始，雖然機器學習並沒有大的作為，但人臉識別的科學家一直在努力耕耘。當時除了技術的瓶頸，還面臨着兩個困難：一是需要大量的真實數據，缺少數據就無法完成算法的訓練；二是行業缺乏標準，各種算法的優劣難以評估。

這兩大困難都由美國政府牽頭解決了。1992 年，美國國防部高級研究計劃局（DARPA）、反毒品技術辦公室（CTDPO）和陸軍研究實驗室（ARL）三家機構聯合發起了 FERET（人臉識別技術評估）行動，這項行動持續了三年多，其主要的目的是通過政府的力量推動行業建立標準，評估人臉識別技術的成熟度，為市場化做準備。

FERET 的首要貢獻，是建立了一個獨立於算法開發人員的大型人臉圖像數據庫，使全國不同機構的研究人員能夠在一個共同的數據集上開發、測試、評估，對比不同算法的優劣。

為了保持數據庫的一致性，圖像採集要在一個受控環境中進行，即每個攝影階段必須使用相同的環境控制條件。1993 年 8 月到 1996 年 7 月，該項目共進行了 15 期圖像採集，最終建立了包含 1199 個人、1564 套圖片，共 14126 張圖像的數據庫。數據採集之所以長達三年，是因為需要重複拍攝同一個人在不同時間點的照片，以研究年齡對臉部的影響。

如果說，一個國家要發展田徑運動，首先要修建用於運動員訓練、比賽的運動場地，那麼，FERET 建立這個數據庫的意義，就是為無數的公司提供了訓練、評估各自算法的數據田徑場。時至今日，FERET 仍然是美國最大的人臉圖像數據庫，它由美國國家標準與技術研究所（NIST）維護，仍然對外提供訪問權限。

從 1994 年 8 月到 1998 年 3 月，在這個數據田徑場上，美國國防部組織大學、公司進行了三輪人臉識別算法評估。評估結果認為，人臉識別算法在整體上已經基本成熟，具備了進入實戰應用場景的能力。特別是在人為控制的情況下，它對靜態照片的識別準確率很高，但有三個問題所有公司都還不能解決：

一是光照，即使同一張人臉，在不同的光照度下也會呈現不同的狀態，機器難以識別；

二是時間，即使現在識別成功，但一年之後，識別準確率就會下降；

三是布萊索時代的老問題，當人臉偏轉的角度大於 15 度，準確率就大幅下降。

這次評估意義非凡，它推動了人臉識別領域的交流，促進了共識的形成和標準的產生，許多參與 FERET 評估的算法很快邁向了商業化。1996 年麻省理工學院的彭特蘭（Alex Pentland，1952—）把自己的算法賣給一家公司，成立了 Viisage Technology 公司；洛克菲勒大學計算機系的三位教授利用參與評估的算法，成立了 Visionics 公司；還有一位麻省理工學院的科學家成立了 Miros 公司。這三家公司都成了美國人臉識別早期商業化的佼佼者，它們最早的客戶都是政府，如國防部、警察、司法、交通和毒品管理部門。

第一個正式啟用人臉識別的是駕照管理部門。在美國，每個州都有獨立的駕照管理部門，發放不同格式的駕駛執照，這導致了"一人多證"的情況大量存在，有人在嚴重違犯駕駛法規之後，換個州換本駕照又可以繼續開車，甚至從事商業運輸的工作；有人手握多本駕照，冒領各種社保福利；還有潛逃的罪犯憑藉新證件改頭換面，過着正常的生活。

1997 年，新墨西哥州和西弗吉尼亞州正式啟動了這個項目。它們要做的第一件事，是把所有駕駛員照片數字化、格式化，以便於電腦的自動比對。第二件事，是駕照管理部門聯網，實現跨地區的比對。

到 2015 年，幾乎全美國所有的州都啟動了人臉識別的項目並獲得了顯著的成果。紐約於 2010 年正式啟動這個項目，當年就發現並確認了 14500 名紐約人持有兩本或兩本以上的駕照，這些人幾乎都涉嫌欺詐性行為。其後，紐約政府對 9500 人採取了行動，最後逮捕了 3500 多人。在新澤西州，2011 年以來，駕照管理部門平均每年要向警方移交 600 多件證件欺詐案。還有一個意外的收穫，通過照片比對，有關部門還在原有資料中發現了大量的記錄錯誤，新澤西州 2011—2015 年在公民資料中清理、糾正了 12500 多個錯誤。[21]

除了打擊一人多證，人臉識別技術的應用還可以大幅簡化駕照更新、換證的過程。幾乎所有的政府證件，每隔幾年都要更換，換證時都要到指定的照相館拍照。有了人臉識別，人們只要通過網絡上傳一張自己的照片，就可以完成整個過程。這種方式的精髓，就是我們今天浙江、江蘇、廣東等省份正在倡導的"最多跑一次""不見面審批"。

為了提高算法比對的效率，最好的照片應該是正面、脫帽、表情中規中矩並且光照適宜的。對計算機而言，面對一張面無表情的照片最容易考出滿分，而微笑可能會改變臉形。這也說明，在正在到來的人工智能時代，人類也要遷就機器，向機器靠攏。

這之後，政府的戒毒管理、護照管理、社保福利部門以及銀行信用卡管理部門都陸續開始啟用人臉識別。公安部門自不待言，當他們把潛逃人員的照片送到出入境數據庫中進行比對之後，發現他們辛辛苦苦在找的人，早已經拿着新的護照去海外逍遙，他們很快看到了人臉識別技術的巨大潛力。

於是，2000 年一個巨大的人臉識別市場開始出現，這個新興的行業眼看就要起飛，但是這種勢頭沒有維持太久，一股強大的"冷空氣"突然襲來，人臉識別又跟蹌摔倒。引發這股"冷空氣"的原因，竟然是天網。

歷史的意外："9·11"事件如何拯救失敗

人臉識別技術之所以不斷發展，其背後一直有兩股驅動力，第一股當然是技術力量，它來自人工智能科學家。只有更強大的機器視覺，才可能製造出更智能的機器人，就此而言，人臉識別幾乎是機器人產業推進過程中必須攻克的堡壘。另外一股驅動力則是行政力量，它的相當一部分來自和天網相關的政府部門。天網每天產生大量的數據，如果一發生類似周克華的案件，就要靠大規模的人眼戰術破解，實在不可持續。

從應用場景上説，人臉識別又可以分為兩類。一類是靜態識別，例如，有人外出忘記攜帶或者丟失身份證，無法入住酒店，原來一定要到當地派出所辦理臨時身份證明，非常麻煩。2017 年 3 月，南京市玄武區推出"玄微警"，旅客只需要通過微信公眾號上傳自己的照片、姓名、身份證號碼、住址和手機號就可以快速認證，認證成功後會收到一條驗證碼，旅客持這個驗證碼就可以入住酒店。支持公安後台比對的，正是靜態人臉識別的技術。

另一類就是動態識別，其最典型的場景就是天網。在監控視頻中出現了一張人臉，需要確定他的身份就必須立即在數據庫中進行比對。這裡有兩個難題，一是視頻中的人臉是動態的，角度、光線、清晰度都可能非常不理想，識別難度大；二是在目標數據庫裡，可能存在這個人的照片，也可能根本就沒有這個人的任何資料，我們完全不知道，所以在真實的比對中，必須設置一個門檻，當出現的相似特徵超出這個門檻，系統才會報警、提交結果，如門檻設得太低，系統就會"爆倉"，提交大量相似的可疑結果；如門檻設得太高，又可能錯失正確的結果。

前文説到，英國是建設天網最早的國家。1998 年，在美國國家評估中誕生的第一批商業公司開始進軍英國，倫敦的紐漢區（Newham）採用了 Visionics 公司的方案，成為全世界第一個把人臉識別整合進天網監控系統的地區。

這之前，紐漢區的治安很差，Visionics 公司聲稱，它的系統可以自動掃描經過攝像頭人群的臉部，並在罪犯數據庫中進行搜索和比對，一旦找到相似人員就發出預警。Visionics 公司的宣傳令紐漢區如獲至寶，紐漢區一共在 250 多個地點安裝了人臉識別的系統，並不遺餘力地宣傳這個新的"神器"。[22]

結果卻出人意料。在這套系統安裝之後的第一年，紐漢區的犯罪數量減少了40%；運行兩年後，犯罪數量減少了34%。[23] 雖然這組數據很漂亮，似乎可以證明這套系統很管用，但真相是，在安裝了這套系統的兩年期間，當地警察並沒有因為人臉識別真正抓到過一名罪犯，一名也沒有！[24] 批評的聲音認為，Visionics 公司的系統就是一套狗皮膏藥，完全不管用！

我認為，人臉識別和天網對人類的震懾作用，可能要遠遠大於它真實的技術能力。當一項技術被大面積普及、滲透到全社會時，它就變成了一項社會技術。社會技術的成功並不僅僅取決於其有效性，也取決於其對大眾心理的影響和威懾。無論是好人還是壞人，都害怕無處不在的記錄，人們傾向於誇大天網的作用。記錄"掰彎"了人性，也提升了人們的道德感。人們圍繞天網和人臉識別的討論越多，天網的震懾效應就可能越大，這和寒蟬效應（Chilling Effect）有相通之處。

2001 年，佛羅里達州的城市坦帕也採用了 Visionics 公司的動態人臉識別系統，警方把它安裝在當地一個治安欠佳的酒吧區。這引發了當地人的遊行反對，反對者認為，這樣的人臉識別系統把每一個人都當成了犯罪嫌疑人。

可是，與紐漢區一樣，坦帕的系統也沒有成功抓到過一名罪犯，相反鬧了不少烏龍。由於系統的錯誤匹配，有一天系統發出 14 次報警，導致一名無辜市民被警察詢問了 10 多次。當地警方也竭盡全力，想找出一個成功的案例來證明該系統確實有用，即使抓不到壞人，能幫助找到走失的兒童或老人也好，但到最後，正面的案例也一個都沒出現。

最終，坦帕警方宣佈停用 Visionics 公司的系統。在停用聲明中，坦帕警方明確表示，之所以停用，並不是因為隱私問題，而是因為人臉識別被證明是無效的。[25]

這樣一來，Visionics 公司顏面大失。事實上，坦帕警方的聲明對所有人臉識別領域的商業公司都是一個重大打擊。英美兩國的實踐，無異宣告了動態人臉識別的完全失敗，又一個低潮來臨了。

誰都沒有想到，在這個時候，一個重大的歷史拐點正在靜悄悄地靠近。人臉識別不僅沒有跌落谷底，反而引起了全國的討論，迎來了更高的熱潮。

這個歷史拐點，就是"9·11"事件。

2001 年 9 月 11 日上午，19 名恐怖分子在美國分別劫持了 4 架民航客機，其中 3 架撞向了世貿中心和五角大樓，最後一架在賓夕法尼亞州墜毀，該事件造成 3040 人死亡。這是美國本土有史以來最嚴重的恐怖襲擊，美國社會隨即籠罩在悲情、憤懣和反思當中，"9·11"事件也因此成為美國眾多政策的轉折點。

事發之後沒幾天，兩張照片出現在了各大新聞媒體和互聯網上。

9 月 11 日這天早上，在緬因州波特蘭國際機場，機場的監控攝像頭拍攝到了兩名劫機者奧馬里（Abdulaziz Alomari）和阿塔（Mohamed Atta）正在接受安檢。另外，在華盛頓的杜勒斯國際機場，監控攝像頭拍到了另外兩名劫機者通過安檢，他們都暢通無阻地登上了被劫持的飛機。就在幾天前，他們的名字和照片已經被列入了機場的監控名單，但是他們仍然通過了安檢。

說好的人臉識別呢？為甚麼不用人臉識別？一下子質疑如潮。兩個月後，美國參議院舉行了專門的聽證會，參議員范斯坦（Dianne Feinstein）在會上凌厲發問："一個如此龐大的恐怖分子集團，在我們的國土上策劃了一年多，我們居然不知道。他們又在同一天早上登上 4 架航班，我們也發現不了，原因在哪裡？因為我們無法確認他們

圖 3-11　機場監控拍下的 "9·11" 事件恐怖分子畫面

左圖：波特蘭國際機場監控拍下的奧馬里（中）、阿塔（右），他們準備飛往波士頓，並在那裡劫持美國航空 11 號班機。

右圖：杜勒斯國際機場監控攝像頭拍下的第二組劫機者通過安檢的畫面。

的身份。至少對其中兩名劫機者，我們的安全部門已經發現了他們，而且掌握了他們的照片，他們在機場安檢的時候，攝像頭也拍下了他們的照片，但為甚麼他們還能登上飛機？原因就在於，我們機場的攝像頭沒有使用人臉識別系統，在他們通過安檢時，攝像頭沒有報警！"

原本已經處於失敗邊緣的動態人臉識別，突然被 "9·11" 事件拯救了，它急轉而上，這個時候，已經聽不到關於侵犯隱私的反對聲音了，通過人臉和數據識別定位恐怖分子變成了理所當然、萬眾期待的事情。

在萬眾期待之下，人臉識別又重新出發。Visionics 公司立刻發佈白皮書。它在白皮書中説，人臉識別將在機場安全體系中扮演核心角色，但要發揮這套系統的作用，就需要恐怖分子的身份數據和照片，一旦這個數據庫建好，系統就可以通過監控，用靜態或者動態的方法比對照片，抓獲恐怖分子。

Visionics 公司的白皮書迴避了一個重要的問題：它的人臉動態識別技術是否真的成熟、管用？歷史證明，我們還必須等待，板凳最少要坐十年冷。這個時候距離深度學習的成熟，還有 15 年之久。

無匿名社會：動態識別的前景

2017 年 6 月，據中國中央電視台新聞頻道報道，江蘇宿遷的 10 個十字路口啟用了 "行人闖紅燈人臉識別系統"，如果有行人闖紅燈，他的現場照片和部分個人信息會在路口的大屏幕上顯示，中間的時差約 10 秒鐘，交管部門還將通過人臉對接戶籍信息，確認個人身份。報道還說，在該系統運行的約一個月內，已經曝光了 580 人次的行人闖紅燈行為，人臉識別準確率超過 90%。2018 年 3 月，深圳市也大規模啟用了類似的系統。

這當然是動態識別，那為甚麼十幾年前安裝在紐漢區、坦帕的人臉識別不管用，而十幾年後安裝在宿遷、深圳的系統又取得了成功呢？這涉及人臉動態識別的兩個關鍵問題。前文我們説到，靜態識別的準確率已經達到 99%，在技術上已經成熟，但動

圖 3—12　宿遷 "行人闖紅燈人臉識別系統" 報道截圖

圖 3—13　深圳行人過馬路闖紅燈曝光台

態識別的準確率就差得多，連評價的標準都難以定義。問題的根源在於環境的不可控，光線、角度的變化以及攝像頭質量參差不齊，這些問題導致抓取圖片的質量有高有低，而最適合計算機識別的圖片應該是正面、免冠、無表情的人臉。

　　由於行人過馬路一般是徑直向前走，大部分路口光線充沛、視野開闊，攝像頭可以設置在最佳的高度和角度。可以説，闖紅燈的場景介於靜態環境和不可控制的動態環境中間，屬於半控制的動態環境。

雖然是半控制環境，但可以肯定的是，目前的識別準確率距離 100% 還有相當大的差距，即使個別公司號稱靜態識別達到 99% 的成功率，在目標數據庫很大的情況下，99% 和 99.5% 就可能相差很遠，而一個城市，人口基數可能是幾百萬，深圳市人口總數已經上千萬，人臉比對的難度很大，也正是因為受限於準確率，各大城市的執法部門還不能依據這些結果直接罰款，所以採用了曝光這種教育式的做法。

當然，這種教育是有效的。據統計，行人引發的道路安全事故佔全部事故的 16%，非機動車引發的道路安全事故佔事故總數的 33.4%，截至本書出版，中國已經有近百個城市在試點、採納曝光行人過馬路闖紅燈的方案，以提高城市交通的文明水平。

提高動態識別準確率的關鍵，在於控制拍照的環境，這也給了技術人員新的啟發。中美兩國的警方都在設計開發新的產品，把人臉識別的功能鑲嵌在移動的警務設備中，通過一線警察創造人為可控的環境，提高識別成功率。

2013 年底，美國加州聖地牙哥的警方開始配備隨身攜帶的人臉識別設備，它的大小類似於 iPad（平板電腦），只要叫住行人，拍一張正臉照片，就可以在雲端聯接當地的人口數據庫，確認該名行人的身份。2017 年起，中國公安也開始全面普及帶有人臉比對功能的移動警務終端，該終端具備“採集即錄入、錄入即比對、比對即發現”的功能，民警在執法過程中，只需在現場對準人臉拍照，即可與當地全省的人口數據以及全國在逃人員、重點監控人員數據庫進行比對，幾秒鐘就可以出結果。目前這種移動警務終端已經普及到了縣一級的基層警務部門。近一年來，很多逃犯都是被大街上的車輛巡查抓獲的。

2018 年 2 月，鄭州鐵路警方在全國鐵路系統中率先使用了人臉比對警務眼鏡，新聞報道說這款警務眼鏡可以通過人臉篩查出旅客中的不法分子。[26]

這些設備為動態人臉識別增加了新的應用場景。未來的動態人臉識別，一是在街道上，警察可以攔住一個人，用人臉識別確定他的身份；二是在天網的監控中心，當人臉識別被整合進天網的每一個鏡頭，當智能鏡頭聯接了雲端的犯罪嫌疑人數據庫，我們就可以確認任何一個過路人的身份，再加上多個鏡頭的聯動，就可以還原一個人

圖 3-14　中美警方把人臉識別鑲嵌進移動警務設備

左圖：美國聖地牙哥警方用隨身攜帶的人臉識別設備確認路人身份。[27] 右圖：鄭州鐵路警方使用的人臉比對警務眼鏡和手持設備。

在城市中活動的軌跡。

　　我預計，未來的動態人臉識別將非常普遍，人類將進入一個隨時記錄、隨時抓取、隨時比對的時代。回望 20 世紀頭 10 年照相機被普及之初，政府要想採集一個人的人臉或者其他生物特徵，大部分情況下都需要獲得對方的同意和配合，更重要的是，這些數據的提取是一次性的、離散的。但如今已經大為不同，政府可以大規模地、持續地在公共場合獲得一個人的照片，而且不需要經過當事人的同意，甚至在當事人不知情的情況下就能獲得數據。這種能力，歷史上的任何政府都從來沒有具備過。

　　這也預示着，人類即將喪失在公共場合的匿名權。在一個民主社會，匿名權和很多權利相關，甚至是其他權利的基礎，例如，當警察拿起人臉識別的儀器對準集會和遊行的隊伍，一個一個地拍攝，公民集會的權利就可能再也得不到有效的保障。

注釋

1　美國人口學者郝伯（Carl Haub）認為，農業出現以前，在以狩獵為生的方式下，全球人口約為 500 萬~1000 萬；到了公元 1 世紀，根據當時斷斷續續的人口普查，世界人口已增長至 3 億。在這個人口數字的基礎上應用一個較高的出生率，就可以估算出，迄今為止地球上總共生活過約 1060 億人。參見《地球上到底生活過多少人？估計超過 1000 億》，何雪峰，《南方週末》，2001.6.8。

2　英語原文為："Whatever the painter is looking for, he's looking for its face. All the search and the losing and the re-finding is about that, isn't it ? And 'its face' means what? He's looking for its return gaze and he's looking for its expression–a slight sign of its inner life." *The Shape of a Pocket*, John Berger, Bloomsbury Publishing PLC, 2002.8。國內有中譯本《抵抗的群體》，（英）約翰·伯格，廣西師範大學出版社。

3　這個故事來源於《西京雜記》，晉代葛洪著。它是一本歷史筆記，講的是西漢首都長安發生的歷史故事。

4　《明妃》，（清）吳雯。

5　《東周列國志》和《三國演義》是小説，它們記錄的"畫影圖形"出現的時間並不準確。據考證，直到明清兩朝，正史中才開始出現通過畫像通緝逃犯的做法，被稱為"畫影圖形"，這四個字第一次出現是在《明史·黃縮傳》中。而在明清之前，受限於紙張和印刷技術，"畫影圖形"的做法其實難以普及。紙的出現是從公元 105 年東漢蔡倫發明造紙術開始的，而最早的雕版印刷術也是在唐朝發明的，直到唐朝中後期才開始普及，所以伍子胥畫像的故事極有可能是小説家的杜撰。

6　《世界攝影史（1825—2002）》，李文方，黑龍江人民出版社，2004.1。

7　同上。

8　美人尖指人臉額頭正中的頭髮向下形成的小尖狀。

9　Picture processing system by computer complex and recognition of human faces, Takeo Kanade, 1973.11.

10　同上。

11　*The Mind of a Mnemonist: a Little Book about a Vast Memory*, Aleksandr Romanovich Luria, Jerome Bruner, Harvard University Press, 1987.

12　圖片來源：The IBM 700 Series Computing Comes to Business, IBM 100。

13　A Proposal for the Dartmouth Summer Research Project on Artificial Intelligence, John McCarthy, Marvin L.Minsky, Nathaniel Rochester, and Claude E. Shannon, 1955.8.31.

14　英語原文為："I bet the human brain is a kludge, Humans are nothing but meat machines that carry a computer in their head." How Can Computers Get Common Sense? *Science Magazine*, 1982。

15　不明覺厲，網絡語言，"雖然不明白，但是覺得很厲害"之意。——編者注

16　"Meet the man google hired to make AI a reality", Daniela Hernandez, *Weird*, 2014.1.16.

17 "The 'Godfather of AI' on making machines clever and whether robots really will learn to kill us all?" , Joe Shute, *The Telegraph*, 2017.8.26, photo by Keith Penner.

18 "Reducing the dimensionality of data with neural networks", GE Hinton, R. R. Salakhutdinov, *Science*, 2006.

19 FaceNet: A Unified Embedding for Face Recognition and Clustering, Florian Schroff, Dmitry Kalenichenko, James Philbin, 2015.

20 DeepFace: Closing the Gap to Human-Level Performance in Face Verification, Yaniv Taigman, Ming Yang, Marc'Aurelio Ranzato, Lior Wolf. Conference on Computer Vision and Pattern Recognition.

21 States Use Facial Recognition Technology to Address License Fraud, Jenni Bergal, July 15, 2015.

22 "Visionics' FaceIt software installed in London as part of U.K.'s advanced crime reduction program", *Security Sales & Integration*, 2000.2.20.

23 "Birmingham city centre CCTV installs Visionics' FaceIt", *Business Wire*, 2008.6.2.

24 "Is face recognition just high-tech snake oil?", Mike Krause, *Enter Stage Right*, 2002.1.14.

25 How Facial Recognition Systems Work, Kevin Bonsor, Howstuffworks.

26 《鄭州東站：全國鐵路第一款人像比對警務眼鏡投入實戰》，中國新聞圖片網，2018.2.5。

27 Facial recognition, once a battlefield tool, lands in San Diego County, Ali Winston, 2013.11.7.

04

高清晰社會：
單粒度治理和籠中人險境

社會變了。在數據社會，人就像一條長着尾巴的蝌蚪，尾巴畫下了一個人行走的軌跡。在數據空間，你會有一個投影：一份超級檔案。它記錄了你幾乎所有的行為，每天晚上都在不斷進行整合更新，有人可以查閱，有機器可以自動分析，這一點變化在民主社會和專制社會所呈現的工具意義是完全不同的，但即使在民主社會，它也潛伏着被濫用的風險。對於這些風險，已經有很多探索見諸文字，本章將聚焦其積極一面：數據的光明將消除人類企圖犯罪的僥倖心理，天下無賊。

賢明的君主治理國家，就不會有心存僥倖的百姓。

如果很多百姓存有僥倖心理，那將是國家的不幸。[1]

　　　　　　　　　　── 譯自《左傳·宣公十六年》

　　上一章說到，通過以圖搜車和人臉識別，今天的政府可以掌握一輛車、分析一個人的行蹤和軌跡。隨着人工智能的進步和高清攝像頭的普及，這種能力會在越來越多的城市變成現實。

　　歷史的進程，從來都是多線程的。除了人工智能，還有另外一股力量也在促成現代政府治理能力的提升，它的速度甚至比人工智能的發展還要快。

　　這就是大數據的聯接和整合。

　　現代城市的生活，每天都在產生大量數據，但關於同一個人、同一件事、同一時刻、同一地理位置的數據都被人為地分割了，它們散落、分立在不同社會組織的不同單元和系統當中。很多公司為了掌握消費者的動態、獲得更大的利潤，正在大手筆、大範圍地聯接數據，而各國的政府，可以用國家意志和行政力量來整合數據。這些數據一旦聯合成一體，再加上天網的軌跡管理能力，它們將形成一個全新的社會治理平台，釋放出巨大的能量。

　　未來，即便是中國或印度這樣的人口大國，面對十幾億的國民、數億的車輛、上千萬的企業，政府也可以通過雲端的數據平台掌控每一個人、每一部車、每一家企業的動態。管理的顆粒度正在走向原子化，我將其概括為單粒度治理。

　　這個平台也存在巨大的風險，特別是在集權制的社會，如果使用不慎，這個平台就可能會成為一個數據鐵籠。隨着數據的不斷聯接，籠子會變得更加細密，人類自己將成為籠中人，一舉一動都會被籠外之人觀察窺視。

數紋：邁入高清晰社會

一封朝奏九重天，夕貶潮陽路八千。

欲為聖明除弊事，肯將衰朽惜殘年。

雲橫秦嶺家何在？雪擁藍關馬不前。

知汝遠來應有意，好收吾骨瘴江邊。

這首七律是韓愈（768—824）在落魄之年寫的，其悲愴之氣令人一目難忘。當時的大背景是皇帝喜好佛教，準備在皇宮舉辦盛大的儀式迎接舍利子，韓愈上書反對，即"一封朝奏九重天"，晚上的時候他就收到皇命，自己被貶到八千里之外的潮州，而且限令即日出發，皇帝一天也不想多看到他。

公元 819 年 1 月 14 日，韓愈倉促南行，這年他 52 歲。韓愈一生建樹多、名氣大，蘇軾（1037—1101）將其譽為"文起八代之衰"的一代文宗。他去潮州，唯一的交通工具就是馬。陰雲籠罩着秦嶺，大雪封鎖了藍關，一路困頓顛簸，他 12 歲的女兒竟病死在路上。

從北到南的這趟旅程要走多久呢？這是一趟漫長旅途，但在歷史資料中只有一兩句零星的、模糊的記錄，韓愈輾轉 100 多天於 4 月 25 日到達潮州。類似的人生際遇在歷史上其實不少，評價他的蘇軾後來甚至被貶得比他還遠。公元 1101 年，朝廷大赦天下，蘇軾才得以從海南踏上北歸之路，走了幾個月，中途病死在常州。

讀到這些經歷，我們不禁慨歎人類的渺小。人渴望永恆，生為萬物之主，但人類在大地上生存行走，卻幾乎留不下任何痕跡。古時候是沙土之路，即使能夠留下一串腳印，但腳印很快就被風吹平了；在今天的城市，人類更無法在馬路上留下痕跡，20世紀 90 年代有一名歌手曾經這樣吟唱："都市的柏油路太硬，踩不出足跡。""天空沒有翅膀的痕跡，但我已經飛過"，泰戈爾的這句詩，是過去所有世代的寫照。

　　到了近代，公共交通出現了。如果去遠方，可以搭乘火車、汽車、飛機、輪船，但要買票，行程結束，人們會留下一張票根。車票是作為"乘車憑證"發放的，和過去相比，旅行之後人們留下了一張憑證。

　　為了留住記憶，很多人養成了收集車票的習慣，等年老了翻出來再看看，過往的一幕幕便又浮現在眼前，但如果脫離個人的記憶，這些票根就失去了價值，一個人的軌跡還是沒有被記錄下來。

　　2010 年前後，中國開始試行火車票實名制，2012 年元旦起，所有客車實行車票實名制，這時候的車票發生了本質的變化。

　　一張實名制的高鐵票，就是存儲在鐵路公司雲端的一條數據，更重要的是，它可

圖 4-1　不同時期的交通工具票根

上圖左：1912 年沉沒的英國郵輪鐵達尼號首航船票。[2] 上圖右：未印乘客姓名、身份證號的老式非實名制火車票。下圖：一張實名制高鐵票，對應了一條存儲在雲端的旅行明細數據。

以通過身份證號碼，在千萬條信息中歸屬於一個人的名下，作為記錄隨時備查。仔細想來，這好似一個悖論：在韓愈的時代，路是一步步走出來的，但他沒有留下相應的記錄；在高鐵時代，我們幾乎一步沒走，卻在數據空間了留下了印記。

在紛繁複雜的社會事實中，一條記錄可以歸於一個人的名下，這件事的價值和意義巨大。本書的一個重要結論就是：一個社會是否具備可以條分縷析的記錄體系，是判斷這個社會是否高度文明的重要標誌。

在火車上禁煙一直是個難題。在綠皮火車時代，車廂連接處被開闢為吸煙區，雖然與座位隔着一段距離，但它也讓很多吸二手煙的乘客反感。隨着全封閉車廂的普及，列車禁煙勢在必行。2014年實施的《鐵路安全管理條例》規定，在動車組上吸煙可處500~2000元罰款，但是，其威懾力常常不敵煙癮，動車上還不時發生"求罰款"以吸煙的鬧劇。

直到2016年，鐵路部門才找到真正管用的辦法：從當年的8月15日起，乘客若在動車上吸煙，系統將暫停向其發售車票。想要買票，乘客需要簽一份協議書，鐵路部門若發現他在動車上二次吸煙，將直接禁乘，即剝奪其乘車權利。

這一"禁煙令"非常有效，它之所以能夠出台，憑藉的就是最近幾年開始普及的電子售票體系和車票實名制，它把一張車票和吸煙行為關聯起來，同時歸於一個人的名下，互相參照，予以懲罰。

社會記錄體系的用處，除了禁煙，還有信用治理。2013年，中華人民共和國最高人民法院開始建立"失信被執行人名單庫"，據報道，截至2017年2月，全國法院共將673萬失信人納入該名單庫，共限制615萬人次購買機票、222萬人購買動車票和高鐵票。[3]這就是一個細緻的社會記錄體系所發揮的正面作用。

不僅搭乘汽車、火車、飛機是如此，搭乘出租車也在發生變化。自出租車問世以後，世界各地不時發生司機侵犯、殺害女性乘客的惡性案件。1982年香港曾經發生連環殺人案，27歲的出租車司機林某，先後殺害了4名女性乘客，案件一直無法偵破，直到林某喪心病狂地把肢解屍體的過程拍照，拿去照相館沖洗，其罪行才敗露。[4]

一名女子上了一輛車，隨後消失在茫茫夜色和人海之中，因為缺乏記錄，類似的案件在全世界都難曾經以偵破。

2016 年，滴滴上線 "分享行程" 功能。用戶在呼叫出租車的同時，可以把行程用微信、QQ 或短信發給親友。分享的數據包括：乘客的起點、終點、上下車時間、距離目的地的距離、預計到達時間、車輛車牌信息以及車輛實時位置。用戶還可以把這項功能設置為 "自動分享"，只要一上車，行程就會自動發送給緊急聯繫人。"分享行程" 功能頗受用戶歡迎，根據 2017 年 4 月的數據，這項功能的日均使用量超過了 20 萬次。[5]

2018 年 5 月和 8 月，在滴滴的平台上又連續發生了兩起年輕女性被姦殺的惡性案件，滴滴因此宣佈下線順風車功能。除了加強司機的資格審查，我的建議是：滴滴應該內置 "一鍵報警" 的功能，即通過一個點擊，把地理位置、乘客信息、車輛號牌及外觀實時自動共享給公安的 110 平台。

被記錄下來的當然不限於大大小小、遠遠近近的旅行，還有一切和支付、購買相關的行為。

在韓愈的時代，貨幣由金屬製成，金屬貨幣之後出現了紙幣；再後來，紙幣又逐步被各種銀行卡所取代；如今，卡也可以不要了，貨幣成了手機上的虛擬符號，金額就是一個數據，在手機上就可以完成金額變化的加加減減。

前文已經談到，大數據推動了智能商業，支付行為開始消失，現金交易逐漸式微，例如我們用滴滴打車，下車後甚至連付款鍵都不用按，車費自動劃扣，但在雲端留下了數據。

從前是有行為、無記錄，今天是 "行為一再簡化，記錄必須留下"。

金屬貨幣 　　　 紙幣 　　　 信用卡 　　　 電子貨幣

圖 4—2　貨幣的符號化、數據化過程

除了消費行為，被記錄的還有社交行為。2016 年 10 月，美國明星卡戴珊（Kim Kardashian）在巴黎遭遇了一場持槍搶劫，她被綁在了浴室，隨身價值 1100 萬美元的珠寶被洗劫一空。事後安全專家分析說，她的遭遇與她在社交媒體頻繁分享生活動態直接相關，案發當天，她一抵達巴黎，就陸續分享時裝秀、晚宴、食物和首飾等點點滴滴。這些文字和照片透露了她的地理位置和行蹤，加上大量奪目的珠寶照片，劫匪就盯上她了。

　　試想，如果韓愈的時代有移動支付，有微博和微信，他這一路上買一瓶水、吃一頓飯、住一次店都會留下數據不說，碰到他的人也會發個朋友圈，他從西安到潮州的八千里路程，也就會留下一條豐富的、清晰的數據軌跡，後人可以考證。

　　歸根結底，微博、微信、推特（Twitter）都是一種記錄，而且是一種個體化、單粒度、可識別的記錄。

　　因為這些新興的互聯網平台和信息系統，今天每個人的衣、食、住、行、遊，都在被記錄，都在轉變為數據，在這些數據中間，是姓名、身份證號碼、電話號碼、銀行賬號、微信號、身高、體重、臉型等個體性的標識，因為這些標識的存在，數據可以被聯接，從而形成一個數據空間。在數據空間裡，一個人或一個物體就是一個獨特的“數體”，它可以被無數數據定義、支撐、背書，就像聲波和指紋，每一組、每一條數據又都有自己的特徵，這就是數據紋理，簡稱“數紋”。

　　就像每個人的臉型、指紋、心跳和血壓等生理數據都不一樣，每個人的社會活動也是獨特的，不斷地收集、整合一個人的這些數據，例如把一個人的生理、消費、社交、信用、醫療、教育等數據聯接起來，一個更大的、更獨特的數據紋理就出現了，憑藉這些紋理，就可以無比清晰地定義個人，區分一個人和另一個人。

　　中國人最早對紋理的認識，來源於石材和玉器，這些物體表面上具有不同的花紋、線條和顏色，通過觀察，一塊寶石可以區別於另外一塊。今天，以人、組織、物體為中心產生的一條條數據，正在成為現代社會的紋理，它們清晰可見、斑駁相交，或直線延伸，或多面分層，每一條都可以單獨抽取出來，社會的數據紋理，在人類歷史上是第一次出現。

此前的人類社會，無論東方或西方，都是一個模糊的或者比較模糊的社會，即使有紋理，也是相當粗放的。

模糊社會的困境

我曾經在美國匹茲堡住過 6 年。這個城市四季分明，房價不貴，非常宜居，但是匹茲堡缺乏旅遊資源，可以遊玩的地方屈指可數，因為這個原因，有朋自遠方來，我常常要帶他們去同一個地方：阿米什人聚居區。

阿米什人以"嚴守農業社會的傳統"聞名於世，在他們的社區，一切工業文明的成果都被拒之門外，你看不到電燈、電話、電視、汽車，他們也不從軍、不參加選舉、不接受政府的福利，過着簡單原始、與世無爭的生活。

這令人不禁聯想到陶淵明筆下的"桃花源"。朋友們來此參觀，看不到電也看不到車，而且這裡土地平曠，屋舍儼然，黃髮垂髫，怡然自樂，一派平和的氣息，朋友莫不津津樂道、嘖嘖稱奇，他們爭論說阿米什人在拒絕現代工業文明的同時，也避免了時代的問題和煩惱，在工業文明前景堪憂的情況下，可能恰恰是一種領先。

如果正像我們的第一印象那樣，阿米什人僅僅是沒有使用電力和石油，那這種觀點可能是對的，而且改造這樣一個社會並不需要花費太多時間。直到一部電影出現，我才意識到真正的原始和落後其實和用不用電無關。

美國電影《目擊者》（*Witness*）曾經斬獲奧斯卡大獎，它講述了 8 歲的阿米什男孩蘭普（Samuel Lapp）意外目睹了一名警察被殺害的過程，蘭普從洗手間的門縫中看到了兇手的臉。

這又是一個人臉識別的故事。

警官布克負責偵查這宗案件。布克疾惡如仇，他帶着蘭普四處觀看嫌疑人，希望通過人臉辨認出兇手，但看了很多人，小男孩一直搖頭。突然有一天，蘭普在警察局的玻璃櫥窗裡看到了一個警官的大頭照，赫然認出那就是兇手的臉。兇手原來就是布克的同事，他倒賣警察局沒收的毒品、侵吞公款，因為擔心事情敗露，才殺了自己的搭檔。案情柳暗花明，布克立即向上級警長保羅報告，沒想到保羅居然和兇手是一夥的，劇情又急轉直下。為了殺人滅口，保羅開始追殺布克，布克在中彈受傷之後，逃到了蘭普的家中，也就是阿米什人的聚居地蘭開斯特縣（Lancaster）。

警長保羅掌握了蘭普的姓名，也知道他是阿米什人，他調動蘭開斯特的警務部門追蹤布克和蘭普，但沒想到，當地的警方向他報告說，光靠名字無法找到這個男孩，因為當地有 4 萬多名阿米什人，他們 1/3 都姓"蘭普"，而且他們沒有電話，要抓人只能挨家挨戶登門盤查，這顯然需要時間。

在現代社會，我們要找一個人，第一要素就是姓名，其次是電話號碼，然後是地址，現在可能還有微信號。人們的姓名會有重複，電話、地址卻是獨特的。在一個沒有電話的社會，如果還存在大量相同的姓名，那就無法區分、辨識誰是誰，這就是一個高度模糊的社會。

拓展話題

姓是國家人為創造的

14 世紀之前，世界上有很多國家和地區還處於有名無姓的狀態。例如，日本在明治維新期間，政府發現戶籍管理、稅收徵兵非常不便，於是下令全體民眾都要在限定時間之內取一個姓，結果很多人用地點、職業甚至蔬菜的名稱作為姓，日本的人口不多，但因為"慌不擇姓"，成了全世界姓氏最多的國家，其姓氏有 11 萬之多；又如 1808 年，拿破崙曾要求法國猶太人必須取姓；再如 1849 年，西班牙人來到菲律賓，他們發現很多菲律賓人像阿米什人一樣共用一個姓氏，導致極大的混亂，當西班牙人取得殖民權之後，第一件事就是要求每一個菲律賓人必須登記一個固定的、獨特的名字；土耳其是在 20 世紀 20 年代才普及姓氏的，當時國家下令所有人將所居住的城鎮名作為自己的姓。[6]

把城鎮和職業作為自己的姓，在歷史上很普遍，中國的齊、魯、秦、晉等姓由古代的國號而來，東郭、南門、南宮由地名和方位而來，史密斯（Smith，意為鐵匠）和貝克（Baker，意為麵包師）等英文姓則由職業而來。

高度模糊，這意味着高度的不確定性和治理的低效率。因為模糊，一個地區可能成為避難所，也可能藏污納垢。在這部電影裡，蘭開斯特就成了布克的避難所，他通過空間贏得了時間，等對方找到布克的時候，他已經養好了槍傷，正義和邪惡可以展開一戰了。

人類的姓和名，是人類社會邁向清晰化最早的制度設計。

國家之所以要創造"姓"，就是為了清晰地區分每一個人。清晰是管理和控制的前提，模糊不僅是科學的敵人，也是管理的最大敵人。在社會管理中，管理者只有清晰地辨識每一個人，才能在國民記錄的體系裡，把具體的人和具體的事關聯起來，才能落實戶籍、納稅、徵兵、治安、醫療、福利、財產的所有權和繼承權等社會管理的制度。可以說，清晰性是國家治理的基礎。

中國很早就完成了姓和名的區分，"百家姓""老百姓"的提法由來已久，事實上，中國的封建社會尤其穩定，也和這項措施有關。

然而，僅僅依靠姓名對大眾進行區分和管理，仍然十分粗放，政府也無法從群體中快速、準確地識別和定位個人。在傳統社會當中，即使是姓名這樣的簡單信息，其收集也要靠人工完成，成本高、效率低，因此整個社會呈現出高度模糊的狀態。一個村的村民，有名有姓，它是清晰的，但放大到一個市、一個省、一個國家，這樣的信息又呈現出極其模糊的狀態，很容易造假，即範圍越廣，信息越模糊。

模糊社會必然帶來管理運作的不透明，這樣的社會就好像有層層的帷幕，在帷幕的背後，會產生一個又一個陰謀，這樣的弊端在歷史上因循反覆，不斷出現，成為無法解決的痼疾。

賑災，在歷朝歷代都是事關穩定的大事，按說這邊有急要救，官員要特別講政治，但恰恰歷史上的貪污大案，往往高發在賑災過程當中。這是因為地方官員可以利用人口管理的模糊性，虛報、偽造受災人口的名冊，向中央政府索要大筆錢糧物資，而中央政府無法核對、查證。為了修補這個漏洞，歷代王朝發展出了一套龐雜的監管體系。到了清代，政府已經吸歷代之長建立了一整套勘災、審戶、發賑的救災制度，但清代第一大貪污案恰恰是乾隆年間的甘肅冒賑案。地方官員以賑災濟民的名義，上下勾結舞弊，騙取私分了中央政府的 281 萬兩救濟資金，涉案官員達 113 人之多，時間跨度達 7 年之久。《大清律》規定，貪污 1000 兩就處死，辦案官員據此圈定了多達 66 人的死刑名單，甘肅官場幾乎為之一空。[7]太平盛世裡一下子殺掉這麼多官員，乾隆自己都於心不忍。

因為無法精確地掌握真相，面對模糊的社會和朦朧的自然，人類只能慨歎：道可道，非常道。世事難料，人生無常，如霧裡看花水中望月，不可言說，不求甚解，差不多就行，這些思想成了中國傳統文化的一部分，深深融入了中國人的國民性格之中，甚至催生出以玄學為主流的東方哲學觀。

這背後，其實是對現實世界的無力。

我們前面談到過，工業社會是一個身份社會，個人一進入工業社會的門檻，區別個人身份的需求就變得非常強烈，例如照片進入了政府的檔案，又例如在姓和名的基礎上，許多國家都開始建立身份證制度，用一組唯一的號碼來標記人，這又向清晰化邁進了一步。阿米什社會卻滯留在這個時期，沒有跟上發展，拒絕用電只是一個表象，管理和組織制度的差距，才是他們落後的真正底色。

從農業時代到工業時代，再到今天的數據時代，我們的社會變得越來越清晰。如果乾隆當年有今天的信息收集、處理條件，甘肅冒賑案發生的可能性就很小。除了災民的身份信息一目了然，受災情況也被天上的高分辨率衛星看在眼裡，可能小規模的、局部的造假仍然難以避免，但大範圍的、長時間的造假就幾乎沒有空間。

超級檔案的產生：單粒度治理

前文討論過千人千面和千人千價，它們是新商業的一大重要特點，它們的背後，是對消費者的洞察，這種洞察，靠的就是不斷獲得關於消費者的數據。

阿里巴巴旗下的"芝麻信用"在給消費者打"信用分"的基礎上，向單個消費者提供貸款服務，可謂千人千分。最早的時候，阿里巴巴做信用靠的幾乎都是自己的數據，但為了打出精準的千人千分，阿里巴巴一直在通過合作、交換或者現金購買獲取消費者更多的數據，一旦獲得數據，就通過消費者的身份把數據聯接起來，聯接不是簡單的"連接"，而是在共同標識基礎上的有機勾連。

因為商業利益的驅動，這種數據聯接的速度是驚人的。據公開報道，到 2016 年，"芝麻信用"中來自阿里巴巴本身的數據源已經不足兩成。[8] 也就是說，阿里巴巴已經從外部獲得了四倍於自己體量的消費者個人數據。

聯接的目的，是給每一個用戶建立一個超級檔案。

所謂超級檔案，就是通過不斷獲取、聯接用戶的數據，爭取掌握用戶的一舉一動。一個公司可以和許多公司合作，把一個用戶在自己公司網站上留下的點擊、瀏覽、搜索痕跡，和其他網站的點擊流聯接貫通起來。這些網站可能是本公司的同行，也可能是本公司的上下游，此外，還可以把微博、微信等社交媒體上的用戶信息映射到自己的用戶群上，通過手機號碼、電子郵件等唯一性的標識符在自己的服務器集群上進行大規模的匹配，以確認誰是誰。

一旦企業成功地匹配了一名消費者的數據，無限可能就被打開了。不少人用手機號碼或郵箱地址注冊微博，信用卡公司通過這兩項數據的比對就可以在微博上確認本公司的客戶，一旦確認某用戶擁有本公司的信用卡，信用卡公司就可以監測這名消費者在社交媒體上的言行，根據他的最新動態向他推送服務。假設這名消費者恰恰在自

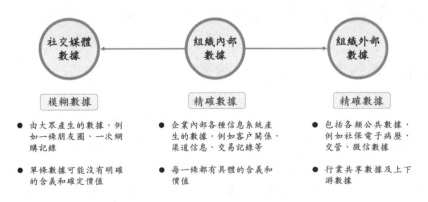

圖 4-3　企業致力聯通的三種數據

己的社交媒體上宣佈"我要結婚了"或者"太太要生了，祈禱母子平安"之類的消息，這就意味着新的營銷機會，結婚意味着買房、買車、籌辦婚禮，而剛出生的孩子則需要尿布、童車、奶粉、衣物等嬰兒用品；過了一年，孩子滿週歲了，推車可能需要更換為學步車；等孩子 3 歲了，又可能需要故事書；等孩子 4 歲了，他要上幼兒園，然後是小學……總之，孩子在不同階段有不同的需求，具體的需求清單是哪些，企業有專門人員在研究。

一條消息和數據，可能意味着終身營銷的機會，企業當然趨之若鶩。

簡單地描述，幾乎所有直接面對消費者的商業公司都在試圖為消費者建立超級檔案，通過各種手段把散落在各個地方的消費者數據聯接起來，聯接點就是企業內部已經掌握的數據中的身份證號碼、手機號碼、電子郵件、其他各種賬號等具有唯一性的標識符，這些標識符，就像那個穿糖葫蘆的串兒，把所有的糖葫蘆用一根"主線"串起來，拎得清清楚楚。

數據聯接雖然看不見、摸不着，消費者沒有感覺，但它每天都在發生。商業公司聯接數據的渴望非常強烈，他們試圖聯接所有的數據。在農業時代，農民和農場主常常因為土地糾紛發生衝突甚至大打出手，而今天各大企業之間、企業和用戶之間都在為數據爭執，農場主在法官面前常常這麼解釋自己的初衷和動機："我並不貪婪，我只要和我的土地相連的那片土地。"但問題是，土地片片相連，哪裡是盡頭呢？今天的企業家也一樣，他們會説："我並不貪婪，我只想要和我的數據相連的那片數據。"而數據正像土地一樣，片片相連，沒有盡頭。

企業給用戶建立超級檔案的做法，政府當然也可以採用。政府的不同部門擁有市民的不同數據，政府也可以為每一個市民建立一個超級檔案，把一個市民在教育、醫療、交通、社保、納税、犯罪、消費等不同管理部門所產生的數據記錄都串起來。這份檔案將包括一個人從搖籃到墳墓所有人生階段的明細，一旦這個數據庫建好，市民新的動態，即新的數據，每天將源源不斷地被組織入庫，對每一個市民，政府都可以依託數據和人工智能實現"終身記錄、終身分析、終身管理、終身服務"。

這就是説，基於超級檔案，政府可以實現類似於企業千人千價、千人千分那樣的

● 每天乘坐公共交通的記錄　　　● 每天消費的記錄
　（時間、起點、終點……）　　　　（刷卡消費、購買股票、信用貸款）
● 每天位置變化的記錄　　　　　● 每天上網的記錄
　（地鐵站、辦公室、超市、餐廳）　（發微博、點讚、提問、交友……）

圖 4-4　超級檔案所需聯接的數據和架構

分析和管理，這種分析管理的本質，換成政府的語境，可以稱為單粒度治理。

　　單粒度治理就是根據一個人數據的紋理來治理。"理"這個詞的原意，《說文解字》是這麼界定的："順玉之文而剖析之。"意思是按照玉石本身的紋路來雕琢打磨，其延伸之意為根據事物本身的紋理來解析、理順事物，使它進入和諧有序的狀態。

　　以超級檔案為基礎的單粒度治理，可以在清晰化的基礎之上，實現精細化和個性化管理。例如納稅，粗放型的國家只能根據收入簡單地將納稅額度劃分為幾個檔位，每個檔位有不同的比例，至於一個人的家庭負擔怎麼樣，有幾個孩子要養，有多少房貸要供，就管不着了。讓一個要養活一大家子的人與單身漢繳同樣的稅，這自然是不合理的。在管理水平高的國家，因為數據整合得更好，納稅責任劃分就更加個性化。

　　從 1975 年開始，美國就建立了勞動所得退稅補貼項目（EITC），每戶家庭可以根據夫妻雙方的收入、孩子的多少、是否為外國人等多項條件，在原來根據檔位繳納稅款的基礎上領取退稅，每一個人的退稅額度都可以不一樣，負擔重的多退一點，輕的少退一點。

拓展話題

中國需要精細化、個性化管理的例子

　　2017 年起，中國很多城市都出台了強有力的人才政策，目的是招才、引才、搶才，但要制定一個好的人才政策，政府絕不能滿足於一個籠統的數據，而是需要各種交叉分析，如本地大學的畢業生中工程類的留下來的有多少，外省籍留下來的有多少，男性畢業生留下來的有多少，留下來的又有多少在三年內買了房等。交叉的維度還可以不斷細分，如外省籍的、學工程的、男性、非本地大學畢業、是否購房等，掌握這些細緻的數據，搞清楚人才為何而來，來了又如何能留得下，了解人才的擔憂、困惑，認清本地的各種需要，才能有針對性地提出解決辦法，真正實現精細化管理。

　　又例如，2013 年起，中國發起了"精準扶貧"行動。中國政府強調要確保 7000 萬貧困人口到 2020 年如期脫貧，要求扶貧工作"貴在精準、重在精準，成敗之舉在於精準"，這裡的"精準"最根本的要義是，要掌握貧困戶的準確情況，輔之以有針對性、個性化、精細化的扶貧措施。

　　概括地說，精細化、個性化不是一個簡單的、非此即彼的粗略分類法，而是在此和彼之間描畫出一個長長的、漸變的圖譜，把漸變、交叉、"你中有我，我中有你"的狀態呈現出來。用數據分析的語言來說，精細化就是無數的細分和交叉分析，有足夠的信息和坐標來區分、描繪各種個體的情況，而模糊的狀態，就像一隻僅有拇指沒有其他手指的手，面對一條流水線上大大小小的螺絲，完全不具備微調的能力。

　　談到這裡，我得出一個結論：國家要管理社會，就必須發明可以清晰識別的個體單位，清晰是有效管理和控制的前提，清晰化是管理精細化、個性化和智能化的基礎。

　　單粒度治理的對象，不僅僅是我們一直在分析的消費者、市民和車輛，未來還可以是其他物品。

　　快遞業已經實現了單粒度的管理，一個單件物品從攬件、運輸、中轉、派送，再到最後簽收，整個過程都已經被實時記錄。大部分的快遞公司，都為消費者提供了隨時查詢一個單件狀態的服務。

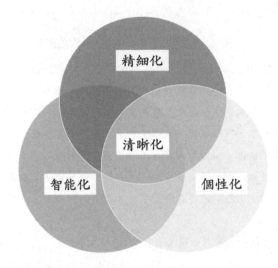

圖 4-5　清晰化是管理精細化、個性化、智能化的共同基礎

　　我們要注意，單件這個詞，用在物品身上，很容易產生歧義。以一瓶礦泉水為例，這瓶水和那瓶水各自均為單件，因為包裝、材質和外表都相同，我們現在事實上區分不了這瓶和那瓶。

　　但未來可以。

　　2014 年 1 月，阿里巴巴以 1.7 億美元收購香港上市公司中信 21 世紀 54.3% 的股份。阿里巴巴所看重的，除了後者手持當時中國第一塊網上藥品銷售的試點牌照，還有它掌握了中國僅有的藥品監管碼體系。9

　　過去，人們只能識別不同種類的藥品，對於同一種藥品中的這盒與那盒卻無法區分。未來的藥品監管碼將賦予每一盒藥品一個唯一的"數字身份證"，每一盒藥品都會擁有一個碼，從生產線打碼到出庫進入流通環節，從一級經銷商到二級經銷商，再到零售商、醫院、藥店，各個環節都在原來編碼標識的基礎上不斷打碼記錄，實現藥品全生命週期可追溯的軌跡管理。

　　也就是説，每一盒藥都會有一個唯一的監管碼，買藥的人用手機一掃，就能看到這盒藥在哪裡生產、經哪裡流通、從哪裡銷售，同時它也記錄了掏錢購買的人。當藥品出現問題時，藥品監督管理部門就可以查到這些藥品源自哪裡、流通過哪些地方、賣到哪個人手上，如果需要，還可以做到每一盒藥品的精準召回。

因為技術的發展，這種單粒度的管理辦法，未來可能在更多的商品中普及，例如食品。可用的技術不僅有 RFID（射頻識別技術），還有新興的二維碼。二維碼能夠實現水平、垂直方向的高密度編碼，信息容量是傳統條形碼的數十倍，甚至可以編入視頻、圖片、聲音，這種低成本、高信息容量的編碼技術，讓數據與商品如影隨形、相伴流通，從而實現對單一物品的軌跡管理。

社會是個複雜的體系，萬千事物匯聚其中。但是，社會管理的“牛鼻子”無外乎是人以及與其相關的車和物，它們是整個社會日常運行中的“流體”。今天的單粒度治理，是拿著放大鏡、顯微鏡對準了社會，人、車、物都已經成為顯微鏡下的一個個粒子，每一個單體都可以從龐大社會的運行中被辨識出來。這就好比，我們觀察大海，原來只能看到海面上的波濤起伏和浪潮的方向，今天卻可以清楚地看到每一顆水滴的運行軌跡，把一滴水從海浪當中區分出來。

這種能力，猶如可以從漫天飛雪中鎖定一片雪花的軌跡，雪花朵朵雖然高度相似，但它們在形成過程中，由於水蒸氣條件的不同，形成了各自的獨特構造，再因為氣流的影響，它們的下落得紛紛揚揚、路徑充滿變數，每一片都不一樣，但今天的技術好比上帝之眼，可以在天空中鎖定、跟蹤、分辨每一片雪花的軌跡，這種能力，在人類的歷史上，沒有任何一個政府曾經擁有過。

我們已經看到，電商、社交、交通、餐飲、物流等互聯網企業已經為自己建立了一個個平台，具備了這種能力，我們即將看到的，是政府也將擁有一個這樣的平台，它的機理和互聯網企業類似，但它掌握的數據將會更多、更廣。

世界各國的政府將從這樣的平台中獲得驚人的治理能力，基於這種平台的各種應用已經在現實中出現，並且牛刀小試，解決了一些以前難以解決的問題。

這種平台也在逐漸滋生出一些新的問題，這些問題會挑戰單純的實用主義。這種能力如果政府使用不當，那對國民來説，這就是一個數據鐵籠，這就是一個人可以監視所有人的平台,一如英國哲學家邊沁(Jeremy Bentham,1748—1832)提出的圓形監獄。

無論在民主政體還是在專制的政體之下,人類進入單粒度治理的時代,第一個被裝進籠子的就將是人性。我們所理解到的大部分人性也只是一種共性,都是看不見、摸不着的,但它們之間正在發生矛盾,在人性的氣場和空間中,突然出現了一股新的張力,數據在進,人性在退。

抑制僥倖:中國古代的治國經驗

> 天可度,地可量,唯有人心不可防。
>
> 但見丹誠赤如血,誰知偽言巧似簧。
>
> 勸君掩鼻君莫掩,使君夫婦為參商。
>
> 勸君掇蜂君莫掇,使君父子成豺狼。
>
> 海底魚兮天上鳥,高可射兮深可釣。
>
> 唯有人心相對時,咫尺之間不能料。

白居易(772—846)的這首詩,說的是人性的複雜善變、難以捉摸,人有惻隱之心、羞惡之心、恭敬之心、是非之心,人還有喜怒好惡、食色利慾。人性不僅變化多端,而且它的變化,愛恨情仇、是非善惡,都可以在一念之間轉變,是謂"一念為善,一念是惡,一念成神,一念入魔"。

拿甚麼來約束這一念就可以改變的人性呢?

道德與法律應運而生,可無論是道德還是法律,它們在一個模糊社會裡是很難精確靶向的。我們可以看到,並不是所有違背道德和法律的行為都會受到懲罰;也不是一違背就會立刻受到懲罰;即使最終受到懲罰,也未必會受到和行為相匹配的懲罰。

於是乎,人類的僥倖心理就滋生了。

這種僥倖心理,對社會治理是一個挑戰,一個國家的國民如果都心存僥倖,就不會有自我約束之心,國家只能依靠公檢法系統來維持社會的秩序和穩定。部分國民就會變成"人前人後兩張皮"：有人看着的時候就守規矩，沒人看着就胡作非為。整個社會的犯罪率會增加，最終導致社會機能紊亂。

這種挑戰一直貫穿着今天的人類社會。東西方社會對這個問題的不同思考和解決的路徑，形成了兩個不同的文明，東方社會依託性善論建立起"仁義禮智信"的道德家園，而西方的性惡論則構築了契約論的巍巍大廈。

戒僥倖對於個人修身的重要性

弘一法師（1880—1942）認為，僥倖獲得的成功對一個人長期的發展是有害的：如果偶爾的一句失言沒有引至災禍，偶爾的一次失誤卻辦成了事情，偶爾的一次放縱卻獲得了一些小利，這種僥倖看起來是幸運，事實上是災難和憂患，因為它只是源於某種偶然的不確定事件，不符合客觀大規律，如果認為這些是常態，從而寄希望於僥倖，就是人生最大的不幸。[10]

持類似觀點的還有曾國藩（1811—1872），他早年屢試不中，別人抱怨運氣不佳，他卻認為，自古以來，確實有一些憑藉醜陋的文章僥倖獲取功名的人，但好文章絕不會被埋沒。[11]他歸咎於自己寫文章的水平不行，努力學習提高。曾國藩秉持的是正統的儒家思想，信奉敬鬼神而遠之的儒家信條，但他在家書中常常告誡自己的弟弟，我們所想的、所説的、所做的都要跟鬼神對驗，有的時候雖然表面工作做得很好，但就算能騙倒所有人，也騙不了鬼神。這個意思，就是要下笨功夫、硬功夫，實實在在，不能投機取巧、心存僥倖。

歷代政治家把去除僥倖心理提到國家大政的高度，《左傳》中引用諺語説，如果百姓多存僥倖心理，那將是國家的不幸；而如果有善於治理國家的能人，就不會有存僥倖心理的國民。荀子在《富國》中論述説，一個理想的社會是"朝無幸位，民無幸生"，即朝廷上沒有無德無功而僥倖獲得官位的，百姓中沒有遊手好閒而僥倖生存下來的。等到宋朝慶曆年間，國運積弱，范仲淹（989—1052）提出十項新政改革措施，"抑僥倖"排在第二位。

"抑僥倖"之所以常常被作為國策討論，是因為歷代政治家都認識到，歷史上確實存在做了壞事但僥倖逃脫懲罰的案例，但人性中隨之而來的僥倖心理不可鼓勵，如果人人效仿，讓僥倖心理成為普遍的風氣，那對國家就是大害。

為甚麼有人可以僥倖逃脫懲罰呢？其中最重要的原因，還是缺乏記錄，如果人類的行為無論大小，都能一一被記錄下來，那人類的僥倖心理和行動就會大大減少。

足球是全世界流行的運動。足球比賽的組織、球場秩序的管理費用非常高昂，其中一個原因，就是球場內的觀眾存在大量不文明的行為，向球場扔瓶子、打火機、硬幣等物品，一些挑釁、不當的言行甚至會引發群體性的騷亂，因此各國的足球比賽都有重警把守。據統計，在 20 世紀 90 年代，瑞典每年足球比賽中雇用警察的費用高達 750 萬歐元，而意大利的甲級聯賽費用更高，超出 4000 萬歐元。球賽觀眾之所以放縱，是因為他的行為淹沒在巨大的人群當中，警方難以追責。

在攝像頭出現之後，這種情況大為改觀。以瑞典為例，20 世紀 90 年代，瑞典率先在三個體育場看台上安裝了監控攝像頭，效果非常好，相比於安裝之前，球場不文明、不規矩的行為大幅減少了 65%，瑞典足協因此規定，所有舉辦最高聯賽的俱樂部都必須安裝攝像頭。[12] 這一舉措大大降低了雇用警察的費用。

因為無處不在的記錄，近年來在球場這個公共場合還曾經發生過匪夷所思的事情。

2015 年 7 月，美國洛杉磯有一場球賽。觀眾席上有一對姐妹，她們的前排坐着一對夫妻。夫妻中的太太在發短信，結果整個短信聊天的過程被後排座位更高的姐妹盡收眼底。她們發現，這位太太發的短信內容曖昧，已經表明她出軌了。姐妹倆立刻掏出手機把過程拍了下來。球賽散場時，她們給那位蒙在鼓裡的先生遞了一張紙條："你太太出軌了，我們看到她給名叫艾倫的男人發短信，我們拍下照片以防止她刪除短信，抱歉，但我們認為你應該知道。"半小時後，這位先生聯繫了姐妹倆並索要了她們當時拍下的照片。[13]

類似的事件在球場發生並不是第一次了。2014 年 12 月，一名女孩在觀看底特律雄獅隊的足球比賽時，有一名男性和他懷孕的女友坐在她前排。這名女孩看到那名孕婦在跟另一名男子發曖昧短信，她也在比賽後給這個男人遞了一張紙條，並把這次奇遇分享到了 Facebook 上。

图4-6　球場上意外發現前排觀眾出軌

無處不在的記錄設備，就好像無處不在的天眼，我們很難想像，如果缺乏記錄的工具和手段，出軌的隱私如何能以這樣一種無僥倖的方式泄露。

這就是時代的不同。

我們正在進入一個普適記錄的時代，所謂普適記錄，是指記錄的設備越來越小、越來越普通，記錄的手段越來越便捷，隨處可見、隨手可得。曾經，我們是選擇記錄甚麼；現在和未來，我們是選擇不記錄甚麼。因為記錄的普適化，人人在記錄，人人也在被記錄，人類正在踏進一個無僥倖社會。

高能個體：人人皆持劍，又皆為劍下人

"達摩克利斯之劍"是一個古希臘故事。公元前4世紀，意大利敘拉古的一名大臣達摩克利斯非常羨慕當時的國王狄奧尼修斯二世，他奉承國王說，你作為擁有權力和威信的偉人，應該非常幸福。國王對達摩克利斯說，我們可以互換一天身份，你來嘗嘗當國王的滋味。

晚宴上，達摩克利斯對成為國王這件事感覺非常受用，但他抬頭時突然發現，一把利劍正掛在他的座位上方，劍的另一頭繫着一根馬鬃，馬鬃隨時可能斷裂，寶劍搖

搖欲墜。他立刻明白了，在人間巨大的權力後面，也有巨大的責任和風險，掌權者如果處置不當，隨時可能面臨嚴重的後果，甚至是生命之虞。

在強大力量的背後，一般都潛伏着巨大的風險，風險可能隨時出現，但我們又無法預測它何時出現，這正是"達摩克利斯之劍"的厲害之處。在今天的世界中，誰都可以拿出手機，把正在發生的事情和稍縱即逝的瞬間變成數據，然後讓它以極快的速度、極低的成本進入大眾傳播領域。每個人，特別是公眾人物的一言一行都可能被電子設備記錄，這是一個人人都是攝影師，人人都可以成為記者的時代。隨着記錄成為舉手之勞，普適記錄在給個體賦能，個人能力的邊界在拓展，它增強了個體反制的能力。

這就好比人人皆持"達摩克利斯之劍"，同時人人又皆是劍下之人。這不僅改變了人類的行為模式，也深刻地影響了社會治理。

2012 年 3 月，作為政協委員，恆大地產集團董事局主席許家印繫着愛馬仕腰帶參加全國兩會被抓拍，照片隨後在網上熱傳，引發不少網民根據照片盤點深挖兩會代表、委員身上的奢侈品：某代表身穿璞琪新款高檔套裝，某委員手拎 10 萬元的愛馬仕手袋……這在網上引起了熱烈的討論。代表們很快調整了自己的行為，之後的兩會開始流行起簡樸低調的風氣。到 2015 年，代表們大多素顏赴會，貂皮大衣、名牌包包、愛馬仕皮帶、迪奧眼鏡這些奢侈品，基本和兩會絕緣。

"錶叔"楊達才的遭遇可能最能證明人類僥倖的空間在快速縮小。

2012 年 8 月 26 日，陝西省包茂高速發生特大交通事故，導致 36 人死亡。一張新聞圖片拍攝到省安監局局長楊達才出現在事故現場，卻面帶微笑，這引發了網友的質疑和聲討。網友在互聯網上開始了"人肉搜索"，很快發現這位"微笑局長"是一個名錶的愛好者，手上戴過至少 5 塊不同的名貴手錶，"微笑門"快速演變為"戴錶門"，大眾對楊達才發出了更強烈的質疑。

楊達才被迫回應："這 10 多年來，確實買過 5 塊手錶，是我在不同時期自己購買的，是用合法收入購買的。這一點，我已經向紀律監察部門做了彙報。"

他的回應激起了更多的搜索，楊達才佩戴過第 6 塊錶、第 7 塊錶，直到第 11 塊錶的照片接連出現。專業人士還在網上對這些名錶的品牌和價格進行鑑別，品牌有勞力士、歐米茄、寶格麗、江詩丹頓，價格從數萬元至數十萬元不等。

楊達才的遭遇證明，即便是一條碎片化的數據，也可能釋放出巨大的能量。他隨後被謔稱為"錶叔"。這些照片也引起了陝西省紀委的關注，隨着調查的展開，楊達才被開除黨籍、移交司法機關處理。2013 年 9 月，楊達才被查明犯有受賄罪、巨額財產來源不明罪，判處有期徒刑 14 年。

有了"錶叔"的前車之鑑，一些官員有意識地減少了在公開場合佩戴名貴手錶、飾品的行為。2013 年，廣東佛山的一場新聞發言人培訓中，專家公開提醒，在發佈會場合，官員"最好項墜也不要戴，因為現在有拍錶的，也有拍首飾的"。之後，有細心的網民發現，面對鏡頭時，有官員的手腕處留有一圈戴過錶的淺色印跡。

楊達才的落馬，是中國網民參與社會治理的標誌性事件。我們常説，監督是法律賦予公民的權利，但因為掌握不到事實，這項權利在很多時候僅停留在紙面之上。普適記錄賦能，就是讓公民能夠獲得事實，而且這種能力被直接賦予了每一個普通人。

2016 年 7 月，公安部規定，民警執法時，面對群眾的圍觀拍攝，在拍攝不影響正常執法的情況下，民警要自覺接受監督，要習慣在"鏡頭"下執法。2016 年 9 月，公安部又聯合政法部門印發《關於辦理刑事案件收集提取和審查判斷電子數據若干問題的規定》，規定網頁、博客、微博客、朋友圈、圖片、音視頻等電子數據，可作為刑事案件證據。

中國警察將習慣在"鏡頭"下執法，這是社會治理思維的進步，這將為老問題的解決提供新的路徑。隨着智能設備、互聯網對社會的進一步滲透，無處不在的手機、監控攝像頭將記錄下整個社會運轉的無數細節，數據的作用將越來越凸顯，這將是數據社會的"新常態"。

數據即證據：無僥倖天下

上文説到，數據在逼近人性，逼出人性當中的僥倖。如果人類減少僥倖的心理，天下會更安全、太平。

2016 年 8 月，轟動一時的甘肅白銀案告破，嫌犯高承勇被抓，他曾經在白銀、包頭等地強姦殺害 11 名女性，手段極其殘暴兇狠。

我注意到，在茫茫人海中抓獲高承勇，與 "Y-DNA 染色體檢驗" 技術有關，這種染色體是父系遺傳的基因，據此可以圈定一個家族的譜系和範圍。此前，警方多次鎖定高承勇居住的區域，收集居民的相關數據，但高承勇都僥倖避開。最後警方獲得了高承勇家族一名成員的數據，通過基因對比，發現其基因與案犯高度相似，於是逐步縮小了嫌疑人的範圍，最後鎖定了高承勇，在提取了高承勇的各種生理數據並進行對比之後，懸案終於真相大白。

縱觀人類打擊犯罪的歷史，不得不承認，因為受限於偵查手段，正義常常遲到，甚至缺席，但隨着大數據技術的普及，一切都在數據化，凡走過的，必留下數據，公安領域正在迎來一個巨大的變革時代，我的結論是，公安工作正在演變為一項以數據收集、分析為中心的工作。

白銀連環殺人案的破獲方法，並非孤例。近幾年我客居杭州，發現杭州警方也在 2016 年譜寫了一個類似的傳奇。

這個案子被稱為之江花園滅門血案。2003 年，俞某入室搶劫，連殺三人，隨後潛逃，再無音信。這一年，華人神探、刑事鑑識專家李昌鈺首次來杭，被問及這起血案，他也沒有辦法，只是說 "只要時機到來，案子遲早會破"。

這話頗有無奈之感，但大家都沒想到的是，所謂的 "時機" 並不是機緣巧合，而是得益於技術的進步。

20 世紀 90 年代，杭州警方開始普及 "生物痕跡" 的概念，引進了物證管理系統；2008 年，標準化採集儀器 "搜痕儀" 在杭州地區的派出所得到普及，它可以收集記錄人像、DNA（脫氧核糖核酸）、指紋、掌紋、足印以及鞋底式樣等數據；2012 年，這些信息開始向雲端轉移，形成 "物證雲"，任何一個嫌疑人的數據都可以在 "雲" 中和其他數據進行大規模的比對。

2015 年 9 月，一名男性在諸暨一家麵館因為爭吵操刀砍人，當地警方因此提取了他的 DNA 等數據。在 "物證雲" 的跨市數據比對中，杭州警方突然發現這名砍人的男

2012年：形成物證雲

2008年：採集儀器"搜痕儀"在派出所得到普及

20世紀90年代：普及"生物痕跡"概念，引進物證管理系統

圖 4-7　浙江省已經聯網的"物證雲"：數據可以跨地區比對

性就是十幾年前之江滅門案的兇手，俞某的身份很快得到確認。[14]

你可以說這是偶然，但在技術普及之後，這就是必然。

類似白銀、之江案件的告破，並不是單獨的個案，而是一個趨勢，這個趨勢不僅出現在中國，也出現在美國。2018 年上半年，美國警方就破獲了一宗幾乎和白銀案一模一樣的陳年積案。

1975—1986 年間，美國加州出現了一名變態殺手，他至少涉嫌 12 起兇殺案、45 起強姦案，被稱為"金州殺手"（Golden State Killer）。[15] 辦案人員追蹤他 20 多年，查對過數千名嫌犯，但都無疾而終。

2017 年 12 月，加州的一名探員想到了一個新的辦法，他把已經掌握的案犯 DNA 上傳至一個尋親網站 GEDmatc，這個網站能夠分析上傳的基因數據，為人們尋親溯祖、尋找失散的家庭成員提供線索。果然，警察真的找到了一個和案犯 DNA 部分匹配的人。而這個人，正是案犯的遠親，憑藉這個重要的發現，警方將嫌犯的範圍從上百萬人縮小至一個家族。在逐一排查之後，警方最終認定，已經 72 歲的迪安傑洛（Joseph James DeAngelo）為"金州殺手"。2018 年 4 月，迪安傑被繩之以法。

這和白銀案的偵破幾乎異曲同工，類似之江花園的案例美國也有。

1991 年 7 月 7 日，加州聖貝納迪諾（San Bernardino）警方在當地酒店的一張牀墊下面發現一具屍體，在確定受害者的身份之後，警方在受害者的車上提取到一個指紋，但通過當地的指紋數據庫對比，沒有發現匹配項。近 20 年過去，此案一直未破，幾乎成為死案。

從 20 世紀 70 年代開始，美國就着手建設"綜合自動指紋識別系統"（IAFIS）。這是一個覆蓋全美的指紋檢索匹配系統，歷時 30 多年的數據收集，已初具規模，目前它已收集到 7000 萬犯罪人員以及 4000 萬普通公民的指紋，還有人臉、傷疤、文身等數據，且在不斷豐富完善中。

2010 年，聖貝納迪諾血案現場收集的指紋進入了"綜合自動指紋識別系統"，系統在 5 個小時的比對之後，出具了一份嫌疑人名單，其中一人是住在千里之外田納西州的阿羅伍德（Michael Arrowood）。經過人工比對和審訊之後，阿羅伍德最終認罪，2014 年他被判一級謀殺罪，處以 25 年有期徒刑。[16]

之江血案和聖貝納迪諾血案之所以告破，都是因為數據的跨地域聯通，可以想像，在全國數據沒有聯通的時代，有多少沉冤不得昭雪，多少無頭案不了了之，案犯僥倖逃脫，一生逍遙法外。

這也是兩個案犯的一個共同點，作案之後遠走他鄉，即"跑路"，這是古今中外罪犯的典型應對之策。

跑去哪裡呢？一個經常去的地方是山林中的寺廟。由於位置偏僻，歷史上，佛道寺廟常常是"藏污納垢"之地，所謂"苦海無邊，回頭是岸；放下屠刀，立地成佛"，說的其實是來去自由的意思。當然，英雄也可能隱居在這裡，他們從不顯山露水。正是因為缺少數據和記錄，沒人說得清楚這些人的身世和來歷。

然而今天，一些寺廟的僧人也開始進入數據的視野。2012 年，四川內江壕子口派出所的民警在進行"一標三實"登記時，將當地一名和尚的信息輸入電腦系統之後，發現他是一起詐騙案的主犯；2016 年，安徽鳳陽的警方通過人臉識別發現，當地龍興寺的住持、佛教協會副會長、政協委員張立偉竟然是通緝犯，2000 年他在東北殺害三人後潛逃，在鳳陽的寺廟出家，16 年來居然順風順水、春風得意。[17]

沒有數據的時代，一個人的經歷無從查起；小數據時代，人們的經歷有選擇性地變成了紙質檔案，但依然沉睡在檔案館中；如今，人們幾乎每做一件事都會被數據記錄，事事有跡可循，一切數據皆存儲於雲端，無論經過多久也不會消失，任何蛛絲馬跡通過數據都可以得到分析和整合。數據如探測器，通過"不正常"的數據，我們可以揭示其背後的非法行為。

我曾經在公安邊防部門工作過 8 年，擔任過刑事偵查員，辦理海上治安案件。10 年前，沿海鄉鎮的小船只要犯了事，開船的主人就會"跑路換山頭"，開到其他鄉鎮的海域去作業，以逃避處罰。去年我的邊防老同事告訴我，過去那種伎倆不管用了，因為全省數據已經聯網，嫌犯從汕尾跑到汕頭，汕頭的管理人員一查就知道他有前科，他只能乖乖先繳罰款。

數據孤立時，個人的不同行為也是孤立的，一個人如果擅長易容術和分身術，八面玲瓏，就可以人前一個模樣、人後一個模樣。數據聯通時，各種行為可以彼此關聯、互相印證。警方的調查、走訪、摸排等活動，其本質也是收集數據、關聯信息，發現其中前後不一致的地方。

拓展話題

如何通過數據發現洗錢

我在阿里巴巴工作期間，接到最多的政府部門電話，就是公安部門。公安部門希望獲取阿里巴巴平台上的交易數據，以驗證、擴大其辦案線索。因為電商平台的交易是數據化的，一切有跡可查，不僅可以追溯，還可以分析、預測。如果一個賬戶的交易對象非常多，而且分散在國內外多個地區，單日交易頻繁、轉入集中、轉出分散，再加上來往的金額可以被當天的匯率整除，反洗錢專家就有理由懷疑這是一個匯兌型的地下錢莊團夥，可以立即對它轉入人工監控模式。僅 2017 年上半年，針對平台上的可疑交易，螞蟻金服集團的數據分析中心就向公安部門提交了 300 多份報告。未來洗黑錢、偷稅漏稅等經濟犯罪的空間將會越來越小。

數據即證據，就此而言，用好大數據，我們將邁入一個更加安全的時代。

據統計，全國公安機關命案現案破案率已經連續 5 年超過 95%，2016 年，全國嚴重暴力犯罪案件比 2012 年下降 43%。2017 年 8 月，浙江省政府召開新聞發佈會，宣佈近 2 年來，全省命案破案率保持在 99% 以上，2017 年上半年，全省治安案件數和刑事案件發案數分別同比下降 7.76% 和 28.59%。我的公安朋友是這樣告訴我的："大數據和新技術太厲害了，我們現在是有案必破，破積案、等案破、沒案破。"

曾經，地球的一半時間都籠罩在沒有光的黑夜裡。日落之後，流氓歹徒就像野獸一樣出來尋找獵物。人們在夜間行路，財物可能遭到搶掠，生命可能受到威脅。黑暗製造了一個模糊社會，罪犯得以隱遁。英國著名的哲學家霍布斯（Thomas Hobbes，1588—1679）曾經在自己的作品中説，他最害怕的，就是晚上一個人獨自躺在牀上，他不是害怕鬼怪，而是害怕有人僅僅為了一點錢，就破門而入砸了他的腦袋。黑夜為犯罪提供了掩護，人性中的惡和僥倖心理會集中在黑夜爆發，意大利有一句諺語説："在夜晚，貓會變成豹。"歷史數據也證明，在沒有電的時代，如果城市夜間行人的數量增加，那麼城市的犯罪率也會隨之上升，75% 以上的偷盜都發生在夜間。

19 世紀初，歐洲人發明了煤氣路燈，這成了人類治安史上意義深遠的事件。1823 年，4 萬盞煤氣路燈照亮了倫敦 300 多公里的街道，巴黎、柏林、波士頓等城市紛紛仿效，煤氣路燈風靡一時。當城市裡偶發騷亂，煤氣路燈也成為流氓首先攻擊的設施。著名作家奧斯汀（Jane Austen，1775—1817）在她在作品裡這樣評價説："近 1000 年以來，英國沒有哪一種東西在預防犯罪方面所起的作用能和煤氣路燈相比。"[18]

19 世紀 80 年代，美國的愛迪生發明了電，在紐約市建立了世界上第一個供電系統，從此電在城市中快速得到了普及。電給城市帶來了穩定的、永恆的光亮，在太陽這盞"燈"過後，還有別的燈照亮黑暗，黑夜和白晝的區別僅僅在於照明方法的不同。不久，社會學家就發現，隨着一個城市照明狀況的改變，其地區的犯罪率會有明顯的下降，或者説照明率直接影響了犯罪率。其中的道理是不言而喻的，罪惡總是藉着黑暗的掩護發生。今天的數據有同樣之功效，無處不在的攝像頭，快速有效整合的數據，它們無異於一種新的"光"，照向人性的幽暗之處，清除人類的僥倖心理。在這新的光芒中，數據正在催生出一個更加安全的社會，我們這代人將會見證人類社會犯罪率大幅的、全面的下降。

注釋

1　原文為："善人在上，則國無幸民。諺曰：民之多幸，國之不幸也。"

2　圖片來源："Titanic launch ticket sells for $35000"，*Times of Malta*，2012.4.16。

3　《最高法：全國納入失信人 673 萬例，近百萬老賴主動履行義務》，林平，澎湃新聞，2017.2.14。

4　驚悚電影《霧夜屠夫》和《羔羊醫生》就是以 1982 年香港林某的罪行為原型改編的。

5　《滴滴五大安全措施見成效　每天拒絕 3 萬不合格申請》，中國新聞網，2017.4.7。

6　關於土耳其人、菲律賓人、法國猶太人缺少姓氏以及本段的其他主要事實，詳見《國家的視角》，詹姆斯・C・斯科特，社會科學文獻出版社，2017：61-72。

7　《清案探秘・朝廷軼事》，唐博，廣西師範大學出版社，2015.6。

8　《芝麻信用：阿里數據源降至不足兩成》，王玲，財新網，2016.4.29。

9　2016 年 2 月 20 日，國家食品藥品監督管理總局暫停執行電子藥品監管碼，收回阿里巴巴的代理運營權，宣佈將啟動第三方來負責電子藥品監管碼運營。2016 年 4 月，香港證監會認定阿里巴巴 2014 年投資中信 21 世紀違規。

10　原文為："人生最不幸處，是偶一失言，而禍不及；偶一失謀，而事幸成；偶一恣行，而獲小利。後乃視為故常，而恬不為意。則莫大之患，由此生矣。"《弘一大師格言別錄》，李叔同、董敏，安徽文藝出版社，1997.5。

11　原文為："只有文醜而僥倖者，斷無文佳而埋沒者。"《曾國藩全集・家書（上）》，（清）曾國藩，京華出版社，2001.9。

12　"Do surveillance cameras affect unruly behavior? a close look at grandstands", Mikael Priks, *Scandinavian Journal of Economics*, 2014, 116: 1160-1179.

13　"Cheating wife reportedly busted while seating at a baseball game", Ed Mazza, *The Huffington Post*, 2015.7.27.

14　《4600 天後震驚杭城的之江花園別墅兜案告破》，陳雷等，《錢江晚報》，2016.6.11。

15　"What we know about Joseph DeAngelo, the golden state killer suspect", Matthew Haag, *The New York Times*, 2018.4.26.

16　聖貝納迪諾血案的破獲獲得過 2016 年美國聯邦調查局生物識別案件的年度大獎，參見 www.fbi.gov。

17　《潛逃 16 年，命案逃犯漂白身份成寺廟住持》，陳諾，新華網，2016.8.19。

18　見奧斯汀的殘篇《桑迪頓》（*Sanditon*，也譯為三地頓），作者於 1817 年開始創作但並未最終完成。

05

數力：普適記錄如何"掰彎"人性

人畜各有力，風火也有力。萬事萬物之中都蘊藏着能量，數據是否例外？本章將定義"數力"，討論它如何作用於人性。我們已經知道，力可以是無形的，施力物體和受力物體之間也可以是不接觸的，例如引力、磁力、吸引力、支持力、向心力等，"數力"亦無形。人世熙熙攘攘，江上千帆閱盡，但也可以說只有兩艘船，一艘為名，一艘為利，本書開篇聚焦於利，闡述了數據之產生、使用都涉及個體之利，本章則聚焦在名，討論"數力"如何影響人類對名聲的追求。

在所有的科學當中，
最不成熟但又最具價值的，
就是關於人類自己的科學。

　　前文説到，因為萬事萬物的數據化，人類社會開始進入單粒度治理的高清社會，又因為普適記錄中蘊藏的力量，人類會對自己的行為更加負責，規範自己的行為，走向一個"天下無賊"的無僥倖社會，迎來一個更安全的時代。

　　早在數據產生之前，人類已經擁有了非常久遠的記錄傳統。人類第一個系統化的記錄工具是文字，在文字中，其實也蘊藏了記錄對人性的約束力量。

　　在中國的歷史上，記錄曾經被視為天道。古人很早就認識到，"多識前古，貽鑑將來"[1]，即在歷史記錄中蘊藏着豐富的經驗和知識，人類必須以史為師。無論是先秦的諸子百家，還是春秋戰國的説客，當他們試圖説服一國之君和統治階級接受他們的思想之時，其辯論之術無一不是從歷史事實講起。古聖先賢過去的做法和經驗被記錄下來奉為道統，無人敢漠然視之，這是中國"法古"傳統的來源。

　　這種記錄是"史"。上古之時，中國就開始設立史官，專司記錄。中國是世界上最重視史學傳統的國家。梁啟超（1873—1929）説："中國於各種學問中，唯史學為最發達；史學在世界各國中，唯中國為最發達。"

　　最早的史官是從巫祝[2]等職位演變而來的，這説明記錄的權力是從神權分離而來的。記錄也是一種專權，中國自隋朝起，就規定禁止民間撰寫國史、品評人物的行為，[3]把天下的記錄權列為皇權的一部分。

記錄是記，但又不僅僅是被動的"記"，記錄一經產生，就成為數據，就有能動性。我把數據中蘊藏的能動性稱為數力，數力就像引力波一樣不可見，但客觀存在着，它可以影響、改變人類的行為和走向，它參與甚至創造了人類歷史上的諸多變化。

上一章講到，人類正在邁向一個無僥倖、更安全的時代，其背後的推動之力正是記錄對人性的震懾之力：數力。本章聚焦數力產生的另外一個重要原因 —— 人性對名譽的追求。

人類很早就意識到，人的生命有限，個人遺留的價值要跨越時空，唯有通過記錄才能實現。孔子說："君子疾沒世而名不稱焉。"歐陽修（1007—1072）又說："著在簡冊者，昭如日星。"這兩人的意思分別是：一個人到死而名聲不被人稱讚，君子應引以為恨；人的名字如果能寫在史書之上，就會如太陽星辰一樣發光，照耀千秋萬代。唐朝史學家劉知幾（661—721）把這個道理講得很通透：

> 人生於天地之間，如蜉蝣一樣活着，像白駒過隙一樣轉瞬即逝，最後會恥於當年未立下功名，至死都默默無聞。上至帝王、下至黎民百姓，近的如朝廷官員、遠的如山林之人，莫不急切地、不懈怠地追求功名。這是為甚麼呢？都是為了"不朽"。甚麼是"不朽"呢？就是好名聲寫在書上永遠流傳。4

希望在有限的生命結束之後，能夠獲得無限的聲名，被後人銘記，這是人的天性和本能，這種意願尤以統治階級最為強烈。中國早期的史官清楚地認識到了人性中的這種需要，他們試圖通過制度設計，賦予記錄一種終極裁判的功能。他們期待在君主威權的邊緣，架起一道屏障，用記錄來制約權力的膨脹，即"以史制君"。5

在中國漫長的歷史長河中，"以史制君"時隱時現，伴隨記錄而來的風險也在此間演繹得淋漓盡致，就此而言，記錄是筆，也是刀，記錄是生門，也是死門，其中有是非曲直，也有腥風血雨。

唐宗宋祖的煩惱

公元 960 年，五代十國接近尾聲，這是中國歷史上著名的大分裂時期。這一年，後周的部隊出征禦敵，行軍至河南陳橋驛，官兵突然擁立大將趙匡胤（927—976）為皇帝。趙匡胤在推辭之後接受，然後調轉馬頭，率兵圍京。迫於軍隊的壓力，周朝的皇帝宣佈禪位，北宋王朝由此拉開序幕。

大部分歷史學家都認為，"陳橋兵變"是趙匡胤策劃了很久的一次政變，但篡位奪權上台的趙匡胤謙虛謹慎、勵精圖治，終結了政治上的混亂，開闢了一個穩定發展的時代，為後世所稱道，史稱宋太祖。

宋太祖是性情中人，十分貪玩，他是中國最早出名的足球運動員，常常和部下一起蹴鞠。他還有個愛好，喜歡在自己的花園裡打鳥。

有一天，他在後花園正操着彈弓、撩開枝葉，屏息接近目標，突然有個急匆匆的腳步來報，説某大臣有急事求見，趙匡胤正在興頭上，他推辭説，要是事情不重要就晚點再説，但身邊的人再次稟報説十分重要。趙匡胤只得放下彈弓，悻悻回宮，但他一聽完彙報，不禁大發脾氣，原來不過是一件平常小事，不料某大臣卻十分耿直，針鋒相對地説："國家的事，我認為再小也比打鳥重要。"

這還了得，趙匡胤頓時怒從心頭起，惡向膽邊生，打不了鳥打你。他順手操起桌上的一把斧柄就向此人臉上砍了過去，兩顆牙齒應聲落地，鮮血直流。該大臣卻沒有喊疼，只是慢慢俯下身去，撿起牙齒放在懷中。趙匡胤一看更來氣，大聲責問："你還撿，是想去告我嗎？"

這位大臣回話説："我沒有這個權力，不過，我相信史官會把今天的事記錄下來。"

一聽到"史官"這兩個字，趙匡胤立刻驚悟過來，彷彿孫悟空聽到緊箍咒一般，全然忘記了打鳥的事。

我們沒有想到的是，史官居然真把這件事記錄下來了。100年後，《資治通鑑》的作者司馬光（1019—1086）又把這件事編進了《涑水紀聞》。原文是這樣描述故事的結局的："上既懼又説，賜金帛慰勞之。"

就是説，趙匡胤既害怕又高興，害怕史官真的把這件事記錄下來，又高興在眼前發現了一位忠臣。他定了定神，轉變了臉色，立即賞賜該大臣金銀綢帛，表示安慰和嘉獎。

此處就要解釋中國的史官制度。中國從很早開始，就開始記載君主的日常起居。《禮記》這樣說：“動則左史書之，言則右史書之。”即天子做的事，左邊的人記；天子說的話，右邊的人記。“君舉必書，善惡成敗，無不存焉。”[6] 只要君主有所舉動，就要記下來，無論好事壞事、成功失敗，一律都記，無一例外。

這部集皇帝工作、生活記錄於一體的小冊子，被稱作《起居注》。

自漢武帝始，中國正式設置了專門記錄皇帝言行的《禁中起居注》。到了晉朝，開始設立起居令、起居郎、起居舍人等官員來編寫《起居注》，其後一直到清朝，各朝代都曾有《起居注》的撰寫。皇帝死後，史官就會將《起居注》編成一部實錄，獻給新皇帝。也可以說，《起居注》是後世修史、給上一任皇帝蓋棺論定的重要參考。

從理論上來說，《起居注》有幾個特點：第一，真實，它不寫評語只是記錄，事無巨細，一一記錄；第二，不能更改，或者說更改的代價很高；第三，就是讓歷代君主最抓心的一個制度設計，即《起居注》記錄的材料，作為當事人的皇帝是不能看的。皇帝若看，就有違祖制，大臣們會齊聲反對。這個設計的初衷，當然是為了保證記錄的獨立性。

《起居注》的存在，對皇帝來說是個極大的約束。又有一天，宋太祖上朝歸來，一人在房中獨坐，悶悶不樂，太監王繼恩就問他原因，宋太祖說：“早朝的時候，因為趕時間，倉促之間處理錯了一件事情，史官就記錄下來了，我怎麼高興得起來呢。”[7]

宋太祖的這些反應，說明記錄雖然不是傳統意義上的權力，但皇帝的言行舉止確實受制於記錄。在傳統官僚體制的設計中，皇權受命於天、高高在上，對皇權的約束一向是比較小的。《起居注》不僅改變了皇帝的行為，也改變了中國封建王朝運行的軌跡。

歷朝有不少皇帝對此很不滿，但又無奈。你想想，作為天下的老大，“普天之下，莫非王土，率土之濱，莫非王臣”。現在你設置了一個東西，全面地記錄他的所作所為，卻不受他控制，他能不耿耿於懷嗎？

更早在唐朝，一代明君唐太宗就表示過很不爽。

唐太宗李世民（598—649）上台的法統也不正。公元 626 年，通過宮廷政變，李世民的部隊殺死了當時的太子和兄弟，史稱"玄武門之變"。隨後，李世民繼承帝位，開創了中國歷史上少有的盛世。

文治武功的李世民，也怕"記"。《貞觀政要》記載，李世民坦承上朝不敢多講話："每天上早朝，我都要考慮自己說的話是不是切合百姓的利益，所以不敢多說。"負責《起居注》的杜正倫勸誡他說："皇上說的話都要詳細記錄下來，這是我的職責所在，如果皇上有一句話違背了常理，那麼在千年之後都會損害聖德，所以皇上說話必須三思。"[8]

李世民一直想看《起居注》，他很想知道他是如何被記錄的。有一次，他下詔書說："《起居注》記錄得怎麼樣了？我想看看，沒有別的意思，就是想反省一下我自己的過錯得失。"他心裡可能想，這樣總可以吧。

大臣朱子奢回答他說："陛下沒有甚麼過失，其實看一看並沒有大礙，但是你看了，就會打開後世史官的災禍之門，《起居注》以事實為依據，不管是好事、壞事，只要是皇帝做的，就必須記下來，有的皇帝只想讓史官記他的好處，如果他看到《起居注》中記錄了他的不良言行，就會對史官產生不滿，史官也怕死，那後世千載就不會有真相被記錄下來了。"[9]

唐太宗聽了，無言反駁，但他還是放不下。沒過多久，他又尋機問諫議大夫褚遂良："現在由你負責記錄《起居注》，你一定知道每天都記錄了些甚麼內容，你說我能看看嗎？"

他的帝位雖是搶來的，但他對史官恭敬有加。

不料，褚遂良也不買賬，他說："現在負責記錄《起居注》的起居郎，就是過去的左右史，主要是記錄皇帝的言論和行事，無論好壞都要如實記錄，意在讓後代的君王引以為鑑，使為政的皇帝不至於胡作非為。我沒聽過歷史上有哪位皇帝要求看記錄自己言行的《起居注》的。"

唐太宗又問："如果我有失誤不當的言行，你要記錄啦？"褚遂良說："當然要記下來了，這是我的職責啊！"

在一旁站着的近臣劉洎插話說："皇帝的過失，即使褚遂良不記，天下的人也會記下來的。"10

　　這句話插得高明，只要還想做一點表面功夫的皇帝，都不好意思説不是。唐太宗只能點點頭，想看《起居注》的執念可能真的就此打消。

　　李世民之後的唐文宗李昂（809—840）也有這個心病，而且他還真的看到了。

　　有一次，唐文宗和大臣們議論朝政，起居舍人鄭朗在一旁做記錄。等大臣們散去後，李昂就問鄭朗："剛才我們談論的事，你都記錄下來了嗎？讓我看看可以吧？"

　　鄭朗回答説："我剛才記錄的事，現在已成為歷史檔案了，按照慣例，皇帝是不能看的。當初太宗皇帝要看《起居注》，那時的起居郎朱子奢和褚遂良硬是沒讓他看。"

　　李昂不甘心，又説："今天朝上議論的事也沒甚麼是非好壞之分，讓我看一眼也沒關係。我看《起居注》並沒有別的意思，只是擔心平時説話隨便，説出甚麼不合分寸的話，如果看一下，便於今後注意自己的言行。"

　　李昂這番話，也有他的邏輯，這就涉及中國歷史上關於《起居注》的一個長期爭議，記錄到底是應該給皇帝看，還是不應該給皇帝看？其實，更早的皇帝大多數都可以看，直到南北朝期間，才建立了"皇上不觀史"的制度，但這個制度在唐以後的各個朝代，並沒有被嚴格遵守。

　　最終，鄭朗沒有拗過皇帝，只好把《起居注》給他看了。11

　　誰知李昂看了後，沒多久還想看。這時新的起居舍人叫魏謨，他堅決不給，説皇上你多做好事就行了，我會好好記錄，但你沒有必要看。李昂立刻表示不滿："我以前就看過，怎麼你就不讓我看呢？！"

　　魏謨回答説："過去讓你看，那正是起居舍人的失職，我不會做失職的事。如果你查看《起居注》，往後我們記錄事實時，心裡就有顧慮，便會迴避你的失誤不記。那樣一來，善惡是非混淆了，歷史面目歪曲了，還怎麼傳給子孫後世呢？"12

　　唐宗宋祖都是歷史上的明君，他們想看《起居注》，還彬彬有禮地和史官商量。中國歷史上最不缺的就是獨斷專行、蠻不講理的皇帝，史官不給看，皇帝就換個聽話的史官，皇帝喜歡的事，史官就大書特書甚至添油加醋，皇帝的錯誤，史官就文過飾非或隻字不提。

拓展話題

皇帝到底應不應該查看史官記錄

宋太祖死後，繼位的宋太宗（939—997）下令，《起居注》每月都要在他審閱完後再送史館存檔。到宋仁宗（1010—1063）時，歐陽修又認為皇帝不應該看，他批評了皇帝審閱《起居注》的做法，上書請皇帝"自今起居注更不進本"，宋仁宗接受了他的意見。但是，其後的宋孝宗又違反了這個傳統，當時的名臣胡銓上書，請求"遵仁宗之訓"，"記注不必進呈"。13

主張《起居注》不應該保密、皇帝可以看的，也不是全然沒有理由。例如，北周的史官柳虯（501—554）認為，記錄如果公開，對皇帝、大臣乃至天下都會起到更好的懲勸作用。他專門給當時的君主上書："古代的君王設立史官，不僅是為了記事，還是用來提醒警誡。由左史記錄事情，右史記錄言論，表揚好的，斥責惡的，從而樹立好風氣……但是漢魏以來，記錄卻成為一件秘密的事，只供後世的人使用，對現在卻沒有用，這就沒有起到引導君主的美德、去除君主惡習的作用。而且記錄的人秘密地記錄，是否記錄得真實，別人也不知道。這樣人們就會議論，有不同的意見和爭論……後代也會有爭論，因為沒人知道甚麼是準確的……請諸位記事史官明明白白地記下當朝實情，然後再交給史館，這樣才能讓各種是非明明白白，得失清清楚楚。使聽見善言善行的人日日修養，有過錯的人心中懼怕。"14

就此而言，在中國古代，史官一直是個高危職業。為了後世的英名，皇帝可以放下九五之尊的威權與史官套近乎，史官若不識抬舉，皇帝翻臉不認人，血濺朝堂、殺人滅族的例子也屢見於史。北魏的太武帝拓跋燾（408—452）也算得上一個有為的明君，他看了當朝司徒崔浩編寫的《國史》，認為其暴揚了其家族之惡，不可容忍，一怒之下誅殺了崔浩全族共 128 條人命。

不幸的是，歷史上還是昏聵的皇帝居多，但即使是窮奢極慾的皇帝，也想流芳百世。如果《起居注》上劣跡斑斑，則丟人丟到後世。公元 403 年，桓玄（369—404）篡奪東晉帝位，其稱帝之後，"驕奢荒侈，遊獵無度，以夜繼晝"，其後被劉裕（363—422）驅趕出南京，在逃亡路上，他想的不是如何作戰、渡過難關，而是一心關注記錄其言行的《起居注》，因為不滿史官的記錄，他索性自己動手、親筆撰寫，他在《起居注》中大談自己如何英明決策、神機妙算，只是因為部下將領不聽調度，才導致失敗。一寫好，他就"宣示遠近"，希望傳播出去。因為每天都要寫，寫好了還要誦讀修改，他連召開軍事會議的時間都沒有，幾個月後，兵敗身死。[15]

這正是好皇帝怕記，差皇帝也怕記。知識、道統和聲譽，來源於對歷史的觀察、提煉和總結，它是客觀存在的，是永恆的和超越性的，是"不為堯存、不為桀亡"的，是不能因私而得的。在一個崇尚儒家傳統的社會裡，天子的品行事關皇朝的合法性，仁義道德居於至高無上的地位，皇帝只能拚命去維護。面對記錄，他們沒辦法，裝也要裝。

記錄能夠激發人類的內心道德，關於道德的心理密碼，人類至今沒有辦法解釋清楚，哲學家康德這樣寫道：

> 有兩種東西，對它們的思考越是深沉和持久，它們在我們心靈當中喚起的驚奇和敬畏越是歷久彌新、不斷增長，這就是頭頂的星空和內心深處的道德。

概言之，記錄具有一種神秘的力量。為了對抗這種力量，中國儒家把君子修身的最高境界定為"慎獨"，即人前人後一個樣，不怕記。

人類的歷史也是一個輪迴。到了近代，也有統治者怕的恰恰不是"記"，而是怕"不記"。

這就是民主時期的總統時代。

事情要從美國發明家愛迪生講起，因為正是他，在文字、繪畫、照片之外，發明了新的記錄手段。

愛迪生拓寬記錄的疆域

1877 年，愛迪生在一次自動電報機的實驗中偶然發現，機械的顫動可以發出聲音，這激發他產生了一個天才設想：如果能發明一種機器，記錄聲音產生的波動，然後通過機械層面的設計，重現波動，就可以再現已經消失的聲音。之後，他和助手夜以繼日，用了幾天時間設計出了人類錄音機的第一個模型。愛迪生對着它唱出《瑪麗有一隻小羊羔》這首兒歌之後，他緩緩地把轉柄轉了回去，歌聲被清晰地回放出來，宛如天外之音，驚倒了圍觀的眾人，這是世界錄音史上的第一聲。

愛迪生後來在他的文章中解釋了錄音的原理和發明的過程：

我們都會對波浪經過沙灘的表面時所走的路徑感到驚訝，這是一條迂回的路徑，很多海浪都是被後面的大浪推着向前的；同樣熟悉的場景，還有鋼琴內部的每一根琴弦，它們都是按照與鋼琴按鍵對應的順序來排列的。這些情況都清晰地說明了一點，那就是固體的微粒可以接受外界傳送過來的力量……這讓我想着如果在機器上安裝一個隔膜，這個隔膜將會接收我對着它說話時發出來的顫動，也就是聲波，然後這些顫動就會將有形的物質傳送到氣缸上。

愛迪生一生有很多偉大的發明，但在他全部的發明中，留聲機引起了最大的轟動。就像 40 年前，人類無法相信照片可以重現過去的場景一樣，當時的大眾對於"機器可以說話"感到不可言喻的神秘。

人對信息的接收，主要有兩個渠道：一是眼睛，二是耳朵。文字、圖片記錄了眼睛接收的信息，愛迪生的發明解決了另外一半——聲音的記錄問題。留聲機改變了人

圖 5-1　1878 年愛迪生展示他的錫紙留聲機 [16]

類過去單純依靠文字、圖像記錄的方式，人類第一次將看不見、摸不着、轉瞬即逝的聲音記錄了下來，並且可以無限次重複播放。

今天，我們進入了人工智能的時代。人工智能技術的核心，簡而言之，就是模仿大腦分析、處理圖片和語音的數據，看懂文字和圖片、聽懂人話，讓機器向人靠近，擁有更多的智能。如此說來，愛迪生讓機器"說話"，就是最早的人工智能。

愛迪生的留聲機被送往世界各地，德國皇帝威廉二世（Wilhelm II， 1859—1941）對它愛不釋手。威廉二世甚至在宮廷裡親自當講解員，向大臣們講授、演示留聲機的原理和過程。

大臣們都滿懷敬畏之情，認真聆聽威廉談論着聲學、聲波、顫動等方面的內容，當威廉插入一張唱片，然後調整了一番機器之後，電動馬達就開始運轉，皇帝通過留聲機對大臣們講話，滿堂的興奮之情是難以抑制的。威廉在那裡講述了好幾個小時，反覆解釋着留聲機的工作細節以及如何製造唱片，彷彿這個偉大的留聲機就是他發明的一樣。在這之後，他就離開了，留下那幫大臣在那兒繼續回味。[17]

我讀到這一段歷史描述之時，驚歎於當時歐洲政治領袖和科技發明之間的關係。清朝的康熙皇帝也曾經對西洋鐘錶愛不釋手，但科學精神沒有在清朝開枝散葉，科技和發明反而被視為奇技淫巧。

最早接觸留聲機的中國人是清朝駐英國公使郭嵩燾（1818—1891）。1878 年 5 月，他在倫敦的一次社交活動上偶遇愛迪生現場演示留聲機，郭嵩燾在當天的日記中稱它"真神技也"，人的聲音"可由此而傳之彼，經數日其音不散"。1897 年，留聲機曾經進入過中國西藏，因為商人發現，在佛教的世界裡，很多時候需要的都是單一的、重複的禱告。如果能把禱告聲錄製下來，會賺大錢。這支商隊果然在拉薩見到了大喇嘛，他們圍着這台留聲機，如觀察天外異物。當大喇嘛對着留聲機念出祈禱語"唵嘛呢叭咪吽"（意為"蓮花上的珠寶"）之後，留聲機就能大聲地朗讀出來，不斷重複這句話，在場的喇嘛都驚呆了。

留聲機也曾在倫敦街頭驚豔亮相。有一天，在一個普通的手推車前面聚集了很多人，因為叫賣聲是一台留聲機發出的。一般情況下，小販叫賣自己的商品，不會引人關注，但機器説話引來了很多人圍觀。這名小販在整個售賣過程中，幾乎不説話，只是伸手將顧客遞來的錢放進口袋，然後將商品遞給顧客。當愛迪生了解到，這名小販是因為發燒説不出話來，而留聲機拯救了其生意後，他哈哈大笑。

拓展話題

錄音機不同於留聲機

愛迪生的發明被稱為留聲機，他於 1878 年 4 月成立了愛迪生留聲機公司 (Edison Speaking Phonograph Company)。留聲機的功能側重於播放，隨着聲音的起伏，唱針在錫箔上刻出了深淺不同的槽紋，當唱針沿着波紋重複振動時，就發出了原來的聲音。愛迪生的發明為錄音機奠定了基礎，錄音機在英文中被稱為 "recorder"，其功能側重於聲音記錄。1938 年，德國、美國先後發明了基於磁帶的錄音機，其原理是利用磁性材料的剩磁特性，將聲音信號記錄在載體上再播放。20 世紀流行的大多為磁帶錄音機。

留聲機剛被發明不久，愛迪生就公開預測，留聲機最大的應用空間將是辦公室，因為它能夠記錄、保存所有的電話和談話，以方便文員管理、複製這些資料。它還會進入法庭，法官、當事人和證人説的話都會被作為證據錄製下來。此外，在生活中，他預言留聲機將會在音樂領域大行其道。

愛迪生是對的，後世的發展證明他富有遠見。1940 年，它被當作禮物送進了美國白宮，時任總統羅斯福把它安裝在自己的橢圓形辦公室裡。雖然愛迪生預測到留聲機作為辦公設備作用巨大，但沒有人想到，這個設備日後居然引發了政壇巨變，改變了美國的歷史進程和政治生態。

尼克遜之困：白宮錄音小史

羅斯福是美國的第 32 任總統，他之所以要在辦公室引進磁帶錄音設備，是因為他有一個痛點：他和新聞界的關係很糟糕。

羅斯福常常抱怨，他的講話見報後，要麼被報紙斷章取義，要麼被張冠李戴，完全走了樣子。為了澄清自己的立場，他要花大量的時間和媒體打口水仗。1939 年 2 月，羅斯福在新聞發佈會上公開批評新聞界：

> 在我面前擺着 8~10 份報紙，但無一例外，它們的頭條和報道都給人一種錯誤的印象——我這麼說是客氣了。事實上，真相被精心地歪曲、被錯誤地闡釋了。[18]

1940 年前後，羅斯福正在謀求第三次任期。時值第二次世界大戰，美國民眾不願意被派往海外參加戰爭，羅斯福對戰爭的表態常常會引起軒然大波，他當時的競爭對手、共和黨總統候選人威爾基（Wendell Lewis Willkie，1892—1944）公開攻擊他："選擇羅斯福，就等同於把你們的孩子、兄弟和情人送進墳墓。"羅斯福被迫非常小心自己的言論和措辭，不斷調整自己對戰爭的態度、戰略和對外政策。有一次他在新聞發佈會上說："如果和希特拉、墨索里尼見面，我將會告訴他們，我不希望和你們發生戰爭。"[19] 這句話見報之後，變成了"我們不好戰"，顯得很沒底氣，這些差別授人口實，越解釋越麻煩。

正是這個原因，羅斯福喜歡繞開新聞媒體，藉助廣播直接和公眾交流，史稱"爐邊談話"。他也因此和 NBC（美國全國廣播公司）的領導人薩爾諾夫（David Sarnoff）成了朋友，薩爾諾夫深知他的痛點。1940 年 6 月，最新的磁帶錄音機一上市，薩爾諾夫就採購了一套送進白宮。羅斯福把它安裝在總統辦公桌台燈的下方。每次召開新聞發佈會時，速記員就打開錄音開關。

羅斯福警告記者不要亂寫，因為有錄音為證。他給後人留下了 14 場新聞發佈會的錄音，但不知甚麼原因，中間夾雜有幾段私人談話，他在談話中用粗俗的語言談論威爾基的婚外情，這段錄音居然也保留了下來。

羅斯福之後，杜魯門、艾森豪威爾、甘迺迪、約翰遜等歷任總統都保留並使用了白宮的錄音設備。特別是甘迺迪，他對錄音系統最為熱衷。在臭名昭著的"豬灣事件"[20]發生之後，甘迺迪擔心媒體歪曲自己的形象，對白宮內的新聞發佈會一直持續錄音。到了第 36 任總統約翰遜，這時錄音技術又進步了，他把錄音設備擴展到了更多的辦公室，並通過移動轉發器把各個辦公室連接起來，實現遠程控制，這使得每一次會議和每一通電話的錄音都在他的掌握之中。

即便如此,白宮的錄音系統也是高度機密,知道的人非常少。直到 1973 年,尼克遜接任第 37 任美國總統後,他因為錄音設備鬧出了驚動天下的"水門醜聞",斷送了自己的第二任總統任期,白宮裝有錄音系統的事實才傳遍了世界。

1969 年 1 月 20 日,尼克遜入主白宮。舉行完就職典禮,他和白宮的辦公廳主任哈德曼(H. R. Haldeman,1926—1993)來到橢圓形辦公室,打開壁爐上方的壁櫃,發現了約翰遜告訴過他們的錄音設備。他們看着這台巧妙隱藏的龐大機器和一排排向四周房間延伸出去的電纜,感到非常震驚,兩人面面相覷,猜想着約翰遜把白宮的很多事情都錄了下來,這非常可怕。

作為候任總統,尼克遜已經聽說過這套系統,約翰遜曾經向他倒過苦水:"在華盛頓,每一個從總統辦公室走出來的人都會說總統在想這個、總統在計劃那個……大多數時候他們都有個人目的,甚至為了邪惡的企圖不惜歪曲事實。"他不得不錄音為證。

這其實是歷任總統的一個困境。約翰遜的前任總統艾森豪威爾也為之苦惱,1954年,他在一次內閣會議上就坦承他會錄音:"你們都要知道,同不太信任的人說話時最好錄個音,我一直信不過華盛頓的某些人,我要保護自己,省得他們瞎說我講過甚麼。"[21]

兩個人說話,事後其中一人把自己說的賴到別人的頭上,這俗稱"翻燒餅"。

英國哲學家培根曾就"翻燒餅"寫過專門的文章。伊麗莎白一世在位期間,交情不錯的兩個人爭當一個部長的職位。甲說:"在君權衰落的時代,當個部長未必好過,我可不想當甚麼部長。"另一個人乙隨聲附和了一句,甲於是對別人說:"乙說在君權衰落的時代,他不想當部長。"這句話當然就被傳到了女王耳中,女王極為不快,乙於是失寵又失位。概括起來,"翻燒餅"就是自己先發一通議論,誘使他人學舌,出了門,就把這些話套在別人頭上。

歷史上,這種伎倆屢見不鮮,原因就是人們沒有能力做到事事記錄,造成事後死無對證。

尼克遜不是不明白這些道理,他在入主白宮之前,已經做過兩任副總統,但他對這種偷偷錄音的電子化手段非常反感，他自信為人老到、善於外交，可以遊刃有餘地處理這些複雜的關係，於是當天他立刻下令哈德曼拆除了這些隱蔽的錄音設備。

拆後不久，尼克遜就遭遇了困難。

第一，無法滿足會議記錄的需要。廢除了錄音，他不得不在會議室安排一名速記員，但對很多會議來説，多了一個人，很多人發言就有顧慮，不方便説，尼克遜對會議記錄也非常不滿意，他發現這些文字記錄平淡無奇，因為它無法捕捉到會議中那些無形的但很重要的信息，比如發言人的語氣、表達的微妙差別。在哈德曼的建議下，辦公室人員還嘗試用不同的顏色標注發言者的不同語氣、重要程度，但效果很有限。

尼克遜的不滿凸顯了文字記錄這種手段的局限性。文字是一維的符號系統，但真實的世界要複雜得多。一個人説話，他的口氣、眼神、表情、肢體動作都是重要的輔助，文字卻無法有效地記錄信息在時空中的具體結構。

第二，難以顧及外交場合的需要。尼克遜在任期之內大打"外交牌"，他在會見重要外賓時，為營造一種相互信任、親切友好的氣氛，常常不用自己的翻譯而用對方的翻譯。1972 年中美會談時，尼克遜就全部依賴中方的翻譯。但這麼做的弊端也很明顯，如果對方的翻譯不準，差之毫厘，謬以千里，就會嚴重影響政治決策。這時，尼克遜就不得不錄音，會見結束後，再讓國家安全委員會的翻譯反覆來聽，避免差錯。

最後，尼克遜還有一個"私心"。美國的總統卸任後，就成了普通老百姓，風光不再，大部分退休總統選擇出書創收，尼克遜計劃寫回憶錄，要寫好書，也依賴於記錄的準確和完備。

1971 年初，尼克遜最終改變了立場，他決定在白宮重新安裝錄音設備。這一天，他找來了哈德曼，要求重啟錄音系統，並強調他需要一個開關或按鈕，在他認為需要或合適的時候可以立即打開或關閉。哈德曼回答他説："總統先生，我敢保證，你會發現在你需要打開的時候，你會完全忘記打開，等你意識到再去打開，往往就晚了 —— 事情肯定會是這樣。"

哈德曼確實道出了日常生活中我們常常遭遇的一個窘境：我們往往在意識到需要之後，發現自己沒有準備好。哈德曼隨後告訴尼克遜，技術又進步了，現在可以安裝一套全自動的聲控開關，只要有人進來或者把燈打開，錄音系統就會自動啟動。

尼克遜立即批准了這個高科技產品。他沒有想到，正是這個決定，把他帶入了萬劫不復的深淵。

1971 年 2 月 16 日，新安裝的自動錄音系統開始在尼克遜的橢圓形辦公室、內閣辦公室運轉。這之後，尼克遜的高級助理巴特菲爾德（Alexander Butterfield）又受命把錄音系統擴建到其他各間辦公室、會議室和起居室，到 1972 年 5 月，連總統的休假地大衛營也裝上了這套聲控系統。只要一有人進入這些房間，系統就自動啟動，開始錄音。

當然，這套系統的存在是一個絕密。尼克遜反覆強調，錄音帶只能供其個人使用，知道這套系統的，除了勤務安裝人員，只有尼克遜身邊的三個核心親信。所有的內閣成員，包括國務卿基辛格都對這套錄音系統的存在一無所知。

剛開始，哈德曼擔心系統沒有正常開啟，派人去測試了幾次。但是，隨後這套系統就被遺忘了，因為白宮每天都在高速運轉，人們實在是無暇關注。哈德曼後來回憶道："起初，我對錄音感到有些不習慣，但很快就把它們當作環境的一部分了。我認為尼克遜比我更快地失去了警惕意識。"22 哈德曼也坦承："我問過自己，我確實知道我和尼克遜的對話正在被錄音，要是沒有錄音，我說的話會不會有甚麼不同呢？"

"是的，肯定會有所不同！"他自問自答，"我們的對話儘量以符合向新聞界公開的標準而展開，但是我非常確信，除了我和尼克遜，這個世界上不會有其他任何人再聽到這些錄音，我對此毫不懷疑，一想到這個，我就切換到了自由說話的模式。"

到 1972 年初，系統已經運行了整整一年，巴特菲爾德找到哈德曼，告訴他錄製的磁帶已經堆積成山，應該考慮把它們整理成文字，但尼克遜堅決不同意現在就整理，並重申這些磁帶要保持絕密狀態。

雖然錄下這麼多磁帶，但在哈德曼的記憶中，尼克遜幾乎從來沒有用過這些磁帶。唯一一次，1972 年 11 月的一天，尼克遜叫住了他，國務卿基辛格當天接受了一名意大利記者的採訪，但尼克遜發現，基辛格關於越南問題的回答偏離了他的立場，他非常生氣，要哈德曼警告基辛格，"你和總統所有的對話都已經錄音了"，意思是不要當面一套背後一套。

可就是這一次,哈德曼也沒有執行,他背地裡打了折扣,他説:"我沒有告訴基辛格,他和總統的對話被錄音了。尼克遜只是在氣頭上,這不是命令。我只是提醒基辛格在採訪中要小心措辭。"

如此大規模錄音是否存在風險?事實上,尼克遜本人也曾經懷疑過。1973年4月9日,尼克遜曾經下令哈德曼拆掉整個錄音系統,但當天下午他又改變了主意,説還是別拆,只要把聲控開關拿掉,換回手動按鈕,但因為忙,哈德曼耽誤了。白宮只要一有聲音或者燈光,錄音系統的馬達就自動啟動,如時鐘一樣轉個不停。

直到1973年7月16日,"水門事件"發生了,隨着調查的不斷擴大,巴特菲爾德被參議院問訊,他被迫供述白宮存在一套錄音系統,錄下了所有的對話。這無異於一顆驚天炸彈,一時間所有人都知道,白宮可能存在"水門事件"的確鑿證據,參議院立刻要求尼克遜交出有關的錄音帶。

兩天之後,白宮所有房間的磁帶和馬達都停止了運轉。

其實"水門事件"爆發之前,尼克遜已經開始對錄音感到極度不安。1973年4月中旬,尼克遜命令哈德曼把1973年3月21日他與另一位助理迪安(John Dean)談話的錄音全部整理出來,尼克遜想要確切地知道"他在那場談話中説過的每一個字"。

面對參議院索要錄音帶的要求,尼克遜以總統行政特權為由拒絕,事情鬧到了最高法院。三週之後,在一名大法官迴避的情況下,最高法院的8名大法官一致裁決"總統也要受法律的約束,尼克遜必須交出錄音帶和文件資料"。

在最高法院和政敵的巨大壓力之下,尼克遜最終交出了錄音。

尼克遜的錄音帶時長共4000多小時,和羅斯福當年留下的8小時錄音相比,可謂海量數據。這些錄音被整理出來後,共有27000多頁,其中有12.5小時的錄音被認定為"水門事件"的關鍵證據。特別是一段被稱為"煙槍"(Smoking Gun,指確鑿的證據)的錄音,它記錄了1972年闖入民主黨大樓安裝竊聽器的間諜被捕6天後,尼克遜在白宮會議中做出阻撓司法調查的全過程。

尼克遜最終被迫辭職,成為美國歷史上第一位因彈劾下台的總統。除尼克遜之外，所有參與"水門事件"的人都不同程度獲刑。事實上，尼克遜最終向法院提交的錄音並不完整，其中有一段 18.5 分鐘的錄音被抹掉了，其解釋是尼克遜的秘書不小心刪除的。時至今日，這段錄音的內容仍是未解之謎。有歷史學家相信，它正是尼克遜與哈德曼的一段對話，講的就是水門竊聽的具體安排，如果它沒有被刪掉，尼克遜難逃牢獄之災。

當然，對這些無法被證實的指控，尼克遜一律否認。他在辭職之後，並沒有隱居沉默，而是一直參與公共事務，力圖挽回自己的聲譽，維護自己的形象。1990 年，他在回憶錄裡這樣解釋當年在白宮安裝錄音系統的初衷：

> 從一開始，我就決定我的這屆政府應該成為歷史上記錄最全的政府。我要讓我召開的每一個重要會議都有記錄，從重要的國家安全會議的逐字記錄到各種慶典的有聲有色的記錄。[23]

特朗普的錄音風波

幾十年過去了，白宮錄音系統逐漸被淡忘。2017 年 5 月的一天，它突然又登上新聞頭條，重回大眾視野，這次的主角是美國第 45 任總統特朗普。

特朗普當選後，曾經鬧出了"通俄門"，即俄羅斯涉嫌參與並操縱美國大選，這是大是大非的問題，受到了美國國會和聯邦調查局的調查。特朗普入主白宮之後，曾邀請時任聯邦調查局局長科米（James Comey）共進午餐。2017 年 5 月 9 日，特朗普突然宣佈，解除科米的職務，而這時科米的任期還有一大截。

科米隨後向《紐約時報》曝光了當天午餐的談話內容。科米稱，特朗普詢問了"通俄門"的調查進度，並要求科米效忠於他，還要求他高抬貴手，放前白宮助理弗林（Michael Flynn）一馬。科米的意思是，因為他秉公執法沒有答應，最終被解職換人。對科米的一面之詞，特朗普立即公開否認。相同的問題又來了，兩人飯桌上的談話，死無對證。

三天後，特朗普在推特上向科米喊話："你向媒體爆料之前，最好確認我們的對話沒有被錄音。"特朗普這則推文的意思,是暗示他持有兩人對話的錄音,科米最好不要對外亂說。

這立即引起了媒體和大眾的熱烈討論。繼尼克遜後,40多年來第一次有總統暗示白宮恢復使用了錄音系統。

"水門事件"之後,白宮建有秘密錄音系統已為世界所知。美國社會也開始討論,該不該在總統在辦公室設置錄音,這些錄音的所有權又應該歸誰? 1978年,美國國會為之出台了專門的《總統記錄法案》(Presidential Record Act),規範了總統錄音的使用辦法,該法案有三點值得關注:一是總統錄音的所有權歸屬於國家,而非總統個人;二是現任總統有責任監督和管理總統和副總統的錄音;三是總統及其工作人員要按規定區分職務錄音和私人錄音。

因為尼克遜的遭遇,大部分總統都心有餘悸,放棄了錄音。直到第40任總統列根,他認為錄音才能保證記憶的準確,於是堅持在一些場合下使用。而且,他不僅錄音,還錄像,特別是在和外賓會面的時候。因為是演員出身,列根很習慣面對鏡頭,在後來公開的800多個小時的錄像當中可以看出,列根在鏡頭前十分從容。給列根撰寫傳記的作家雪莉(Craig Shirley)曾經在採訪中說:"列根決不會用這些錄像去威脅、敲詐任何一個人,道德上就不允許。"[24]

特朗普的這則推文,卻無異於一個威脅。把自己掌握的記錄變成威脅,這樣的事歷史上並不少見。這個領域的集大成者可能就在中國。清朝的任伯安是一個在吏部打雜的刀筆小吏,類似於今天的文員。他利用在高層抄抄寫寫的機會,把一些官員的失誤、陰私和不當言行集中起來並分門別類,取名《百官行述》,這樣的記錄落到誰手裡,都是要挾叫價的工具。把柄在人家手裡握着,別人提點要求,好意思拒絕、敢拒絕嗎?雍正王朝的各大親王利用各種手段,都想將它搞到手,這後來演變成為一場政治風暴。

特朗普的威脅是奏效的,科米從此收聲,但這則推文也給特朗普帶來了新的麻煩,他從政之前是一名商人,很可能完全不了解《總統記錄法案》。幾天後,參議院就下令要求特朗普交出他和科米的錄音,因為按照1978年的這部法律,特朗普提及的錄音,其產權屬於國家。這意味着這段錄音將被審查、存檔乃至公開。

　　6月22日，特朗普又連發兩則推文，否認"持有錄音"。他説："最近出現了很多有關電子監視、竊聽、揭露真相和非法泄露信息的報道。我不知道這中間有沒有我和科米交談的錄音，但我沒有錄過，現在手頭也沒有。"

　　特朗普的這個反應，是在鑽《總統記錄法案》的空子。該法案雖然明確了白宮錄音系統的產權歸國家所有，但沒有禁止總統私人行為的錄音。特別是隨着科技的發展，今天的錄音已經不再需要一個大型系統的支持，各種各樣的微型錄音設備可以放進口袋，隨時打開，一台普通的手機也能完成這些功能。法無禁止則可行，這還是一塊灰色地帶。

　　美國的新聞界推測，最近20年，白宮的總統其實都在使用錄音設備。奧巴馬雖然聲稱過自己沒有使用白宮錄音系統，但他也在錄音。暢銷書作家博登（Mark Bowden）有一次採訪奧巴馬，錄音筆卻突然壞了，博登很着急，但訪問一結束，奧巴馬的團隊就給了博登一份訪談過程的文字記錄，這證明奧巴馬個人持有很多會談和見面的錄音。

　　特朗普的痛點，其實和羅斯福類似，他不信任報紙和電視，公開批評它們歪曲事實，製造假新聞，以致"假新聞"成為美國的年度流行詞彙。羅斯福當年的方法是避開新聞媒體，通過廣播直接向大眾喊話；特朗普是通過推特直接向全世界發佈自己的觀點。他上任的首年平均每天發佈6~7則推文，後世可能會稱其為"推特治國"。

　　無論是廣播還是推特，在完成信息傳播之後，都變成了一種記錄。在過去的100多年裡，人類的記錄手段在不斷拓寬，從文字、圖像、聲音再到視頻。在風雲變幻的政治場合，文字記錄過於模糊，圖像記錄會受空間、拍攝角度的限制，聲音記錄所具有的準確性、隱蔽性反而更受歡迎。記錄的表面目的，是對抗遺忘和不準確，但持有記錄又意味着掌握了秘密、真相和證據。白宮錄音的起點是羅斯福，但可以預見的是，它還遠未走到終點。

視頻直播為甚麼低效

　　上文説到，列根在1981年入主白宮之後，不僅用錄音，還用錄像。視頻技術的進步和普及，把記錄推上了一個新的高度。1979 年，美國政府宣佈開始向全美直播國會的會議和辯論實況。

關於國會的會議，美國立國之初，《憲法》第一條第五款規定，國會的辯論和投票應該有記錄，並予以公佈。從 1789 年開始，美國國會便設立專職人員，記錄每天的會議和辯論。這些記錄，必須通過一個手段向大眾公開，當時沒有電視，更沒有網絡，主要渠道就是報紙。

雖然美國國會 1841 年就在議會廳為新聞媒體專設了"記者席"，但國會議員也常常遭遇羅斯福、特朗普的痛點，他們認為記者沒有逐字逐句記錄自己的發言，刊發的報道歪曲了原意，甚至別有用心、斷章取義地製造"假新聞"。雙方反覆爭議、交惡，記者甚至多次被驅趕出國會。在雙方甚囂塵上的口水戰中，公眾往往莫衷一是、不明所以。

在甘迺迪的時代，電視開始興起。1979 年，美國成立了專門的公共事務有線電視網，開始向全國轉播國會的會議。公共事務有線電視網在美國的政治文明進程中影響深遠，用其創建者拉姆（Brian Lamb，1941—）的話來說，電視為公眾展現了政治事件的完整過程，起到了"幫助公民在場"的作用。由於其客觀性，記者和議員兩方也開始相安無事，爭議大幅減少。

2012 年 4 月，美國國會宣佈公眾可以通過網絡（HouseLive.gov）收看立法會議的實況，還可以下載以往的會議錄像。國會的會議常常持續到深夜，視頻也因此長達 10 多個小時。從會前的牧師禱告到議員的一分鐘演講，唇槍舌劍，再到投票、計票，甚至休會、閉會，整個過程盡收錄於其中。議會大廳裡的一舉一動、一言一行，甚至個別議員和身邊工作人員的一聲招呼，都可能被錄製，盡收觀眾的眼底。和視頻配套公佈的還有關於會議的互動式、格式化文檔，用戶可以通過點擊標題或關鍵詞搜索，隨時瀏覽感興趣的片段。

這是全方位、不間斷的記錄，和中國 2000 多年前一人一筆的《起居注》相比，令人不勝感慨。所有的議員都知道，自己的每一句話、每一個表情和手勢都在被直播、存檔，被當代、後世無數的人看到，因為知道有人在看，而且是手握選票的選民在看，鏡頭直播下的會議往往成為政客表演、作秀的最佳時機和場合。美國眾議院曾經做過一項專門調查,數據表明,電視直播增加了議員發言、演講的次數,有些議員甚至故意大放厥詞,以博出彩,和設立記者席的報紙時代相比,國會通過一項議案的平均時間增加了 54%,每天的會議時間延長了 6%。[25]

這其中的悖論在於,記錄的目的是保證行為的真實、準確,但記錄行為本身又會誘發人類行為的失真。

2002 年,中國共產黨第十六次全國代表大會提出了政治文明,開啟了何為政治文明的討論,但近 15 年來,鮮見如何建設政治文明的細節和討論。我們已經講過記錄之於商業文明的意義,政治領域概莫能外,對國事討論的逐字逐句記錄就是建設政治文明的具體措施。美國自建國以來,就對國會會議進行全程記錄,200 多年的辯論記錄已經成為寶貴的政治大數據。日光之下,並無新事,幾乎所有的問題,人類都曾經在不同的歷史階段有過不同程度的思考和討論,現代大數據的處理技術,可以通過一個關鍵詞的搜索,把 200 多年歷史中所有的記錄分門別類地瞬間呈現出來。這種條分縷析、脈絡清晰的考察將為後世的討論、政策修訂提供巨大的便利。文明在於積累,我們應該站上前人的肩膀,這個"前人"不妨是全人類,對於美國 200 多年的政治記錄,我們也應該盡早翻譯成中文,為國家決策所用。

普適記錄:上帝的終極武器

在這一節,我要嘗試得出一個大膽的、有趣的結論。

先從一本小說說起。艾略特(George Eliot,1819—1880)是 19 世紀和狄更斯、勃朗特姐妹齊名的英國作家。她的成名作《亞當·比德》(Adam Bede)講述了一個情感糾結的愛情故事。

故事發生在 19 世紀。女主角海蒂是個漂亮的鄉村姑娘,秉性高貴的木匠比德愛上了她。雖然海蒂認為比德是一個理想的配偶,但她愛慕虛榮,一邊應承比德,一邊和鄉紳少爺亞瑟眉來眼去。比德和亞瑟原本是好朋友,有一天,比德在樹林裡偶然撞到海蒂和亞瑟在幽會，情不能堪，比德要求和亞瑟決鬥。

亞瑟自知錯了，羞愧難當，他給海蒂寫了一封斷交信，然後離開了家鄉。海蒂處境狼狽，同意跟比德結婚，但突然發現自己懷孕了，肚子越來越大，她只好離家出走去找亞瑟，途中生下了孩子。輾轉流離之下，她在絕望中遺棄了嬰兒。

海蒂不配合法庭的審訊，她拒絕認罪。

我們要討論的，不是其中的感情糾葛，而是艾略特如何設計情節、安排步驟，讓海蒂一步步醒悟，最終主動悔悟認罪。

臨刑之前，另一名女主角黛娜和海蒂對話，深深觸動了海蒂的心。

有一個人，在你苦難的時刻、罪惡的時候，他一直和你在一起 —— 他知道你曾有過的每一個念頭，他一直注視着你往哪裡去，在哪裡躺下，又重新站起來，還有你試圖隱藏在黑暗中的全部所作所為。到週一的時候，我就不能再跟着你了 —— 我的手也沒有辦法再接觸到你 —— 死亡將會把我們分開，那個時候 —— 到那個時候，現在和我們在一起，明察一切的上帝，仍然會跟你在一起。不論我們是死了，還是活着，上帝始終跟我們同在，沒有任何分別。

當然，這個一直注視着海蒂的"他"就是基督教裡的上帝。黛娜的這番話，勝過了法官的盤問、律師的誘導，海蒂開始動搖。

海蒂跟着黛娜跪下了，她們的手還緊握着，沉默了很長時間之後，黛娜說道，海蒂，現在我們來到上帝的面前，他在等着你說出事實的真相呢！
……

請您將生命再生的靈注入她的身體吧，使她產生一種新的恐懼 —— 對罪惡的恐懼。讓她不敢再把罪惡的事埋在心底，讓她感受到上帝鮮活的存在，上帝洞悉她過去的一切，對上帝來說，黑暗猶如白晝，上帝正等着她坦白一切，在死亡之夜來臨之前，乞求她得到寬恕！寬恕的時刻正在流逝，正如昨日永不再來！

經過這 10 多分鐘的對話，海蒂抱着黛娜的脖頸哭了出來，她表示，願意把整個過程供認出來：

我說……我說……我全部都說出來。

我是做了那事，黛娜……我把他埋在樹林裡了，那小嬰兒，我聽到他在哭，很遠了還在哭，那個晚上我又回去了，因為他在哭。

她停了停，接着語速加快了，大聲懇求說，不過，當時我認為他不會死——我以為有人會發現他，我沒有殺死他，我真沒有親手殺死他，我把他放在那兒，用東西蓋上了，等我回去時他已經不在了……

這篇小說裡，觸動海蒂認罪的不是她對法律的敬畏，也不是女性的良心發現，而是上帝那雙無處不在的眼睛，"他知道你曾有過的每一個念頭，他一直注視着你往哪裡去"，類似的描述，會讓所有人都感受到無所遁形的恐懼和壓力。他記錄你的所作所為，洞悉你過去的一切。

作者的這種對話安排和設計，反映了當時社會的文化和風俗，體現了人們對宗教最簡單卻又最根本的理解。他們認為，人類在日常生活中的一言一行、一舉一動，無論在光天化日或是深更半夜，上天都有記錄。上帝可能是派出使者，看見每一椿罪惡，然後記錄在毫無錯誤的、彰明昭著的案卷中，沒人可以隱藏、否認、遮掩、欺瞞。面對這樣一個全知型、全能型的上帝，如果拒絕承認事實，人類內心就會惶恐不安。西方宗教將這種"上帝之眼"的機制發揮到了極致。

《聖經》中也有不少關於記錄的經文：

猶大的罪，是用鐵筆、用金剛鑽記錄的，銘刻在他們的心版上和壇角上。(耶17：1—2)

唯願我的言語現在寫上，都記錄在書上，用鐵筆鐫刻，用鉛灌在磐石上，直存到永遠。(伯19：23—24)

那時，敬畏耶和華的彼此談論，耶和華側耳而聽，且有紀念冊在他面前，記錄那敬畏耶和華、思念他名的人。(瑪3：16)

然而，不要因鬼服了你們就歡喜，要因你們的名記錄在天上歡喜。(路10：20)

基督教講原罪，講懺悔，講末日審判。中國的佛教則講因果報應，講六道輪迴。佛經偈語說："假使百千劫，所作業不亡，因緣會遇時，果報還自受。"意思是，我們凡做一件事，說一句話，甚至起一個念頭，都是在種因，在造業。根據所種的因，造得善業或惡業的不同，都會受到不同的報。簡單地説，就是"善有善報，惡有惡報"。

然而，驅動因果報應的，還是記錄。我這裡摘錄一段流行於當代的講道，來説明這個道理：

> 佛眼看我們看得很清楚，我們看不到他，他看到我們，為甚麼？他跟我們同在，他覺而不迷，我們迷而不覺，他看到我們，我們看不到他，我們起心動念他全知道，他的能量太大了，我們起心動念，他不但知道，他知道得最圓滿，還有諸佛菩薩知道，龍天鬼神知道。閻羅王憑生死簿來接待你，你善多於惡，三善道有分；惡多於善，三惡道去投胎，一點都不假，我們自己覺悟到了，我們懺悔，改過自新，行不行？行，我們斷惡修善，我們生死簿裡面惡的漸漸就少了，消除了，善就天天增加，就增長，這個出不了六道輪迴。[26]

這段話的主要意思和艾略特想表達的幾近一致，是佛祖菩薩在注視你、記錄你，所以你要為善，這和基督教的邏輯也一脈相承。

在人類歷史上，宗教的教化作用有目共睹。通過宗教，記錄中暗含的震懾力量波及了每一個人，成為普世的力量。上天有一雙眼睛時刻盯着世人，你種下的因會在後世結下果。你犯了錯，上天會懲罰；做了好事，佛祖可能顯靈。換句話説，無論基督教還是佛教，都創造了能夠記錄眾生每一個念頭、行動的"神"，以此震懾信眾，鼓勵眾人向善、從善。

宗教的力量來源於記錄，宗教體系的核心機制就是記錄和根據記錄進行清算。

在中國的世俗文化裡，這種記錄進一步具體化，它是一本生死簿。民間傳説中有一個盡人皆知的閻王，閻王的典型形象是左手持生死簿、右手拿判官筆，傳説在生死簿上面可以查到一個人99世功過善惡明細，可以説，生死簿完完全全就是一個記錄本，閻王判生死、定輪迴，靠的也是記錄。

對中國人而言，生死簿的喻義可謂廣為人知、深入人心。現代京劇《平原作戰》的第一場，我軍的英雄一上場，就對一群偽軍大聲宣佈：

> 告訴你們，抗日軍民掌握着你們的生死簿，誰做件壞事，記個黑點，到時候算總賬。誰要是改邪歸正做好事，就記個紅點，立功受獎。
>
> 我們要紅點！一名偽軍班長馬上喊起來。

這種紅點、黑點的比喻更加清晰地勾勒出生死簿作為記錄的框架和結構。

回到本章的開頭,古人發明了《起居注》和史書,用記錄的力量約束皇帝和權力階層,公元 709 年,唐朝的宰相韋安石在看了朱敬則寫的史稿之後,曾經慨歎道:"一般人不知道,史官的權力比宰相還要大,宰相管活的人,而史官不僅管活的人,還管死了的人,這就是古代的一些君主、大臣害怕史官的原因。"[27] 這説明即使在初數時代,數力的作用已然不可忽視,人類在洞察到這種力量之後,又通過宗教的設計,把記錄的約束力量推及普羅大眾。現代人發明了照相機、錄音機、攝像機和手機,把基於文字的記錄升級成為基於數據的記錄,和文字相比,數據不僅更精準,而且是結構化的、機器可讀的,可以快速傳播、永遠保存。原來只有少數人才具備的記錄能力,今天普及每一個人。人們不僅彼此記錄,還把記錄對準了天空、環境和萬物。

前面的章節講到,科學的基本方法就是記錄和測量。測量是一種帶有量度的記錄,而記錄和測量的結果無一例外都是數據。無論是研究天上的一顆星,還是地上的一個人,我們都需要記錄,記的重點是軌跡,即物體和人在時空中不斷變換的位置,但很明顯,對研究一個人來說,僅掌握其軌跡是不夠的,除了在時空中不斷地移動,一個具體的人在一個具體的點位上還說不同的話、做不同的事、有不同的表情和心情,要研究人,就必須對他們有全方位的記錄。

今天,這種全方位的記錄正在形成。唐太宗、宋太祖其實應該慶幸,慶幸他們不是活在當代,否則討好、賄賂史官沒有任何意義。對同一個事件,可能會有不同的人從各個視角、用多種工具和方法做記錄,它們相互印證,相互補充細節。單方面的敘述,單個的人和組織已經不能左右真相了。

人生百年。假如有一個攝像頭,對着一個人永不停歇地記錄,那麼一天約產生 4 吉(GB)的數據,100 年約產生 143 太(TB)數據。按照當前的硬盤價格,存儲這 100 年的數據需要約 5 萬元。如果再利用信息化手段將數據壓縮,那麼只需要花費 2 萬元。也就是說,花 2 萬元就能保存一個人完整的一生的動態視頻記錄。

這一天正在到來,隨着我們頭頂上的攝像頭、手中的攝像頭越來越多,終身記錄、一覽無餘是遲早的事,只是我們沒有預料到,這一天到來的速度竟然如此之快。當我們真的可以無時不記錄、無事不記錄時，普適記錄所產生的數力是不是真的可以等同於上帝的力量？

我認為，不僅是等同，它甚至在超越上帝的力量，漸露萬能之相。上帝只有一個，普適記錄、大數據的觸角卻深入每一個人生活的細枝末節，一個上帝應付不了數以億計的信徒，人多了也有顧此失彼的時候，但普適記錄完全可以全覆蓋，24 小時無休止。

上帝將不再是虛構的角色，而是等同於現實存在。各種普適記錄就像人性的鏡頭，在鏡頭之下，人類將逐步祛魅，人性的善惡，生活的瑣碎、迷茫與困頓將更加清晰地呈現在我們面前。在數力的作用之下，社會形式將會重新組合，生活方式將會變革，道德仍然存在，但聖人消失了；英雄依然激動人心，但平凡才是底色。人類的歷史、信念將再次被改寫。一個基於平權意識的新時代、新社會正呼之欲出。我們正在創造這樣的人間，走進這樣的世界。當然，如前文所述，如果一個社會的普適記錄能力被集中控制，那它也可能走向平權社會的對立面：極權社會。

注釋

1　出自《命蕭瑀等修六代史詔》，唐高祖李淵。

2　巫祝，古代稱事鬼神者為巫，祭主贊詞者為祝，後連用指掌管占卜祭祀的人。

3　原文為："人間有撰集國史、臧否人物者，皆令禁絕。"《隋書‧卷二‧帝紀第二‧高祖下》，（唐）魏徵。

4　原文為："夫人寓形天地，其生也若蜉蝣之在世，如白駒之過隙，猶且恥當年而功不立，疾沒世而名不聞。上起帝王，下窮匹庶，近則朝廷之士，遠則山林之客，諒其於功也名也，莫不汲汲焉，孜孜焉。夫如是者何哉？皆以圖不朽之事也。何者而稱不朽乎？蓋書名竹帛而已。"《史通》（外篇史官建置第一，卷十一），（唐）劉知幾。

5　有多位史學家，如明代史學家焦竑（1540—1620）、近代史學家柳詒徵（1879—1956）等，認為掌管記錄的史官無形當中有一種"史權"，可以用以制約君主的傲慢行為，他們稱之為"以史制君"。

6　出自《申鑑》卷二，（東漢）荀悅。

7　原文為："宋太祖一日罷朝，俯首不言，久之，內侍王繼恩問故。上曰：'早來前殿指揮一事，偶有誤失，史官必書之，故不樂也。'"《讀書鏡》，（明）陳繼儒。

8 原文為："貞觀二年，太宗謂侍臣曰：'朕每日坐朝，欲出一言，即思此一言於百姓有利益否，所以不敢多言。'給事中兼知起居事杜正倫進曰：'君舉必書，言存左史。臣職當兼修起居注，不敢不盡愚直。陛下若一言乖於道理，則千載累於聖德，非止當今損於百姓，願陛下慎之。'"《貞觀政要》，（唐）吳兢。

9 原文為："帝嘗詔：'起居紀錄臧否，朕欲見之以知得失，若何？'子奢曰：'陛下所舉無過事，雖見無嫌，然以此開後世史官之禍，可懼也。史官全身畏死，則悠悠千載，尚有聞乎？'"《新唐書·儒學（上）·朱子奢》，（宋）歐陽修等。

10 原文為："上謂諫議大夫褚遂良曰：'卿猶知《起居注》，所書可得觀乎？'對曰：'史官書人君言動，備記善惡，庶幾人君不敢為非，未聞自取而觀之也！'上曰：'朕有不善，卿亦記之邪？'對曰：'臣職當載筆，不敢不記。'黃門侍郎劉洎曰：'借使遂良不記，天下亦皆記之。'"《資治通鑑（卷第一百五十六）》，（宋）司馬光。

11 原文為："時朗執筆螭頭下，宰臣退，上謂朗曰：'適所議論，卿記錄未？吾試觀之。'朗對曰：'臣執筆所記，便名為史。伏準故事，帝王不可取觀。昔太宗欲覽國史，諫議大夫朱子奢云：史官所述，不隱善惡。或主非上智，飾非護失，見之則致怨，所以義不可觀。又褚遂良曰：今之起居郎，古之左右史也；記人君言行，善惡必書，庶幾不為非法，不聞帝王躬自觀史。'帝曰：'適來所記，無可否臧，見亦何爽？'乃宣謂宰臣曰：'鄭朗引故事，不欲脫見起居注。夫人君之言，善惡必書。朕恐平常閒話，不關理體，垂諸將來，竊以為恥。異日臨朝，庶幾稍改，何妨一見，以誡醜言。'朗遂進之。"《舊唐書（卷一百七十七）》，（後晉）劉昫等。

12 原文為："上就起居舍人魏謨取記注觀之，謨不可，曰：'記注兼書善惡，所以儆戒人君。陛下但力為善，不必觀史！'上曰：'朕向嘗觀之。'對曰：'此曩日史官之罪也。若陛下自觀史，則史官必有所諱避，何以取信於後！'上乃止。"《資治通鑑（卷第二百四十六）》，（宋）司馬光。

13 原文為："慶曆中，歐陽修為起居注，常論其失云：'自古人君不自閱史，今撰述既成，必錄本進呈，則事有諱避，史官雖欲書而不敢也。乞自今起居注更不進本。'仁宗從之。厥後佞臣執筆，乃復進史，沿襲不革，遂至於今。臣等欲望陛下上遵仁宗之訓，革周翰之失，自今記注不必進呈，庶使人主不觀史之美不專於唐二君也。"《宋會要輯稿》，（清）徐松。

14 原文為："古者人君立史官，非但記事而已，蓋所以為監誡也。動則左史書之，言則右史書之，彰善癉惡，以樹風聲。故南史抗節，表崔杼之罪；董狐書法，明趙盾之愆。是知直筆於朝，其來久矣。而漢魏已還，密為記注，徒聞後世，無益當時，非所謂將順其美，匡救其惡者也。且著之人，密書其事，縱能直筆，人莫之知。何止物生橫議，亦自異端互起。故班固致受金之名，陳壽有求米之論。著漢魏者，非一氏；造晉史者，至數家。後代紛紜，莫知準的。伏惟陛下則天稽古，勞心庶政。開誹謗之路，納忠讜之言。諸史官記事者，請皆當朝顯言其狀，然後付之史閣。庶令是非明著，得失無隱。使聞善者日修，有過者知懼。"《周書》，（唐）令狐德棻等。

15 原文為："玄於道作起居注，敍其距義軍之事，自謂經略指授，算無遺策，諸將違節度，以致虧喪，非戰之罪。於是不遑與群下謀議，唯耽思誦述，宣示遠近。"《晉書·桓玄傳》，（唐）房玄齡等。

16 圖片來源：1878 年，由布雷迪（Mathew Brady）拍攝，見大英百科全書網站。

17 《發明世界的巫師：托馬斯·愛迪生傳》（*Thomas Alva Edison: Sixty Years of an Inventor's Life*），（英）弗朗西斯·亞瑟·瓊斯著，佘卓桓譯，黑龍江教育出版社，2016.11。

18 "Secret oval office recordings by Roosevelt in '40 disclosed", Leslie Bennetts, *The New York Times*, 1982.1.14.

19　英語原文為："We don't want any war with you. We don't consider ourselves belligerent."

20　"豬灣事件"是指 1961 年 4 月 17 日，在美國中央情報局的協助下，逃亡美國的古巴人在古巴西南海岸豬灣，向古巴革命政府發動的一次入侵，這次行動以美國失敗告終。

21　《錄音檔案與美國總統》，林挺等，《上海檔案》，2001.2。

22　"The Nixon White House Tapes: The Decision to Record Presidential Conversations", H. R. Haldeman, *Prologue Magazine*, 1988, 30（2）.

23　《尼克松回憶錄》（ *The Memoirs of Richard Nixon* ），（美）理查德・尼克松著，任伍譯，世界知識出版社，2001.6。

24　"The Shadowy History of Secret White House Tapes", Domenico Montanaro, National Public Radio, 2017.5.13.

25　本數據來源於眾議員安德森（John Anderson）做過的一項專項調查，參見 "Communications and Congress", Stephen Frantzich, *The Academy of Political Science*, 1982。

26　《2014 淨土大經科注》（第 244 集），淨空法師講於香港佛陀教育協會，2015.9.4。

27　原文為："侍中韋安石嘗閱其稿史，歎曰：'董狐何以加！世人不知史官權重宰相，宰相但能制生人，史官兼制生死，古之聖君賢臣所以畏懼者也。'"《新唐書・朱敬則傳》，（宋）歐陽修等。

06

數文明：
社會、商業和個人如何被記錄賦能

商業文明的發展應該有一根"金線"，人類文明亦然，中國亦然。本章抽絲剝繭，明辨"計"和"記"，回顧印刷機的歷史，洞察《紅樓夢》的玄機，小述青澀的成長歷史，反思中國瓷器發展歷程，再現卡片、記錄狂人的成功道路。從歷史到現實，從西方到東方，凡此種種，意在勾勒一個數文明大時代的個人、商業和國家發展戰略。

數據是新世界的土壤，我們要用，更要護。

　　某年某月，外星人突然到訪地球，12 個不明飛行物降臨在 12 個不同國家的上空，包括中國和美國，這引起了全球恐慌。外星人不斷向人類發出信號，但人類無法解讀，兩方劍拔弩張，戰爭一觸即發。

　　這是 2017 年的科幻大片《天煞異降》（*Arrival*）一開頭所描述的場景。自從意識到自己可能不是宇宙中唯一的文明之後，人類就患上了"宇宙社交恐懼症"，《天煞異降》設想了地球人會如何接待地外文明的第一次來訪，這部影片啟發我重新審視人類文明源流中最重要的因素。

　　語言學家路易斯（女）和物理學家伊恩（男）受美國軍方派遣，和外星人面對面交流。在飛往目的地的直升機上，路易斯認為："當兩個文明相遇時，語言是第一'武器'。"物理學家卻直接否定她說："你錯了，不是語言，是科學。"

　　隨後劇情的展開，卻證明了語言和科學都行不通。

　　地球人和外星人雖然在不斷嘗試語言的溝通，但還是雞同鴨講，彼此雲裡霧裡，人類無比焦慮，就在最終決定動用武力的緊要關頭，路易斯突然意識到，應該通過文字，即研究文字的形狀、色彩和意義，來實現雙方的理解。路易斯發現外星人使用了一種極為特殊的圓環狀文字，經過對大量字符的反覆分析和比對，她逐漸了解到其中的奧妙，最終破解了外星人想要傳達的信息，避免了一場戰爭。

　　為甚麼正確的道路只能是文字？

　　憑藉聲音，人類可以表述、傳達和交流，但聲音信號難以分析，這導致路易斯在

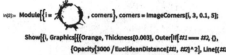

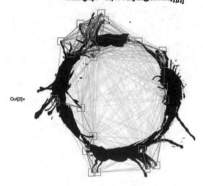

圖 6-1 《天煞異降》中外星人的文字 [1]

影片中遇到困難。當外星人畫出一個又一個地球人難以理解的文字符號時,地球人可以記錄下來。文字不同於聲音或語言,它不僅可以用來表述、傳達,它還有更重要的功能,那就是記錄。

記錄意味着信息可以被保存,成為再次思考分析的素材。

一個新的發展視角:記錄

遠古時期,人類就有了寫寫畫畫的衝動,在沙地、樹幹、獸皮、石壁上刻畫記號,結繩記事。這些做法都表明,遠古人類已經有了記錄的需要,意識到了記錄的作用,但直到公元前 3000 年左右,文字的出現才為真正的記錄奠定了基礎。《易經》説:"上古結繩而治,後世聖人易之以書契。"

無論是結繩,還是符號契刻,其核心都是一個字:"記"。最早的"記"很可能起源於交易的需要,又從記賬的簡單符號逐漸演變成為一整套的符號體系,成為文字。文

圖 6-2　古秘魯人的結繩記事、中國人的賈湖刻符和蘇美爾人的泥板 [2]

左圖：在歐洲人初到美洲時，他們發現當地的秘魯原住民使用一種名為 "結"（quipus）的繩子記事，
　　　這些繩子有不同的顏色，被打成各式各樣的結或環，以表示各種事物或複雜的意見。

中圖：1962 年，賈湖刻符在河南舞陽出土，人們在龜甲等器物上發現了 17 個契刻的符號，它們具有多
　　　筆組成的結構，經鑑定有 7762（±128）年的歷史，被認為可能是漢字的源頭。

右圖：公元前 3500 年，蘇美爾人發明了一種象形文字。該泥板上刻有的文字和符號代表牛頭、穀穗、
　　　魚以及它們的數量，這可能是神廟的賬目記錄，它也說明文字是從圖形和符號演變而來的。

字的出現是一件石破天驚的事。中國的傳說是 "倉頡造字"，《說文解字》中記載，黃帝
的史官倉頡看到鳥獸留下的足印，領悟到凡事應該留下痕跡。受此啟發，他發明和創
造了符號和文字。[3] 造字成功的當天，鬼神哭了一個晚上。[4]

　　鬼神之夜哭，從側面反映出文字出現對人類自立於天地之間的意義：在有文字之
前，鬼神無處不在，特別是存在人們的口耳傳說之中，鬼神藉助人類的恐懼統治世界。
而文字可以祛魅，在用翔實的記錄所建立的人類新國度裡，鬼神統治的領域和空間大
幅縮小，它們知道自己會逐漸被人類遺忘、淘汰，無法享受高高在上的供奉，所以慟
哭以悲。

　　文字的出現，是文明開始興起的真正標誌。文明之明，指的不是照亮自然界的太
陽之光，而是照亮大腦的思維之光。憑藉文字，一個人可以打破他的生理邊界，突破
大腦的束縛，用固定的形式把自己的觀察、經驗、思想和成就記錄下來，共享出來，
激發討論，並代代相傳，不斷疊加。

所謂"史前"，是指有文字記錄之前，所謂"文明"，就是指文字載明，文采光明。

也有人認為，人類文明最重要的基點應該是語言，而不是文字。因為語言的出現，讓人和人之間可以交流、傳達意思，這當然也是脫離蒙昧的一個重要標誌，但是，語言只能用來交流，不能用來記錄。文明初始，人類沒有錄音機，說過的話如風過耳、轉瞬即逝，經驗和知識只能口耳相傳。這種基於口頭傳播的經驗或知識非常粗淺，隨着一代人的死去，這種粗線條的經驗也會消散，或者只留下零碎的片段。因為知識無法有效地傳承，一代又一代人要在黑暗中重複摸索，同一件事所耗費的時間和精力無法計算，文明的腳步自然十分緩慢。

語言並非人類獨有，越來越多的研究證明，很多動物如鳥類、猿猴、鯨、蝙蝠甚至螞蟻，都會藉助聲音進行交流。所謂"人有人言，獸有獸語"，中國歷史上不斷記載有通曉鳥獸語言的奇人出現，現代科技中也不乏利用動物聲音的例子。例如飛鳥雖小，但空中的飛鳥能像子彈一樣擊穿飛機或被捲入引擎，2009 年 1 月，從紐約起飛的 US1549 號航班，在升空一分半鐘之後撞上了一群加拿大黑雁，導致兩個引擎失去動力，最後飛機在水面迫降。驅鳥是所有機場都不敢輕視的一項重要工作，現行的主要方法就是播放令鳥類感到驚恐的聲音，以便驅散牠們。

所以，人類和其他動物的根本區別並不是語言，真正讓人類逾越萬物、走出蠻荒狀態的是文字，如果我們把人類所有的重大發明都放在時間軸上進行觀察，就會清晰地發現，在所有的發明創造中，文字最具決定意義。正是在文字被發明之後，人類的文明才得以快速發展。要是沒有文字，人類其他的發明幾乎都不會產生。

為了呈現這個結果，我們可以把人類最近 75 萬年的發展史按比例濃縮為 1 年。從圖 6—3 可以看到，文字產生之前，人類文明的進展相當緩慢，直到這年的最後 3 天，文字出現之後，人類文明的進步才大幅提速。造紙術、蒸汽機、電動機、汽車、互聯網、AlphaGo 等迄今為止人類文明所有的重要節點性事件，居然都集中發生在這年的"最後 1 天"。

真可謂"天不生文字，萬古如長夜"。

這其中最重要的原因，就是文字讓記錄成為可能，記錄讓文明得以積累。文明必

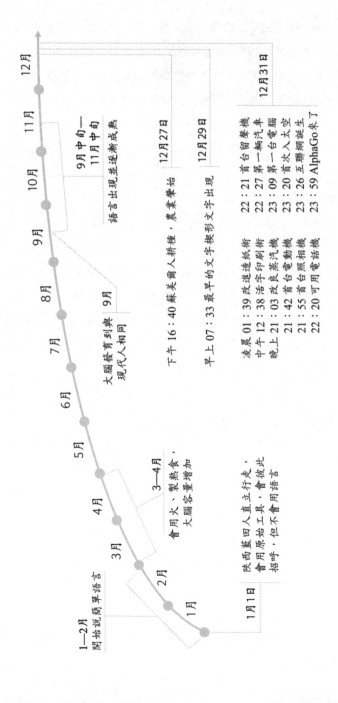

1—2月
開始說簡單語言

大腦發育到與
現代人相同

3—4月
會用火、製熱食，
大腦容量增加

陝西藍田人直立行走，
會用原始工具，會彼此
招呼，但不會用語言

1月1日

9月中旬—
11月中旬
語言出現並逐漸成熟

下午 16：40 蘇美爾人耕種，農業肇始

早上 07：33 最早的文字楔形文字出現

12月27日

12月29日

凌晨 01：39 改良造紙術
中午 12：38 活字印刷術
晚上 21：03 改良蒸汽機
　　 21：42 首台電動機
　　 21：55 首台照相機
　　 22：20 可用電話機

22：21 首台留聲機
22：27 第一輛汽車
23：09 第一台電腦
23：20 首次入太空
23：26 互聯網誕生
23：59 AlphaGo 未了

12月31日

圖 6—3　人類文明發展濃縮圖（1 天時間代表 2055 年）

須靠積累,人類的每一個文明,都是一部分人體能和智力的結晶。因為有了記錄,後人可以站在前人的肩膀之上,把體能和智力投入新的勞動和創造中去,對未知的事物進行思考、分析、加工和打磨,從而提煉出新的規律和知識,文明進步的腳步因此得以加快。

文字不僅記錄歷史、促進知識的提煉,還推動了組織和管理的興起。當組織的共識可以被固化成文本時,"口說無憑"的時代結束了,指令可以跨越時空,被精確地傳遞,規則和法律出現了,每一個先例的生命週期都變得更加持久,先例變得更加難以被打破,人類的組織水平進入了一個新階段。今天我們可以看到,那些成功地把語言轉化為文字的古文明,都經歷了由部落到國家的發展過程,走上了社會大分工、大合作的演進道路,而沒有把語言轉化為文字的民族,都還過着從手到口的逐食生活,處於非常落後的原始狀態。

潮起潮落,斗轉星移,時移世易,生死更替。在這些變化當中,記錄延綿不絕、不斷積累,是為文明。

歷史上中國文明領跑與掉隊的原因

中國是世界上較早發明文字的國家,因而成為文明古國。在 3500 多年前的商朝,就出現了刻在龜甲獸骨之上的比較成熟的文字,即甲骨文。

到了春秋時期,中國人用木片、竹簡來替代龜甲,這時候的書被稱為竹簡和木牘。可以想像,它們極為笨重、不方便。戰國時著名的縱橫家惠施在各國遊說,要帶着書走,身後跟着 5 輛裝滿竹簡和木牘的大車,"學富五車"的典故由此而來。如果一個知識分子要搬家,竹簡和木牘會把牛都累死、把房子都堆滿,這就是"汗牛充棟"。

通過竹簡和木牘,中國開創了輝煌的先秦文化,有了諸子百家,有了中華文明的正源,並建立起一個大一統的中央集權王朝。

到了西漢,絹帛開始成為文字的載體,這當然就輕便多了,也便於書寫,但絹帛昂貴,不是一般人消費得起的,只能供王公貴族使用。

公元 105 年，東漢宦官蔡倫在前人的基礎上，改進發明了造紙術，開始大規模造紙。

中國的造紙術長期領先於世界。向東，造紙術在東漢時期傳入毗鄰的朝鮮，隨後傳到了日本；向南傳到了越南，向西在唐朝年間造紙術經西域傳到阿拉伯。到 12 世紀，歐洲才仿效中國的方法開設造紙廠。此前，歐洲書寫的主要載體為羊皮，這自然無法與廉價的紙張相比。

我認為，站在歷史的長河上看，文字和紙張的發明是早期中國文明一直領先世界的最重要的原因。相較於在竹簡和木牘上書寫，基於紙張的書寫更方便，這意味着人類可以更快、更高效地生產信息，更便捷地保存信息，信息和知識因而可以大規模地傳播。雖然信息的複製主要靠人工抄寫，但漢代以來，中國社會的識字率大幅增長，這推動了管理水平的提升，中國由此才成為當時最富裕的文明體，這種領先地位一直持續到 14 世紀。

接下來中國的落後也可以從這個角度得到解釋，其標誌性的事件，是西方社會發明並普及了印刷機。1454 年，德國人古騰堡（Johannes Gutenberg，1398—1468）發明了活字印刷術，印刷效率比人工手抄效率提高了上千倍，其成本卻下降到幾百分之一。這之後，印刷書開始普及，信息、知識在西方社會大面積傳播。在古騰堡發明活字印刷之後的 50 年，共有 2000 萬本圖書得以出版，比歐洲此前 1000 年來出版的所有圖書都要多。[5]

正是因為印刷術，近代科學在公元 1500 年之後快速崛起。當然，這絕非偶然，正如前文所強調的那樣，科學技術必須依靠記錄才能迭代發展。

在印刷術發明之前，人類社會科技的進步主要靠大眾在生產實踐中的偶然發現，這無論在東方社會，還是西方社會，都是相似的。經濟學家林毅夫先生認為，古代中國在技術上一直領先，是因為古代中國人口規模龐大，偶然發明要遠遠多於人口稀少的歐洲。[6] 歐洲在發明印刷術之後，開始建立科學實驗的制度，偶然的作用開始讓位於必然，顯而易見，一個專業人士在一年之內通過重複實驗所獲得的知識和發現，肯定要比一個中國工匠一輩子因為偶然和隨機所獲得的發現和成果要多。

中國隨即開始落後。

中國的瓷器在國際上的地位變遷就是一個典型例證。18 世紀之前，因為掌握了製瓷的核心技術，中國瓷器在全世界處於絕對領先的地位，幾乎壟斷了國際市場的瓷器供應。

而早期中國製瓷業的領先，誠如林毅夫先生所言，其重大發明是源於偶然。例如其核心技術"上釉"，是古代的窯工在燒製陶器的過程中偶然發現的，因草木燃燒生成的草木灰，會附在坯體之上形成一種玻璃態物質，這種物質可以改進器具表面的質量，使之不易被污染，而且防水，受這種"自然釉"的啟發，中國率先開啟了人工釉的嘗試和實踐。[7]

然而，從 18 世紀初開始，憑藉實驗、記錄和定量分析的方法，歐洲人很快掌握了瓷器的成分和煉製的方法，開始超越中國。

例如德國人伯特格爾（Johann Friedrich Böttger），他從 1700 年開始，做過三萬多次燒瓷實驗，並記錄了每一次實驗的過程和結果，德國的邁森瓷廠（The Meissen Porcelain Manufactory）至今仍保留了這三萬次實驗的數據。也就是說，今天德國人想要還原幾百年前的一件產品是很容易的事，而中國要想一模一樣地還原一件明清年間的瓷器，幾乎完全不可能，這正是因為沒有記錄。18 世紀 50 年代，英國人韋奇伍德（Josiah Wedgwood）用同樣的方法進行了 5000 多次實驗，每次都有記錄，他從模仿中國瓷器入手，後來不斷推陳出新，把動物的骨粉摻入陶瓷原料，燒製出晶瑩剔透、堅致如玉的骨瓷，這就是他的發明。

反觀中國，瓷器行業的主要業態是師父帶徒弟，師徒之間的經驗口耳相傳，為了保密，中國瓷器行業以不記錄、少記錄為宗旨，很多時候，師父只告訴徒弟要把握火候、加入適量材料，但要理解甚麼是火候、多少是適量，要靠徒弟的勤奮、悟性和機緣，所謂"運用之妙，存乎一心"，技藝的進步靠的是隨機的"悟"，而不是一代一代、一天一天、一次一次的"記"。中國歷史上肯定有一些技藝非常高超的工藝秘方，但因為沒有詳細的記錄，一旦出現如戰爭之類的意外，技藝就會失傳，後人只好重新再來。

我的家鄉江西吉安，是歷史上的瓷器重鎮。今天，很多人會認為景德鎮是中國的瓷都，但 1000 年以前，吉州窯的陶瓷要遠勝景德鎮，史書上也記載"先有吉州，後有饒州（景德鎮）"[8]。

吉州窯是因為戰亂而衰敗的。1275 年，元軍進攻南宋，吉安人文天祥起兵勤王，歷史記載他動員召集了吉州窯三萬窯工，把他們都帶去打仗，這支沒有經過訓練的部隊當然不堪一擊，很快就被元軍擊潰，一部分窯工被殺，另有一部分流落到了景德鎮。

吉州窯因此元氣大傷，窯區從此廢棄，爐火熄滅，技隨人亡。部分流落的窯工在景德鎮開枝散葉，所以景德鎮作為中國瓷都的興起是元明之後的事了。

瓷器曾經是中國的標誌和符號，但今天的中國瓷器，已經淪為國際市場的"大路貨"。從產量上來說，中國確實還是一個瓷器大國，但在世界上任何一個商場的高級瓷器櫃台，幾乎都看不到中國品牌。歐洲人佔據著世界高端瓷器市場 90% 的份額，其餘份額由美國和日本瓜分。[9]

一個更直觀的例子是解剖學的發展。和 13 世紀相比，16 世紀的歐洲解剖學已經有很大的不同，但這個不同，並非是因為解剖水平有巨大的進步，而是因為 14 世紀之後，解剖的結果能夠通過印刷技術保存下來，文獻變得越來越豐富了。要是沒有信息保存技術的巨大進步，文獻總量的增長是不可想像的。

當人的身體被打開後，如果沒有有效的記錄，這一次打開的收穫，只對現場的一兩名醫生有用。在現代的實驗室中，除了用文字，還可以用拍照、錄像甚至直播的方式來記錄。但無論怎麼記、記在哪裡，在印刷機出現之前，文字的保存時間都是有限的，如果當事人再向其他人口頭複述，那每次複述都會存在差異，而且受眾有限，當事人一死，世界其他地方的醫生、新的醫生為了同一個問題，又不得不去打開新的人體。

除了文字，當時還有一個辦法記錄，那就是把醫生看見的人體組織和器官依樣畫下來。可以想像，當另外一個人需要複製這張圖時，因為沒有印刷機，只能依葫蘆畫瓢，重新描畫，這會導致失真，如果一傳十、十傳百，一畫再畫，失真就可能從誤差變成錯誤。

不僅醫生解剖如此，那個時代的水手要航海，他們的手裡也沒有兩張完全相同的航海圖，因為所有的地圖、海圖都只能手工繪製，最終導致版本繁雜，眾人莫衷一是。

而到了印刷機時代，這些都不是問題了。

因此，通過記錄實現代際的知識傳承，才是印刷機對於文明升級的最高價值和意義。

很多學者強調印刷機對知識傳播的作用，我認為沒有抓住根本，傳播的本質就是基於大眾的保存和記錄，人工抄寫一本書可以被理解為把整本書"記錄"下來，印刷不過是加快了"抄書"的過程、擴大了受眾，這兩個要素大大提高了社會群體層面的記錄效率。一本手抄書，無論如何保存，都要遭受潮濕、蟲蛀、氧化的侵蝕，最終難逃發黃、散落和消失的命運。一把火可以燒掉一座藏書閣，讓前人的畢生心血付之一炬，讓文明斷層，但通過印刷，一本書可以在不同時間和地點不斷地產生新的副本，與時光賽跑、與遺忘對抗，人類的知識方能大規模地得到保留和傳承。

和古騰堡發明的活字印刷術相比，中國的印刷術命途多舛，人們幾經反覆，不得要領。中國唐代發明了雕版印刷術，所謂"雕版"，就像是刻章，把一本書在木頭的平面上刻出來，然後像蓋章一樣重複印製，但每印一本新書，都要重新刻章，這種高成本限制了印刷的範圍。對於四書五經等經典圖書，這是合算的，但對於新書，人們只能望而卻步。在蔡倫造紙的 1000 年後，宋朝的畢昇（約 970—1051）發明了活字印刷，即利用活動的字模來排版。他的思路對了，但技術沒跟上，其字模由膠泥製成，很容易碎，無法重複使用。到了清朝初年，銅活字出現了，但技術還是跟不上，為了完成皇帝《欽定古今圖書集成》的印刷任務，清政府曾經組織製作了 25 萬枚銅活字，這些銅活字被用過一次之後即被束之高閣，乾隆年間財政困難，銅活字又被重新煉鑄為銅錢。[10]

直到 1819 年，英國人莫里森（Robert Morrison，1782—1834）第一次用活字印刷術在中國印成《聖經》，活字印刷術才在中國逐步得到推廣和應用。[11]

這比歐洲晚了 365 年。

1454—1819 年，歐洲的科學技術發展十分活躍，但中國幾乎是停滯的。19 世紀的中國，看上去跟 2000 多年前的漢朝沒有太大的不同，讀的書幾乎是一樣的，用的農具、耕作方式也是一樣的。當西方文明在印刷機的推動之下，完成了由蒙昧到科學的轉變，建立了圖書館和文獻制度，即將拉開工業革命的序幕，中國依然沒有科學實驗。科學實驗制度的核心，就是"系統的、準確的記錄"，這樣確鑿的記錄和數字可以一代一代地傳承，而中國代與代之間的知識傳承一直依靠"師徒相授，口耳相傳"。這對孔孟之道和儒家經典來說，可能沒甚麼太大的問題，但對細分的專業知識、小眾的科學技術、微創新、獨門秘技而言，這就是災難，好不容易燃起的一點科學火苗一不小心就會熄滅。

信息的雪球滾不大，知識無法裂變，社會怎麼發展得起來？

中國社會還有另外一個嚴重的問題：崇古，即中國人一向認為古代人比當代人更加高明。這種思想認識的根源，也是缺乏記錄。

長期以來，中國人相信古代的人比現在的人要懂得多，但古人知道的東西沒有被記錄下來，簡單地說，失傳了。也正是因為沒有記錄，後人無法斷定古人是真的知道還是並不知道，所有的人都無法斷定，那只能靠猜，崇古之風就這麼刮起來了。既然古人做得比今人好，那為何要創新呢，只要好好效仿古人就行了。中國歷史上的數次改革都是被"有違祖制"打敗的，治理模式停滯不前，我認為缺乏記錄是一個重要原因。

這種崇古之風嚴重地制約了中國人的創新和進步，因為科學技術最根本的特點就是它來自新的實驗、新的發現，而不是來自前人的傳統、聖人說過的話。

我們不妨再從一個有趣的對比出發，來看看印刷技術的落後究竟對中國造成了甚麼樣的影響。

三本書在三個大陸的三種命運

《紅樓夢》是一本在中國家喻戶曉的小說，被喻為中國文學的巔峰之作。

關於這本書的身世，卻有諸多未解之謎。一些最基本的問題，例如作者究竟是不是曹雪芹、高鶚，專家都要吵來吵去，到現在也說不清楚。《紅樓夢》版本眾多，各個版本的內容各有差異，究竟哪一版更正宗，也是眾說紛紜。

正是因為歷史上這許多個"不清不楚"，中國產生了一批紅學專家，專門對此進行研究。

據紅學界考證，《紅樓夢》大約成書於18世紀60年代，其後的傳播依靠多方傳抄，據專門統計，《紅樓夢》各種版本達120餘種，其中刻印本近70種。[12] 其中影響最大、保存最完整的被稱為庚辰本[13]。直到清乾隆五十六年（公元1791年），《紅樓夢》的版本才迎來"大轉折時代"，當時著名的萃文書屋把前八十回與後四十回合成了一個完整的故事，付印出版，其中，第一版在1791年完成，被稱為程甲本；第二版在1792年完成，被稱為程乙本。

這120多個版本中，存在眾多繁雜的訛誤與改筆，程乙本在其"引言"中對此無奈地描述道："各種版本一片混亂，前後矛盾，有些章節這個版本有，那個版本無，就像玉和石混雜在一起，難以分辨。"[14] 表6—1是我從紅學界的考證中，信手拈來的幾個例子。

這些對比說明，究竟哪個版本更好、更符合作者的原意、更為正宗，完全無法定論，因為各個版本是你中有我、我中有你，有時還互相矛盾。造成這些謎團和問題的主要原因是直到明清兩朝，中國社會還缺乏有效的記錄手段，一本書流傳的主要手段是靠"抄"。

抄書，在古代是一項專門的工作，社會上流行的大量圖書都是"抄書工"逐字逐句、一筆一畫抄寫出來的，司馬遷、班超、諸葛亮等歷史名人都曾經抄過書。宋代朱熹有一首《贈書工》生動地描繪了"抄書工"這個職業的特點："平生久耍毛錐子，歲晚相看兩禿翁。"抄書抄到最後，抄書的筆禿了，"抄書工"的頭也禿了。

首先，抄書慢，一本書少說要抄幾天，長的要抄幾年。[15] 第二是容易抄錯，導致以訛傳訛、謬種流傳。為了提高效率，在抄書房裡，常常是一個人朗讀，一群人聽寫。抄錯的原因多種多樣，可能是聽錯，也可能是不小心的筆誤，還有的抄書人自認為比作者高明，故意不按原文照抄，而代之以自己的理解。另外還有一個原因，有的讀書人喜歡在正文之外加上評注，寫上自己的意見，甚至塗改原文。如果這本書又不幸成為抄本，新的抄書人就只能照抄。這些抄出來的書沒有抄寫的地點、日期

表6-1 《紅樓夢》各版本之異同和矛盾 16

位置和背景	版本	內容	評價	結論
第六回 賈寶玉初試雲雨情 劉姥姥一進榮國府 背景：賈寶玉做春夢後夢遺，叫丫頭襲人換衣服。各個版本兩人對話的內容，各個版本有較大不同。	庚辰本	襲人亦含羞笑問道："你夢見甚麼故事了？是那裡流出來的那些髒東西？" 寶玉道："一言難盡。"（寶玉含羞知夢中之事。）襲人素知賈母已將自己與了寶玉的，今便如此，亦不為越禮。遂和寶玉偷試一番。幸得無人撞見。	文學家白先勇認為，襲人不可能講中沒髒的意念。"髒東西"，她不了解，也沒看過，心不符合寶玉的口氣。"一言難盡" 不符合也是敗筆，成了偷偷摸摸，鬼鬼祟祟的事。	此處程乙本較真實。
	程乙本	寶玉含羞央告道："好姐姐，千萬別告訴人。" 襲人也含着羞悄悄地笑問道："你為甚麼……" 說到這裡，把眼又往四下裡瞧了瞧，才又問他說："那是那裡流出來的？" 寶玉只管紅着臉不言語，襲人卻只瞅着他笑。（寶玉告知夢中之事。）襲人自因知賈母曾將自己給了寶玉，也無可推脫的，扭捏了半日，無奈何，只得和寶玉溫存了一番。	"悄悄" 兩字用得好："你為甚麼……" 對於後沒有言語，襲人不好意思講。對於流出的東西，寫得較含蓄。"四下裡瞧" "紅着臉不言語" "瞅" "扭捏" 都更符合當時的情境和兩人的反應。	比庚辰本更好。
第三十四回 情中情因情感妹妹 錯裡錯以錯勸哥哥 背景：寶玉被打後，寶玉聽聞寶釵前來探視，寶玉 "如此親切稠密，竟大有深意" 的話，又見寶釵嬌羞臉紅，低頭，內心暗暗產生了感慨。	庚辰本等	那一種嬌羞怯怯，非可形容出者，不覺心中大暢，將疼痛早丟在九霄雲外，心中自思："我不過捱了幾下打，他們一個個就有這些憐惜悲感之態露出，令人可玩可觀，可憐可敬……"	"心中大暢" 強調因受到寶釵關切情意的滿足，不影響其形象性格邏輯的統一，符合人性和寶玉應有的情慾。"可玩可觀，可憐可敬" 符合對所欣賞的女性的心理情感。	此處庚辰本比甲本/程乙本更佳。
	程甲本/程乙本	那一種軟怯嬌羞，輕憐痛惜之情，竟難以言語形容，越覺心中感動，將疼痛早已丟在九霄雲外去了。想道："我不過捱了幾下打，他們一個個就有這些憐惜之態，令人可親可敬……"	"心中感動" 突出對寶釵情態的動心，是一種情感上的回饋，表現上明顯受到封建正統觀念的影響。另外，可親可敬 只是一種理性抽象的表達。	此處庚辰本/程乙本甲本比更佳。

以及抄寫人的姓名等"元數據"的說明，讀書人發現了問題，也無從追溯、無據可查。

四大名著中的另外一本《三國演義》，從明清兩代下來，也有 100 多個版本，各種版本之間，源流之複雜同樣難以考證，版本眾多的原因當然也是抄本多。20 世紀 30 年代，胡適在《三國志演義》的序中甚至下結論說："《三國志演義》不是一個人做的，乃是五百年演義家的共同作品。"[17]

因為缺乏記錄，即使對作者是誰這樣的一般性問題，學者反覆研究也得不出結果，學術水平停留在低水平上，這也是模糊社會的一個主要特點。

當然，要與竹簡和木牘的時代相比，抄書還是個巨大的進步。紙張的普及讓一個人可以用抄寫的方式獲得一本書，這在紙張發明之前的時代是難以想像的。這是一種解放，因為有了書，學生不用匍匐在老師的腳下去學習。舊時代的師徒關係常常是人身依附關係，老師與學生口耳相傳，他可以教你這名學生，也可以不教你這名學生。如果有書，一個人就可以向書本求教，一個人就有可能超越他的老師，這對個人命運的影響十分深刻。

這是紙張的發明對個人的解放。當然，在印刷術普及之後，這種解放的效應又得到了放大。

現在讓我們把視線轉向同時代的歐洲。

幾乎在《紅樓夢》成書的同時，歐洲也有一本世界級的文學名著問世。1774 年，德國文學巨匠歌德完成了他的代表作《少年維特的煩惱》，這本書帶來了時代性的轟動，一時洛陽紙貴。

《少年維特的煩惱》是怎樣出版的呢？在古騰堡發明活字印刷術之前，歐洲和中國一樣，幾乎所有書的流傳都是靠"抄"，但在 1500 年前後，歐洲的每一個大城市和部分小城市都出現了印刷機構。歌德聯繫了專門的書商，然後參加了當時正在興起的萊比錫書展，這是德國最大的書展，手稿可以在這裡競價交易，這個展覽會一年一度地舉辦，一直延續到今天。歌德正是在這個展覽會上找到了出版社，和他們一起宣佈了新書出版的消息。隨着這本書成功大賣，德國竟然出現了一種"維特效應"——眾多青年讀者效仿小說的主人公維特，穿着和他一樣的服裝，用自殺的方式結束生命。歌德見狀，立即修訂了這本書，在 1775 年又推出了新版，在序言中他勸誡讀者慎待生命。隨後，《少年維特的煩惱》風靡整個歐洲大陸，它在 1775—1778 年，出現了 6 個法語譯本，在 1779—1788 年，又出現了英語、意大利語和俄語的新譯本。[18]

和中國社會的模糊相比，這時候的歐洲，無疑更加清晰。

同為世界名著，相比《少年維特的煩惱》，我個人更喜歡中國的《紅樓夢》，它更為博大精深，文學成就也更大，但就出版過程而言，我們可以看到，當時的歐洲已經圍繞書籍形成了一個以印刷為中心的市場體系，一本書可以快速地、大規模地影響社會風潮，而《紅樓夢》仍然靠手工傳抄，它寫得再好，其傳播和影響都是很有限的，這其中，差距不在於作者，也不在於書，而在於兩個大陸之間以印刷機為中心的社會記錄體系的差異。[19]

最後，我們再把目光瞥向北美大陸。

18 世紀 70 年代的北美大陸還是一片殖民地，但恰恰在這個時候，也出現了一本暢銷書。1774 年，潘恩（Thomas Paine，1737—1809）從英國來到美國，1776 年，他將自己的作品彙編成一本 50 多頁的小冊子《常識》（*Common Sense*），付諸出版。這本書頓時成了熱門書，三個月內一共印刷了 12 萬冊，之後兩年間印量達 50 萬冊。[20]當時北美有 200 萬居民，幾乎每一個成年男子都讀過這本書，它激發了大規模的討論，喚醒了大眾獨立、自由、民主、平等的意識，讀者因此決定，他們要脫離英國的統治，成立一個新的國家。

今天的歷史學家回顧美國的獨立，莫不高度肯定這本書的作用，他們認為，《常識》這本書吹響了美國獨立戰爭的號角，在整個的美國獨立戰爭中，筆、劍和印刷機同等重要，同樣功不可沒，如果沒有這本書，沒有印刷機，美國獨立戰爭的發生必定推遲。美國第二任總統亞當斯總結說，思想是革命的先導，歷史最終會把美國獨立的功勞全部歸於潘恩的《常識》。

可謂一本書催生了一個國家。

印刷機的出現和普及，推動歐美大陸形成了一個社會化的記錄體系，相比之下，因為記錄手段的落後，信息和知識在中國的生產、保存和傳播的效率都落後了。記錄是文明和創新的基礎，從 14 世紀起，這種落後慢慢被放大到科技、經濟、政治等領域，導致了中國的全面落後。

十計九記：商業文明的進步密碼

我們在第一章曾經談到，新經濟之新，在於新商業，新商業之新，又在於數據化，數據化就是格式化、系統化的現代記錄。本節要探討的是，不僅僅今天的新商業如此，其實人類整個現代商業文明的發展，就是一個記錄範圍不斷擴大、記錄方法不斷規範的過程。

1494 年，意大利數學家帕喬利（Luca Pacioli，1445—1517）提出了複式記賬法，開創了現代會計學。帕喬利認為，一個精明的商人要懂得記錄自己的商業活動，通過記錄洞察自己的經營情況和賬務平衡。賬目記錄不是把流水記在一張紙上這麼簡單，而是有一套科學的方法，其核心原則是"一個經濟單位的每一項交易都會引起至少兩個科目的變化"，複式記賬法主張兩個科目同時記錄，即"有借必有貸，借貸必相等"。

不要小看這一個小小的記錄方法，這種數據化方法奠定了商業社會的基礎，成為資本主義國家走向繁榮的一塊重要基石。最先採用複式記賬法的意大利威尼斯和熱那亞地區，在隨後的 100 年裡一躍成為歐洲的金融中心。

早期的資本主義還把這個方法逐漸從公司推演到了整個國家，開始對全國所有的經濟活動進行巨細靡遺的記錄，整個社會資源的流動、增減、去向、變化都可以在數據上加以處理，被整合進入一個記錄體系，因此實現了整個國家的數據化管理，這種方法不僅實現了精確管理，還可以促進流通和交換。

其實在上古時期，中國就有了"會計"的說法，《史記》中記載，從禹夏時代開始，全國各地就形成了諸侯上貢賦稅的制度，據說大禹和各地諸侯相聚於江南會稽山，計算、考核、匯總各諸侯的功業，包括上繳貢賦的多少，會計一詞由此而來。[21] 會稽山就在浙江的紹興，因此紹興被認為是中國會計文化的源頭。雖然有了這個概念，但中國長期沿用的是單式記賬法，直到明末清初，才出現了複式記賬法的雛形，到 20 世紀頭 10 年，完整的複式記賬法才從日本傳入中國，[22] 中式會計的傳統方法從此被全面取代。

黃仁宇著名的觀點"數目字管理"即源於此，與中國傳統史觀傾向於道德褒貶不同，黃仁宇着重從技術上解釋歷史，其核心關注的就是"數"。他認為，正是因為缺乏這種數目字管理能力，從 14 世紀開始，中國就開始落後於西方文明，走向衰落：

> 最大的毛病，則是西歐和日本都已以商業組織的精神一切按實情主持國政的時候，中國仍然是億萬軍民不能在數目字上管理。[23]

進入工業文明之後，記錄對商業變革和升級的影響更為明顯了。19 世紀 70 年代，打字機開始在美國普及。在此之前，所有公司的訂單、庫存、發貨清單、商務函件等記錄，都要通過筆和紙手工來完成，而打字機發明之後，它的速度至少要比手寫快三倍，[24] 這意味着記錄效率得到了再一次的大幅提升。與此同一時期，複寫紙也開始普及，打字員可以一次性製作多個副本，大大提高了公司內部管理和外部溝通的效率。

這個時期最偉大的商業創新要算收銀機。發明收銀機的直接目的，就是通過記錄杜絕收款員偷偷摸摸順手牽羊的貪污行為。1884 年，NCR（美國國家收銀機公司）成立，接下來 30 年間，NCR 在全球一共售出 2200 多萬台收銀機，[25] 給商業領域帶來了巨大的變革，NCR 也因此成為當時美國最受矚目的公司。那時全美的商業領袖、大公司的 CEO，有 1/6 曾經在 NCR 工作過，NCR 的地位堪稱商業領域的"黃埔軍校"，後來 IBM 的創始人沃森（Thomas J. Watson，1874—1956）就是從 NCR 走出來的佼佼者。

最早的收銀機是完全機械的，它產生的數據不能重複使用。到第一次世界大戰的時候，收銀機不僅可以記錄零售的明細，還可以做一些初步的計算，開始具備會計功能。到 1965 年，IBM 又發明了新的條碼技術，通過掃碼來記錄和結算，把收銀自動化推向了新的高度。

除了收銀機，另外一個重要的發明是出勤記錄鐘，即打卡機。它通過打孔，記錄一個員工進入、離開工廠的時間，或者完成某項特定工作所需的時間。IBM 公司的前身是成立於 1911 年的 CTR（計算－製表－記錄公司），其公司名稱中包含"記錄"

兩個字，並不是偶然的，當時 CTR 的一個主打產品就是出勤記錄鐘。1914 年，CTR 改名為 IBM。

10 年前，我在美國完成學業，進入一家美國公司工作。我發現每名公司員工每天下班前都需要在網上填寫一個表格，這就是工時管理（time cards management，也稱 timesheet system）。在這個表格上，員工需要填寫自己一天工作的時間分配，即在各項事情上所耗費的時間。例如，一個項目花了 2.5 個小時，另外兩個項目各花了 1.75 小時，甚至午餐、上洗手間和休息時間的長短都需要填上。部門經理可以根據這些數據，統計某個團隊在每一項工作上所花費的時間，分析一個具體項目的進度，控制項目的成本。

除了統計、控制成本，我在這家公司工作期間，還見證了這些數據在一次商業談判中發揮的奇效。當時談判的是一份軟件開發合同，對方認為我方報價過高，一直僵持不下，最後我方從系統中調出了過去類似項目的人力成本記錄，以輔證報價的合理性，對方看後最終信服，接受了我方的報價。

類似的工時管理記錄並不複雜，它在美國已經有 100 多年的歷史了。1996—2006 年我在中國工作，2014 年底我再次回到中國，這期間我發現只有極少數的企業和組織採用了這種記錄體系和管理方法，詢問原因，企業的負責人常常告訴我，員工不可靠，他們填報的數據和事實不符，我認為這個理由不能成立，歸根結底，還是全民記錄意識、數據意識缺乏的問題。

早在 19 世紀 80 年代，美國的管理人員就高度認識到記錄對商業運營和管理的重要性。1886 年，大力倡導工時記錄的梅特卡夫（Henry Metcalfe，1847—1927）在美國社會機械工程師大會上雄辯地提出：

> 沒有記錄的管理，就像沒有曲譜的音樂，只能通過耳朵來欣賞，雖然這可能有有限的效果，但不能保存、流傳下去給其他人欣賞。除了那些只管今天、不問明天、得過且過的初級企業，我們現在每個人都意識到，今天必須為未來的需要做準備，因此，無論詳盡與否，所有的管理記錄都應該被保留下來。[26]

這個時期，泰勒（F. W. Taylor 1856—1915）的 "科學管理" 也正在興起，泰勒主張通過科學的觀察、記錄和分析，以"時間動作研究"為基礎制定出合理的日工作量，以提高勞動生產率。梅特卡夫的方法與此完全契合，他在工廠的各個生產、管理環節設立卡片記錄，並且要求"對每一個需要記錄的行為或者環節，都應設置一張單獨的卡片，卡片未來可以組合或歸類，它們所代表的行為或環節也可以據此歸類"[27]。

一張張卡片上的信息因此可以逐步合併，最終被轉錄成為永久的簿記。

卡片曾經是歷史上最流行的、最實用的記錄工具。19世紀90年代，在美國每10年一次的、規模浩大的全國人口普查中，霍爾瑞斯（Herman Hollerith，1860—1929）發明了打孔製表機，它通過"有孔沒孔"來記錄一個人的身份信息，[28]每一張卡片就是一個記錄單位，通過打孔，卡片記錄的信息走向了規範化，製表機可以對卡片進行分類、合併和統計，最後把許多張卡片上的孔洞信息統計形成一個表格。

表格也是一種重要的商業記錄手段，它的結構化形式增加了信息的一致性，不僅讓管理人員一目了然，而且從表格中抽取、合併數據非常方便，大大加快了數據的記錄和處理速度。

正是憑藉打孔製表機，IBM迎合了美國市場巨大的商業記錄需求，逐漸成長為一個巨型企業。打孔製表機首先應用在信息密集的大型企業中，例如鐵路公司每天都要處理數以千計的乘客信息和數以百計的貨運信息，每個乘客都需要購票、驗票和結算，每一筆貨物都有不同的起始地點、行經路線，都要有不同路段之間的交駁、費率、應收賬款等，這種高度複雜和嚴格控制的流程，都是以各個環節的有效記錄為基礎的。

IBM的巨大機遇出現在1935年。這一年，羅斯福新政推出了《社會保障法案》（Social Security Act）和《工資工時法案》（Wage-Hour Act），這兩個法案要求全美所有的公司都要為雇員建立檔案，並根據工資多少計算每一名雇員應向國家社保賬戶繳納的金額。這意味着幾乎全國所有的公司都需要打孔製表機，IBM隨後壟斷了美國的這個市場。

打孔製表機還為計算機的出現奠定了基礎。1948年，IBM生產了其公司歷史上的第一台大型計算機，它耗資50萬美元，體型巨大，佔滿了一個大廳的三面牆壁那樣大的空間，每秒鐘可進行數千次運算。

沃森看着這個龐然大物感歎道："未來的美國只需要 5 台計算機。"這句話流傳甚廣，今天幾乎家家戶戶都有計算機，很多人認為沃森的預言是一個誤判、一個笑柄，但我認為，沃森的斷言並不離譜，其實還相當有道理。

原因就在於，大部分人忽視了記錄和計算之間的差別。

沃森時代的計算機，執行的都是純粹的計算任務。1946 年，人類發明的第一台計算機被用於處理美國人口普查的數據，IBM 的第一台計算機被用於計算航天飛行中月球的位置。當時，大規模計算的任務是非常少的，事實上，這樣的任務今天也不是很多。

今天我們的個人電腦及手機，美其名曰"計算機"，其實並不準確，因為這些機器執行的大部分任務都是記錄，而不是計算。不信你拿起自己的手機看看，它的功能已經比 1946 年的計算機要強大千萬倍了，但它於我們日常生活而言，主要功能不是計算，而是記錄：拍照、支付、發微信、發微博、登錄網站……這些本質上都是生產新的記錄或使用舊的記錄，而不是進行傳統的加減乘除計算。

除了少數科學家，大部分人使用的計算機的功能，主要都是記錄，而非計算。其實計算機具備的功能，十之八九也是記錄，是謂"十計九記"。我們日常使用的計算機，其實應該叫"記算機"。

近代商業文明的進步，很大程度上要歸功於不斷拓寬的記錄範圍和隨之而來的管理模式創新。從數據、記錄的角度解讀，不管是黃仁宇的"數目字管理"、泰勒的"科學管理"，還是 IBM 的打孔製表機，它們的精神內核是一致的，即追求記錄範圍的擴大以及記錄信息的標準化。回顧這一段商業史，我們可以看到，商業文明的進步源於記錄，抓住記錄的變化就抓住了商業文明演進的金線。其實，整個文明的進步都源於記錄，商業當然也不例外。

電梯裡的羞辱

1996 年，我大學本科畢業，加入武警邊防部隊。我所在的省總隊，有兩萬多名官兵。幾年之後，我從總隊機關的技術通信處轉到了邊境管理處。

在部隊，即使是在技術崗位，也需要撰寫一些工作總結、領導講話之類的材料，到了業務部門，寫材料的任務就更重了。

作為一名"理工男"，我寫代碼可以手到擒來，但寫八股文章，就感到為難了。

我的頂頭上司是一位副處長，不幸他為人尖刻。剛到這個部門的第一天，他問我是哪裡人？我說江西人。他搖頭說，你們江西人騙子很多，人很壞。因為不擅長寫作，我經手的材料常常被他改得橫七豎八，他從不輕易放過語言鄙視的機會，常用我的學歷來批評我："你不是地方大學的正牌畢業生嗎？"言下之意，是說我甚至不如一個沒上過大學的、土生土長的部隊幹部。

有一天下班，又以他在辦公室的"指教"結束。我走進電梯，他隨後也進來，批評於是繼續了。電梯裡還有其他部門的兩三位同事，他對我材料中的問題抱怨了一通，我接了幾句話，沒想到他說："你懂甚麼，你根本甚麼都不懂。"我望着電梯內不斷閃爍的樓層號碼，無從辯駁，只希望快點落地。

這次羞辱刺激了我，我必須學習寫作，但怎麼學呢？雖然我感受到了學習的迫切性，但作為一個"理工男"，又感到茫無頭緒、無從下手，就像面對一座寶山，手裡頭卻連個鐵鍬都沒有。

沒想到，一次出差給了我巨大的啟發。在深圳邊防六支隊支隊長的辦公室，我發現了一樣"寶貝"—— 支隊長的書架上有幾本厚厚的剪報。我很驚訝，支隊長是一位已經 50 多歲的師職領導幹部，要管理駐守在粵港邊防線上的 3000 多名官兵，工作這麼繁忙，竟然還自己剪報紙？

支隊長對我的提問微微一笑，告訴我他確實自己在剪，原因是這樣做極為有用。

我開始有了一個專門的筆記本，把它分成幾個部分，分門別類，摘錄各種素材，資料的來源就是《人民日報》《解放軍報》《人民武警報》《人民公安報》四大報紙。看到整篇的好文章，我就全文剪下來，用膠水貼在一本活頁夾裡。貼過之後，我通過調整活頁的次序，不斷地分門別類，把相同的話題聚集到一起。

無論出差到哪裡，我都帶着一本活頁夾，時不時拿出來溫誦。意外的是，這個方法比我預計的還要管用。我的寫作能力開始突飛猛進,大約只過了半年,就令人刮目相看,我開始為總隊領導撰寫講話稿。有一天晚上,那位副處長打電話給我,詢問我一份材料中的細節,問我為甚麼要這麼寫,我解釋了之後,他沒有任何表態,就掛了電話。

這是第一次,他沒有提出批評意見。

這些小筆記本和大剪報夾,我至今保存。我尤為感念"勤於記錄"這個習慣對我的人生起到的功效。其實古今中外,類似的例子數不勝數。林彪打仗很厲害,這和他勤於記錄、心思縝密有很大關係,我在《數據之巔》中曾經寫過,林彪有隨身帶着筆記本隨時記錄的好習慣。[29] 沃爾瑪的創始人沃爾頓(Sam Walton,1918—1992)與人交談時也總是打開筆記本,後人如此記錄他的日常作風:

　　當他遇到你時,他會看着你,頭歪向一邊,眉頭略微皺起,他不斷榨取你的想法,而且常常停下來做些小記錄,談話不斷推進,兩個半小時後,他離開了,而我完全被掏空了。

沃爾頓經常帶着筆記本在百貨店裡巡視,"他雙手着地跪了下來,往疊放台桌下張望,然後推開滑動門問:'當你訂貨時,你怎麼知道這下面有多少存貨?'他把售貨員所説的一切都記在一個藍色的螺旋形筆記本上。"[30]

美國作家倫敦(Jack London,1876—1916)也勤於記錄,他全身上下每個口袋中都裝着紙片,以便隨時記下所見所聞,當他外出訪問時,就把它們拿出來朗讀,甚至在吃飯或睡覺時,也默誦着它們。他把一張一張紙片插在梳妝台的鏡縫裡,用扣針懸在曬衣繩上,以便隨時看到或背誦;他對他所讀到的一切都做了卡片索引,這些積累成了他寫作素材的"軍火庫",這些材料直到他死都沒有被用完。[31] 當代中國歷史學家楊奎松也曾經自述説,他為了收集記錄各種資料,做過幾萬張卡片。[32]

卡片就是我們手頭的數據庫。

這種記錄是記世界、記別人,還有一種記錄,是記自己,即日記。日記是對一天生活經歷體悟的記錄和總結。我有寫日記的習慣,但時斷時續,沒有堅持下來,今天回頭看自己 30 多年求學工作的經歷,我驚奇地發現,堅持寫日記的時候就是我人生精進、大踏步前進的階段，一旦停止記錄，進步也隨之慢了下來，這一點竟然非常明顯。

關於日記的作用，其實歷史上也有許多精到的見解。我曾經從晚清重臣曾國藩的家書中獲得巨大啟發，他堅持"每日楷書寫日記，每日讀史十頁，每日記《茶餘偶談》一則"，他的目標是每天堅持，"必須有日日不斷之功，雖行船走路，俱須帶在身邊"，"誓終身不間斷也"。[33]

曾國藩堅持用楷書寫日記，把每日必記的事分成三類，這三類記錄涵蓋了一個人一天的主要經歷：一是一天的工作和行程，比如今天參加了哪些會議、討論了甚麼問題；二是讀書心得，例如晚上讀了哪本書、有甚麼重要心得；三是閒暇聊天，如飯桌上會過哪些客人、談過哪些話題以及談話中產生的火花和靈感，所有這些，都老老實實地一一記錄。

曾國藩一生成就驚人，其家族後世也湧現了眾多傑出人才，這些人分佈行業之廣、對中國近現代史影響之大，在中國歷史上都是罕見的。曾國藩的個人修身、實踐總結對其家族人才興旺起到了關鍵的作用。

一個勤於記錄、善於記錄、形成了記錄體系的人，正像一個國家和社會一樣，會更加成功。從我的職業閱歷來看，我真的沒有見過任何一個具備了自己的記錄體系卻無法獲得成功的人，如果有，這會是一件大大的怪事。

之所以重提舊事，是因為我切身體悟到，大到人類文明的進步，小到一個人的職業成功，記錄的意義和價值無處不在，而且至關重要。

全面記錄全面計算：開創數文明時代

文明源於記錄。印刷機的問世，帶來了記錄能力的大幅飛躍，極大地推動了歐美的文明進程，但今天，一個新的、更強大的記錄工具和體系出現了。

它就是互聯網。

前文分析過，互聯網已經成為一種沉澱數據的基礎設施，它像大陸架一樣，無數的數據和記錄如土壤一般依附在它之上，這些記錄催生了智能商業，但互聯網的影響又絕對不止於商業。時至今日，互聯網已經成為全面記錄整個社會生活的機器。在 15 世紀問世的印刷機屬於一個企業或組織，個人難以持有，但今天的互聯網可以為每一個人所用，和每一個社會成員融為一體。換句話說，和印刷機的時代相比，互聯網已經觸及了幾乎每一個社會成員，現代社會已經擁有了一個比印刷機強大千萬倍的記錄體系。

以維基百科為例，它成立於 2001 年，現在已經是全球最大的知識分享網站、最重要的百科全書了，目前僅英文詞條就有 556 萬個，這些詞條的建立和完善全部都由志願者完成。[34]

換個角度看，維基百科就是互聯網上的一個記錄工具，而且是體系化的。

前文提到，2013 年 4 月，在美國波士頓的一場馬拉松比賽中發生了爆炸事件，有近 200 人受傷，這起惡性突發事件的消息立刻傳遍了全球，當時現場非常混亂，各大媒體也來不及派出記者趕到現場，一時傳言紛紛。當天晚上 19 點 27 分，維基百科建立了詞條 "Boston Marathon bombing"（波士頓馬拉松爆炸），幾乎每分鐘都會有最新的消息、內容被添加到該詞條下，因為沒有記者在現場提供信息，絕大多數媒體都引用了維基百科的內容進行報道。這天之後，該英文詞條經歷了全世界 1705 人共計 7732 次的修訂和完善，如今已經成為一個圖文並茂的、非常詳盡和完善的詞條，它長達 6000 個詞，帶有 355 條引用。在英文詞條的基礎上，它還衍生出 40 餘種不同語言的翻譯版本。

我們可以看到，類似於維基百科的知識分享網站，事實上是基於眾籌、眾智、眾包的社會記錄體系。

以微信、微博、淘寶、滴滴、百度為代表的社交、電商和搜索平台，雖然功能各異，但它們的核心功能還是記錄。淘寶記錄消費、微信記錄社交、百度記錄全網信息和搜索信息，它們的商業模式，都是由記錄衍生而來的。

我在前文談到過，在商業文明興起之初，卡片是重要的記錄工具，微信和微博的形式，其實也是一張張卡片，而且是電子化的卡片，它們比紙質卡片更容易傳播、整合和處理。

圖 6-4　維基百科"Boston Marathon bombing"詞條

上圖：該詞條在 2013 年 4 月 15 日美國東部時間 19 點 27 分被建立時的歷史記錄。下圖：2018 年 1 月該詞條的截屏，詞條分為 10 個部分，含有 3 萬多字節、6000 多個詞。

圖 6-5　微博和微信其實就是記錄卡片

再説美團、大眾點評等新興的互聯網公司，它們也是記錄。除了記錄一個個餐廳的地理位置、菜品、聯繫方式等，它們和維基百科的不同之處在於，它們還記錄大眾的觀點 —— 大眾可以進行點評。這個世界的信息可以被分成兩類：一類是事實，類似於"波士頓馬拉松爆炸"之類的事實；一類是觀點，如大眾對某個餐廳的菜品、就餐環境等事實的個性化意見和評價。相比之下，事實更為客觀，觀點偏向主觀。

類似於維基百科、大眾點評的記錄網站，正在互聯網上變得越來越重要，這種重要性是世界性的。今天無論在中國還是在美國，當我們在網上搜索的時候，谷歌和百度給我們看到的第一個搜索結果，往往就是維基百科、百度百科或者大眾點評。我們都知道土壤對人類的重要性，如果説數據是新世界的土壤，那類似於維基百科和大眾點評這樣形成了規範記錄體系的網站，就是新土壤之中的黑土地，是深耕細作之後的萬畝良田。

今天我們回頭看，互聯網不斷"互聯"，是為整個社會構建了一個記錄體系，互聯網已經成為整個社會全面記錄的基礎設施。只要人們使用互聯網，互聯網就在記錄。印刷機把記錄的結果傳送到人們手上，可以把每一個人都變成讀者，但互聯網是把記錄的能力開放給了天下每一個人，每一個人不僅是讀者，還可以是作者，就像人人都擁有一部比印刷機還要強大的記錄機器。

前文已經強調過，知識來源於記錄。當一個社會建立起記錄體系，而且這些記錄可以被條分縷析地分解和組合，還可以被自由地搜索的時候，事實和知識就像光明一樣普照大地，天下多了許許多多的"明白人"，即使最邊緣的人也能從中獲益。搜索就是新的計算形式，全面記錄的社會，就是全面計算的社會。

今天，即使一個七八歲的孩子向你提一個問題，你也很難糊弄他，因為他完全可以通過網絡尋找到答案，這也是為甚麼今天老師、父母等傳統的權威都在受到挑戰。1000 年前，當紙張被發明出來時，我們可以更為便捷地記錄、傳播知識，學生減少了對老師的人身依附；今天，我們又迎來了一次更大的解放。沒有人可以再壟斷知識，只要會用互聯網，一個七八歲的孩子都可能了解一個成年人不知道的知識和事實，藉助谷歌或百度，一個孩子也可以指出老師在課堂中出現的錯誤。

　　人的一生，最大最持續的追求就是追求光明，做個明白人。《聖經》裡記載，上帝在創世的第一天，就説"要有光"，為世界創造了光明。這是普照萬物的自然、物理之光，是地球上萬物存在生長的前提基礎。而文字帶來的是思維之光、精神之光，它幫助人類走出混沌和野蠻，所謂文明，顧名思義，這種"明"主要歸功於文字的發明。

　　今天，在光明和文明之外，數據帶來了一種新的"明"。曾經，不同的民族和地區有不同的文字，每一種文字都推動了該民族的發展，但今天我們也可以清楚地看到，文字有差別，不同的文字體系起了不同的作用。高級的、強大的文字就像一把火炬，在思維、精神和文化空間照耀着一個民族，見證着民族的進步，原始的、弱小的文字就像一支蠟燭，它只能發出有限的光，而且光也在逐漸熄滅，這些火炬和蠟燭散佈在全球各地。今天的數據，其基本的元素只是"0"和"1"，它可以成為整個世界通行的語言，其光、其明、其亮，要遠甚火炬和蠟燭，它是新空間的太陽，照耀着整個數據空間。

　　這是人類的"數文明"新時代，也可以稱為"數明"時代。它將超越文明時代。

　　雖然語言能用於交流，文字能用於記錄，但人類很早就發現，以"文"為基礎的"明"有很大的局限性。

　　首先，語言和文字有傳達意思不精確的問題。例如，我説這個人很真誠。究竟甚麼是"真誠"呢，其實很含糊，説的人和聽的人可能各有不同的理解。又比如，我説這個人很高。"很高"究竟是多高呢，一米七五、一米八五，還是一米九？各人的標準是不一樣的。

　　由於語言的起源和造字規則的不同，不同文字的精確度是不同的，甚至可能各在譜系的兩端。我和許倬雲先生曾經討論過這個話題，許先生提出，俄語是詩的語言；英語、法語更為嚴謹，可以作為法律的語言；而中文，就精確度而言，正處於中間，是散文的語言。

　　詩講究意境朦朧、講究辭短意長，而法律條文必求精密準確，以清晰分明的定義和條目來阻絕任何曖昧和含糊。據説法語在辭類界定上是全世界最嚴格的，所以國際法、公約文本通用的語言是法語。

作為語言，中文有很大的模糊性，這方面不少語言學家都有專門的論述，本書在此不述，但模糊往往更容易產生美，精確往往不美。詩是最不精確的、最模糊的，但它非常美，美常常是不準確的，準確的往往不美，不會有人説《民法通則》很美，但絕大部分人會認為《詩經》很美。

其次，語言和文字在表達和記錄時，會出現難以言傳、無法定義的場景，即詞不達意，怎麼説都説不清楚。

19 世紀和 20 世紀，美國關於"淫穢色情"的判定標準一直都比較模糊，關於何謂"淫穢色情"的圖片和影片，在法庭中常常引起爭議。1964 年，在"雅各貝利斯訴俄亥俄州"（Jacobellis v. Ohio）一案中，一名電影院的經理因為播放法國電影《情人》（L'amant）而被定罪，州法院認為該電影中的某些片段屬於"淫穢"，判其經理雅各貝利斯（Nico Jacobellis）有罪，雅各貝利斯因此上訴到最高法院。

最高法院最後以 6:3 的投票撤銷了對雅各貝利斯的有罪判決。其中，斯圖亞特（Potter Stewart）大法官認為，"淫穢"這個概念本身無法用語言定義，但"當我看到它的時候，我就會知道它是淫穢的，但這部電影不是"。[35]

斯圖亞特大法官看到的圖片或視頻，就是今天的數據。今天，所有記錄的結果，甚至包括文字，都被統稱為數據。文字只是記錄方式的一種，如果説文字是金子，那數據就是金屬，數據的內涵和外延都遠比文字要豐富得多。

"數文明"的大時代要比文明更"明"，這種"明"不僅局限於個體，還涉及商業、社會，我們前文談到過，萬事萬物成為數據定義的"數體"，整個社會呈現出無數的"數紋"，它們共同創造出一個高清社會，"數力"讓千萬年來人性的模糊邊界更加清晰，當然，這個新的時代也面臨着諸多挑戰，人們還會在"數懼"中掙扎，數據將成為隱私的主要載體，隱私將成為頭號社會問題，"數權"的確立還需要相當長的一段時間，新時代的"數紋"也可能成為專制、威權政府對社會進行全面控制的工具。

回頭看，正是互聯網為"數文明"的大時代奠定了基礎，智能手機的普及為這個時代拉開了序幕，人類擁有了比印刷機強大千萬倍的記錄工具，每個人隨時隨地都可以記錄，我們既是時代的讀者，又是時代的作者，普適記錄、全面計算將為每一個人賦能，高能個體將推動文明的大發展。作為整個社會記錄的基礎設施，互聯網必將釋放自文字發明以來最為驚人的創新能量，重塑人性和天下，創造出一個全新的"數文明"。

注釋

1 圖片來源：Arrival, AI and Alien Math：Q&A with Stephen Wolfram, Sarah Lewin, Space, 2016.11.26。

2 左圖來源：*Story of Human Progress*, Leon C. Marshall, 1928；中圖來源：河南省博物院官網；右圖來源：《技術史》，上海科技教育出版社，2004.12。

3 "黃帝之史倉頡，見鳥獸蹄迒之跡，知分理之可相別異也，初造書契。"《説文解字》，（東漢）許慎，中國書店，2015.1。

4 "昔者倉頡作書而天雨粟，鬼夜哭。"《淮南子》，（西漢）劉安，上海古籍出版社，2016.11。

5 《印刷書的誕生》，（法）費夫賀、（法）馬爾坦，廣西師範大學出版社，2006.12。

6 《李約瑟之謎、韋伯疑問和中國的奇跡 —— 自宋以來的長期經濟發展》，林毅夫，《北京大學學報》，2007（4）。

7 《中國傳統高溫釉的起源》，張福康，《中國古陶瓷研究》，中國科學院上海矽酸鹽研究所編，科學出版社，1987：41-46。

8 "江西窯器，唐在洪州，宋時出吉州"，"先有吉州，後有饒州"，《景德鎮陶錄·卷十》，（清）藍浦、鄭廷桂，黃山書社，2016.3。

9 《文明之光》，吳軍，人民郵電出版社，2014：215。

10 《古代中國活字印刷難堪大用》，羅雯，網易新聞，2014.2.27。

11 《印刷概論》，馮瑞乾，文化發展出版社，2001.12。

12 《紅樓夢書錄》，一粟（編），中華書局，1981.7。

13 庚辰本的底本於 1760 年完成，後經抄寫過錄的版本，一共七十八回，每冊頁首都題有"脂硯齋凡四閱評過"的字樣。

14 原文為："坊間繕本及諸家所藏秘稿，繁簡歧出，前後錯見。即如六十七回，此有彼無，題同文異，燕石莫辨。""燕石莫辨"指真假難分，燕石是燕山所產的的石頭。

15 據考證，宋人周輝撰《清波雜誌》《清波別字》共 15 卷、320 頁，明人姚咨抄寫兩書費時 70 餘天；清人梁同書抄寫梁蕭統《文選》16 冊，費時 5 年。見《中國印刷術的起源》，曹之，武漢大學出版社，2015.4。

16 《白先勇細説紅樓夢（上）》，白先勇，廣西師範大學出版社，2017.2；《〈紅樓夢〉各版本異文比較解讀》，鄭昀，福建師範大學博士學位論文，2015.5。

17 《〈三國演義〉作者及版本問題研究述評》，張志和，《高校理論戰線》，2002.1。

18 *The Sorrows of Young Werther/Die Leiden des jungen Werthers*, Johann Wolfgang von Goethe, Translated by Stanley Appelbaum, Dover Publications, INC., 2004.

19 當然，影響《紅樓夢》出版的還有另外一個因素，就是當時的政治環境。該書中有不少政治影射和隱喻，在當時的環境下難以正式出版。本書強調的是，當時的中國社會和歐洲社會相比，在印刷技術上已經落後，沒有形成市場化的出版體系，這才是根本的原因。

20 根據維基百科條目整理。

21 "自虞、夏時，貢賦備矣。或言禹會諸侯江南，計功而崩，因葬焉，命曰會稽。會稽者，會計也。"《史記‧夏本紀》，（西漢）司馬遷。

22 《中國會計史稿》，郭道揚，中國財政經濟出版社，1982：325。

23 《赫遜河畔談中國歷史》，（美）黃仁宇，生活‧讀書‧新知三聯書店，1997：15。

24 《信息改變了美國》，（美）阿爾弗雷德‧錢德勒，上海遠東出版社，2012：116。

25 同上。

26 同上，112。

27 *Bookkeeping and Cost Accounting for Factories*, William Kent, Sagwan Press, 1918.

28 霍爾瑞斯發明打孔製表機的過程，可參見《數據之巔》，中信出版社，2014.5，102-110。

29 《數據之巔》，香港中和出版有限公司，2015：93。

30 *The Idea Hunter: How to Find the Best Ideas and Make them Happen*, Andy Boynton, Bill Fischer, Jossey-Bass, 2011.

31 *Jack London: A Writer's Fight for a Better America*, The University of North Carolina Press, 2015.9.

32 《中國現代史研究訪談錄：學問有道》，楊奎松，九州出版社，2017.11。

33 《致諸弟‧勉勵自立課程》，《曾國藩家書》，（清）曾國藩。

34 見維基百科 "Page view statistics"（頁面瀏覽統計）詞條，截至 2018.2.2。

35 Jacobellis v. Ohio, 378 U.S. 184（1964）.

07

數據新政：
建設現代國家的治理體系

大數據如何治國？這是我前兩本書一直在討論的問題，本章將闡述我最新的觀察和心得。過去的城市是有神經、沒大腦，現在我們正在進入一個有神經、有大腦的時代，城市五花八門的數據正在匯聚起來，機器自動分析處理。未來的政府就是數據維度上的整體性政府。在每一組數據之上，又有無數的智能算法細胞形成智能數據之網，相較於中國歷史上的德治、法治，今天國家治理現代化的關鍵在於"數治"。數治就是現代化的道路。

通往美好社會的道路，永遠都在修建當中。

在這一章，我們要把視線從歷史中拉回來，投向現代社會和當下的中國。

2013 年 11 月，中國共產黨第十八屆三中全會提出："全面深化改革的總目標是完善和發展中國特色社會主義制度，推進國家治理體系和治理能力現代化。"[1]

我認為，新治理的基礎就是數據。數據收集、治理和應用能力的現代化，就是國家治理體系和治理能力的現代化。

數基：世界級創新和本土難題

在物理空間之外，我們在建設一個新的數據空間。正像物理空間有地基一樣，數據空間有數基，它是整個數據大廈的基礎。

數基中最重要的部分，是關於人和法人的基礎數據。

中國擁有 13.9 億人口，是世界上人口最多的國家。[2] 人是社會的主體，也是整個社會中最核心、最活躍、最關鍵的因素，管理好人、服務好人是整個社會治理的目標、宗旨和主線。人的社會活動，也是數據的最大來源。

我在《數據之巔》中，詳細講述了為甚麼歷朝歷代，無論是東方還是西方都難以完成人口統計的任務。直到今天，絕大部分國家還是不具備統計本國準確人口數量的能力，在中國的絕大部分城市，市長也掌握不了本市人口的準確數據，特別是流動人口的數量。

一個城市的絕大部分政策都和人口有關，搞不清人口多少以及人口流動規律的城市，就是一個模糊的城市。

　　於是，"差不多"先生只好到處救場。

　　2016 年 1 月 1 日，中國開始實施全面"二孩"政策。當時就有不少專家預測這將會導致新生人口暴增，帶來很多社會問題，但事實上，兩年時間執行下來，並沒有出現專家預測的人口暴增。2016 年全國出生人口為 1786 萬人，同比增加 131 萬人，人口出生率 12.95‰，2017 年全國出生人口為 1723 萬人，同比減少 63 萬人，人口出生率下降至 12.43‰。專家的預測和現實大相徑庭，原因就在於不清楚人口基數，沒有掌握育齡婦女的準確數量及動態。

　　其中的原因，不是沒有統計，而是難以做到全面統計。首先，當下中國處在城鎮化的高速發展期，城鄉之間、城市之間的人口流動頻繁、數量龐大，這給統計帶來了巨大的不確定性。其次，涉及人口管理的有多個部門，如計生、公安、民政、綜治，各個部門又各有各的數據採集渠道，它們統計口徑不一，數據採集相互獨立，各個部門之間又缺乏明確規範的協作機制，最終的統計結果就是牛頭不對馬嘴，互相對不上，市長也無法確定，於是或者取個平均值，或者推算一個大概的範圍。

　　特別是流動人口，一個突然出現在城市裡的陌生人，如何才能讓他進入被統計的視野，這是城市管理的老大難問題。前文所述的"殺人魔王"周克華就很善於鑽城市管

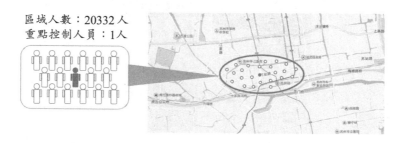

圖 7-1　流動人口統計的動態實時電子圍欄

在未來的流動人口管理中，我們只要在地圖上畫一個圈，憑藉手機信令和網絡信號，就能知道圈內有多少人，有沒有需要重點控制的人員。

圖 7-2　南京在全國首創的二維碼門牌

圖 7-3　普通市民掃描二維碼門牌，直達社區公共服務頁面

圖 7-4　片警或社工掃描二維碼門牌，直達社區治理一體化信息平台

2017 年 5 月，南京市玄武區打造的社區治理一體化信息平台正式上線。

理的漏洞，他從一個城市逃竄到另一個城市，不斷作案，直到發生偶然的事件才露出馬腳。顯然，這些城市並沒有及時對他的出現發出預警。周克華是慣犯，有極強的反偵查能力，但如果換一個普通人，我們在需要的時候又是否找得到、管得住呢？就當前的社會治理水平而言，我想任何一個地方和部門都不敢拍胸脯、打包票。

移動技術的普及，正在將這變成可能。

2016 年 11 月，南京玄武區在全國首創了二維碼門牌。別小看這張小小的正方形格子圖案，它包含了智能時代的兩大關鍵特徵 —— 數據、聯接。無論是誰，都可以用手機掃描門牌上的二維碼。

普通的市民掃碼，可以獲知這個門牌的基本信息，看到這個片區片警的聯絡方式，並通過手機給他留言、互動，在線辦理居住證。

如果是房主掃碼，可以進入頁面，使用出租屋報備、流動人口報備等功能。

如果是社區工作人員、片警掃碼，則可以直接進入社區治理一體化信息平台，方便地進行人員登記、消防隱患登記、分級預警、信息採集管理等工作。

人口管理的一個重要思路，是“以房定人”，實現人、戶、房三大主體清晰，能夠一一對應。江蘇省蘇州市就在這方面做了突出有效的嘗試，在移動的手機屏幕上，人、戶、房實現了一一對應。

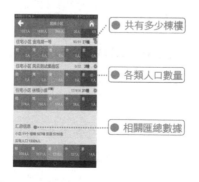

圖 7－5　蘇州的人口管理：從小區到樓房

工作人員手持移動終端，就能隨時隨地查看、核實某個小區內的樓房數量、人口數據，其中人口數據又細分為流動人口、常住人口、重點人口等類別。

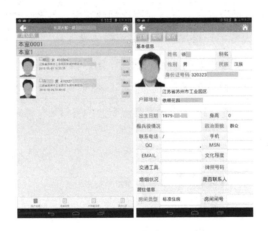 群租戶　流動人口　常住人口　重點人員　寄住人口　境外人員　用電量　核查進度

圖7－6　蘇州的人口管理：從樓到戶的信息採集頁面

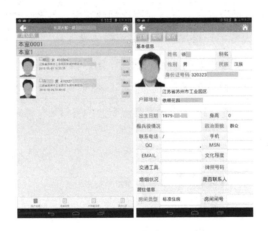

圖7-7　蘇州的人口管理：從戶到人，個人信息採集頁面

　　這種移動管理提升了人口數據的時效性和準確率，原本在辦公室人工填寫表格的人口管理工作，將轉變為社區鄰里走動的線上工作模式，只要有一部手機，就可以通過掃描二維碼門牌直達後台數據庫，各個部門可以分頭採集、協同治理。例如，南京玄武區的社區和公安部門就有分工，分別維護人口庫的不同字段。社區和公安部門相互之間還可以建立糾錯機制，社工在日常工作中，發現與公安數據不一致的，就會發

出一個糾錯提醒，由民警核實後進行糾正，數據隨時可以被修改、補充。

二維碼已經滲透進中國商業領域的諸多環節，但在人口管理中應用二維碼，這是世界範圍內的首創，我認為意義重大。它把一個普通的門牌升級成了一個公共服務的入口，實現了多方協同的移動採集，概言之，這是用移動管理的新策略解決人口流動的舊問題，有望解決千百年來流動人口的管理難題。假以時日，中國的人口數據質量將會取得巨大的進步，得到根本性的完善。

南京二維碼門牌的管理經驗，已經被國內多地陸續採納，2017 年 1 月，福建省要求全省各地建立標準地址庫，推廣二維碼門牌，[3] 廣州、東莞、濟南等地也開始啟用二維碼門牌。

擁有準確的人口基礎數據庫，就為進行全面的社會管理夯實了基礎，以二維碼為基礎的移動人口管理，是一個世界級的創新。

在基礎數據的收集工作中，中國做出了世界級的創新，但也存在長期得不到解決的突出問題，例如數據的真實性低。和人口數據一樣，企業數據也是一個國家的數基。以現有的企業數據為例，大部分城市有多少企業也是說不清楚的，原因跟人口數據的問題類似，各個管理部門都有一本台賬，統計口徑不一，漏採的概率很高。最難解決的問題是，假數據堂而皇之地公開存在。

這就是中國本土數據領域最大的挑戰，即"數據真假"的問題。在數據空間，失真的數基就像豆腐渣工程，帶來大廈傾倒、橋樑斷裂的危機和可能。

例如，按現行的政策規定，每家企業要按工資總額為企業員工繳納社保，社保部門根據企業申報的工資基數按比例劃扣，個人承擔的部分約為工資的 10%，企業承擔的部分約為工資的 28%。以浙江省為例，目前的最低工資基準線是 2819 元，很顯然，按現有的工資水平，每月僅拿 2819 元工資的人不會很多，但在社保部門的信息系統中，按最低基數繳納社保的企業可能高達 90%。原因很簡單，工資越高，個人和企業的負擔就越大，所以大家儘量少報。相比之下，住房公積金就不一樣了。它也是企業、員工共同繳納的，但因為住房公積金可以很快地提取出來使用，完全落入個人口袋，還不用納稅，很多公司就會按照最高的標準來繳納。

這就造成了同一單位的兩項數據完全對不上。

當然，這些數據只要拿出來一對比，問題在哪兒其實一清二楚。社保部門不是不知道，而是只能裝作不知道。當社保部門拿到金融、稅務、公積金、銀行等其他部門的數據時，不加以分析，就是不作為；分析的話，工作量十分龐大，數據還無法自洽，最後只能選擇做"駝鳥"，把頭埋進沙子裡，假裝看不見。

與其他一些國家相比，中國社保的繳納比例可能要高出幾個百分點，但是中國與其他國家的繳費機制並不相同。國外是按動態的、實時的工資繳納社保，我們當前在技術水平上做到這一點完全沒有問題，但存在一個新的風險：一旦按動態工資足額繳納社保，很多中小企業可能就不堪重負，無法生存。

社保的基數、比例及相關政策的制定，是中央的事權。以上兩難問題的存在，影響了企業數據採集的質量，假數據比沒有數據更加糟糕，它不僅不能解決問題，還會帶來新的問題，長遠看我們將得不償失。

數聯網：數據維度上的整體性政府

人口管理問題和企業數據造假問題都向我們揭示了打破斷頭數據、互聯互通的重要性。

20 世紀 90 年代，互聯網開始普及，21 世紀的頭 10 年，物聯網的概念又開始興起，其核心的思想是，不管是一台計算機，還是一個人或者一個物體，未來萬物都可以接入傳統的互聯網，互聯網可以連接萬物，萬物聯網，即萬物網。

我認為，在未來，聯網的東西是人還是物並不重要，不管是互聯網，還是物聯網、萬物網，其最後的形式和本質都會是"數聯網"，即數據聯網。

我在前文說過，今天無論是一個人、還是一個物體，在數據空間裡，它就是一個數體，在它的背後，是一片有組織、有結構、有紋理的數據。借用萬物聯網的邏輯和概念，可以把這一片數據類比為物聯網中的實體，即"數體"。

換句話說，萬事萬物都可以由數據來定義。數據不是一切，但一切都會變成數據。

一個聯網的節點就是一個數體，一個數體會有大量的元數據對它進行標注，正是憑藉元數據的統一定義和詳盡的描述，數體出現了，而且每一個數體都有它獨特的數紋。通過數聯網，一個數體可以和其他數體關聯起來。

<table>
<tr><td>拓展話題</td><td></td></tr>
</table>

元數據和書同文、車同軌、數同標

元數據是"關於數據的數據"，是今天數據空間"基礎的基礎"。它不是數據的內容，而是對數據內容的介紹和說明，這種介紹說明是通過統一定義的標籤來實現的。我們常常看到食品包裝袋和藥瓶上有關於食品和藥品的說明，這就相當於元數據。

按這個標準，很多我們今天認為是數據的，其實都是元數據，例如，兩個人之間發生了一次手機通話，如果我們把通話的內容視為數據，那通話的時間、時長、呼叫者的位置、被呼叫者的位置等，這些都是輔助性的說明，即元數據。元數據是數據彼此相聯接的一個橋樑，所以元數據要有統一的標準，對於同一個數據資源，應該有、也只能有唯一的一條元數據和它對應。

統一了元數據的標準，數據才能互聯互通，這就是數同標。數同標的歷史意義，將不會亞於中國歷史上第一次實現大一統時的"書同文，車同軌"。"數同標"不是一個口號，而會是一場運動。

關聯，就是發生關係。在數聯網中，某種關係的發現過程，在未來會是自動的。因為大量元數據的存在，一個數體一旦接入數聯網，它就能在整個網絡中自動地發現和其他數體之間可能存在的關係，這種關係會被自動定義、自動維護。當一個數體中的某一特定數據發生更新的時候，其他數體中如果也保存了這個數據，它就會同步更新，即交互式地更新，即"一波動，萬波隨"。

在數聯網上，數體之間的關係，不僅可以自動關聯、自動維護，在元數據發生變化的情況下，還可以自動定義、更新和刪除。

換句話說，未來數聯網上的數據會形成一個動態的、智能的網，各個結點之間保存着大量交叉的信息。一個數體發生變化，其他數體就會核查這個變化是否由"可信任"的主體發起：如果是，其他數體會接受這個變化，這個變化也將在其他所有的數體中同步更新；如果不是，其他數體將拒絕這個變化，拒絕的結果，是發起變化的數體也不能變。最終的結果是，要麼不變，要麼同時變，一個鏈條中的多個數體保持一致，這是"分佈式賬本"的基本原理，也是區塊鏈的核心。

這種以數聯網為目的的數據整合，並不是簡單的連接，而是實現數據在各個數體之間的同步交互和共享。

建設數聯網，在商業領域和公共領域面臨的挑戰是不一樣的。在商業領域，商業主體分散，利益不一致，很難平衡，再加上數據所有權和隱私權的爭議，數據在公司之間完全聯通幾乎不可能。在公共領域，其主體是政府，各縣、各市、各省乃至中央政府，它們都可以服從統一的號令，政府內部雖然也有壁壘，例如部門，但壁壘完全有可能被打破。政府的首腦，例如一省一市的首長，他們可以向下級強調：數據是一級政府的，而不是一個部門的，在一級政府內部，所有的數據都應該被無條件地集合在一起。

這為公共領域數聯網的建設創造了條件。

所以我認為，在數聯網的建設方面，公共領域可以跑在商業領域的前面。

數聯網是手段，其最終的形式是數據維度上的整體性政府。

舉一個例子，公安機關辦案，常常需要知道一個涉案人員是否已婚、名下有幾套房產等信息，但直接掌握這些信息的是民政局、房產局，而非公安部門。這些數據還處在不斷變化當中，涉案人員可能今天在民政部門登記結婚或離婚，或者上週又買賣了一套房產，公安部門都不知道。目前的流程是，公安部門要向民政部門和房產部門發起一個數據查詢的請求，民政部門在查對之後，再向公安部門反饋具體信息。在很多欠發達的地方，這個過程還要靠辦事員反覆打電話來核對。

建設政府內部的數聯網，打造數據維度上的整體性政府之後，這種情況將不復存在。數據將會在各個部門之間同步交互、共享，一個公民在民政部門婚姻狀態的改變可以實時同步到公安部門。我曾經在政府、部隊工作過 10 年，對政府內部各部門之間的數據依賴有過切身的體會。很多部門互相等着要數據，要不到的，工作只能停下來等，很多時候，辦事員甚至要通過私交來推進公事的辦理。

我預計，如果把數聯網建設好，每一級政府的工作效率都將提高至少一倍。

當然，提高的不僅僅是管理效率，還有其公共服務的水平。

2015 年春節前夕，我剛從矽谷回國，落地杭州，要為新租的房子開通水、電、氣，就來到了餘杭區政府的市民服務中心。這個辦事大廳寬敞明亮，集中了區政府的各個職能部門，窗口都是開放式櫃台，市民坐下來就可以跟辦事員面對面說話，資料也可以在台面上推過去。

這堪稱現代化的硬件，體現了國內近年來的進步，但我很快發現，它缺乏配套的軟件。

我先到水務櫃台，辦事員查看資料齊備之後，告訴我"需要複印一套留底"。於是，我去複印室，排隊、交錢、複印。水務辦完後，一抬頭，發現旁邊就是電力櫃台，工作人員並排坐着，正好沒有其他人，我挪了一個位置，就和電力辦事員打上了招呼。沒想到這位小姐笑着對我說："先生，你得再去複印一套資料，我們也要留底。"

很顯然，政府辦事員雖然坐到一起了，但還是各做各的、彼此孤立。後來一調查，我發現幾乎全國所有的市民服務中心，目前實現的都僅僅是物理空間上的人員聚集，政府內部數據不聯通是各地的常態。

如果把水、電、氣的數據聯通，不僅不需要市民反覆提交材料，而且同一個窗口既可以辦水，也可以辦電，這就避免了現在很多中心一個窗口人滿為患，另一個窗口無人問津的局面，更重要的是，水、電、氣數據的聯通還能提高社會治理水平和科學決策水平。

我在蘇州工業園區規劃城市大腦期間，蘇州市正在嘗試把水、電、氣的數據打通。通過局部的牛刀小試，他們發現，有一戶住房登記顯示沒有人居住，社區社工上門也找不到人，但水、電、氣的用量顯示有人居住，這給社區管理部門上門排查人口提供了線索，根據這條線索，公安部門抓獲了兩名通緝犯。又如某花園小區的一套住房登記有兩人居住，數據分析顯示其水、電、氣的用量遠遠超出了兩人的水平，公安機關上門盤查之後，發現該住房已經被出租給了未備案登記的外國人，對這幾名外國人進

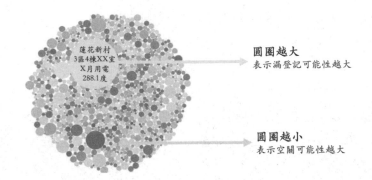

蓮花新村
3區4棟XX室
X月用電
288.1度

圓圈越大
表示漏登記可能性越大

圓圈越小
表示空關可能性越大

7—8　利用水、電、氣數據，可視化預測小區房屋空關和人員漏登記情況

行處罰之後的一週之內，這個小區有上百名外國人主動到派出所備案登記。[4]

　　水、電、氣的數據聯通僅僅是一個例子，一級政府如果把數聯網建設好，那在這個平台之上，很容易就能出現更多的創新型應用。這幾年我觀察到的另一個更具價值的應用是在信用領域：利用公共數據，政府可以創建一個面對所有市民的信用平台，它的價值，堪比阿里巴巴的芝麻信用。

　　就大數據的應用而言，目前在商業領域變現贏利主要有兩個渠道：一是精準營銷，二是信用評估。我在前文已經闡述過精準營銷的原理，在這個領域，中國公司已經和美國公司不相上下，但在信用評估方面，中國還大幅落後。1837年，美國成立了首家信用公司，如今其信用記錄已經覆蓋到美國92%的成年人口，而中國央行的個人徵信系統，有信貸記錄的人口僅佔總人口的33%。[5]

　　芝麻信用的運行機制，我在前文也已經講過，它運行的基礎是阿里巴巴掌握的大數據，但政府也掌握了數量龐大的數據，這些數據中不僅包括公民的基本情況、社會關係，還有大量教育、納稅、醫療、社保、醫保、公共交通等數據，利用這些數據，政府當然也可以像阿里巴巴一樣對市民的信用進行評價打分。

　　南京在這方面做出了成功的嘗試。在智慧城市的建設過程中，南京把來自多個部門的數據有機匯聚聯通，並與南京銀行共同開發了市民信用評價模型，然後通過"我的南京"[6]推出"南京e貸"金融服務，由當地銀行向市民提供消費貸款。

圖 7−9 "我的南京"與南京銀行推出的"南京 e 貸"

這是政府數據增值的標杆型應用。政府各個部門收集數據，不僅是要對每一位市民實現"終身記錄、終身管理"，也應該提供"終身服務"。

任何一級政府，如果把數聯網建設好，就可以方便快速地創建出屬於當地政府的芝麻信用，服務當地民眾。

拓展話題

為甚麼信用建設可能 "彎道超車"

如果說中國傳統個人信用的基礎是人情、關係，那麼現代社會的個人信用就是數據。100 多年前，美國開始了信用體系的建設，當時收集數據的成本很高，數據少，且主要集中在家庭資產，借貸償還，信用卡透支，房屋水、電、氣，訴訟等維度的數據上，但是這些維度有很大局限性，難以反映一個人的"全貌"。

隨着大數據記錄了人們工作、生活的方方面面，它已經能為每一個人畫一張全方位的"立體畫像"了。一個人的價值是由千萬個行為界定的，個人的行為決定了他在信用體系中的位次高低。因為數據充足，中國的信用體系可能可以在較短的時間內，用較低的成本建立起來，而且這些多維度的數據評估會比傳統的信用評估方法更精細，也更準確。所以我們說，互聯網、大數據和人工智能為中國的信用建設提供了"彎道超車"的機遇。

　　"南京 e 貸"具有極大的推廣潛力。信用體系落後制約了中國商業文明的大踏步發展。我們正在進入"數據即信用,信用即數據"的時代。在今天的中國,個人數據比過去任何時候都充沛,這給了我們一個機會,去創造更加輝煌燦爛的文明法則。

　　關於"整體性數據、整體性政府"的建設,技術是成熟的,框架是清晰的,你做,還是不做,數據都在那裡,它不是一個技術問題,而是一個體制問題。為甚麼會是一個體制問題?我預計,一旦數據全面聯通,現有的部門之間就會產生衝突甚至危機,分家先分"數",交"數"則交權,數聯網的建設將導致政府機構的職能重組和流程再造,很多部門將會合併,有些甚至要退出歷史舞台,它和大部分體制的行政改革需求是暗合的。

　　建設數據維度上的整體性政府,意味着新一輪的改革。

　　2018 年是中國改革開放 40 週年。40 年成績斐然,40 年進入"不惑",面對新的浪潮,我們需要重新出發。通往更美好社會的道路,永遠都在修建中。我們要看到遠方、去到遠方。在我們賴以生存的物理空間裡,阻擋我們視線的可能是高樓、霧、灰塵甚至空氣,但在數據的世界裡,阻擋我們視野的唯一可能就是數據不能聯通。

城市大腦:新時代的南京長江大橋

　　2017 年,有大半年時間我都在南京、上海、蘇州和杭州 4 個城市之間穿梭往返。這是中國最發達的現代城市群,奔馳在長三角地區星羅棋佈的鐵路和公路上,我常常在想,作為大數據的第一代建設者,我們要給後人留下甚麼?

　　很多次我都遠遠望見南京長江大橋。1968 年以前,津浦鐵路和滬寧鐵路在長江"斷頭",火車行至江邊,旅客必須下車,轉搭輪渡過江。當年朱自清赴京求學,他從江南渡江之後,和父親在浦口火車站道別,那篇膾炙人口的《背影》,就是在這個背景下寫成的。

　　2018 年是南京長江大橋落成 50 週年。這是沐風浴雨的半個世紀,作為中國人自行設計和建造的第一座大橋,它曾經是一個圖騰,是中國現代化建設的一個縮影和標誌，它的照片無數次出現在報紙、郵票、課本和各種宣傳畫冊上，引領了一個時代的風潮。

"一橋飛架南北，天塹變通途。"那天遠眺大橋，暮色之下，它依然巍峨，但就像朱自清當年所凝視的父親背影一般，它也老態難掩。這令我更有撫今追昔之感。

在美國，也有一座具有劃時代意義的橋 —— 金門大橋，它是美國的象徵，在無數荷里活電影中出現。金門大橋總長 2.7 公里，耗時 4 年、耗資 3500 多萬美元於 1937年建成，它是美國大蕭條期間的奇跡工程，激勵了一代美國人。我在矽谷期間常行於橋上，海天遼闊，這座橘紅色鋼鐵大橋顯得格外耀眼，任憑海風、洋流乃至地震侵襲，它歸然不動。

歷史悠長，大洋浩瀚。橋樑曾經是人類征服自然的主要標誌，但一個新的時代正磅礴而來，大數據、人工智能正"沖刷"着舊有的城市格局。時代需要有人架橋鋪路，指明一條清晰的道路。我們需要回答的是，站在全社會的高度，像長江大橋一樣可以引領一個時代的大數據工程究竟是甚麼？

現在已經是互聯網的秋天，也是數據的秋天了。大數據的應用已遍地開花、爐火純青，精準營銷、個性化推荐、千人千價、數據信用、虛擬貨幣等，這些都是大數據領域的標杆性應用，它們推開了市場的大門，催生了諸多行業變革，開創了一個新的商業文明。

然而，它們都是普適性的商業應用，很多國家都有，並無新意，而且它們在推動商業文明進步的同時，也正在向大眾露出猙獰的一面，衍生出新的社會問題。從國家戰略的高度出發，就全民的福祉和安全而言，它們無法和當年的長江大橋相提並論。

堪稱"新時代長江大橋"的大數據工程，我認為是阿里巴巴技術委員會主席王堅力倡的城市大腦。

城市大腦並不是一個新名詞，但中國的實踐很可能會為它賦予一個嶄新的意義，帶來嶄新的高度。當城市在工業時代崛起之時，人們就認為，城市應該具備思考的能力，20 世紀之初，城市大腦這個詞就在很多國家的文獻中出現了。到 20 世紀 30 年代，摩天大樓在世界各地的城市興起，很多人認為摩天大樓集群就是城市的大腦，也是整個國家的大腦。

　　一切活動的設計和指揮都依賴於摩天大樓完成。征服時間和空間的所有工具都集中在這裡：電話、電報、電台、銀行、交易大廳以及工廠的關鍵因素——金融、技術和商業。[7]

　　當各種管理軟件在城市中普及的時候，人們又認為綜合性的軟件、信息中心、指揮中心應該是城市的大腦。2012年，北京郵電大學的宋俊德教授指出，從技術角度看，智慧城市所囊括的各個系統都要實現智能化、智慧化，這些智慧系統集大成於一體，形成"系統之系統"，成為一個可以智能地指揮各個系統的核心層，即城市大腦。[8]

　　我認為宋俊德教授在2012年對城市大腦的理解沒有錯，它是"系統之系統"，但技術進步飛速，這個定義已經不足以概括其新的內涵。

　　我認為的城市大腦就是"數聯網＋人工智能"。

　　舉一個例子。2017年8月，浙江省紹興市一名社工發現，有一群年輕人在草地

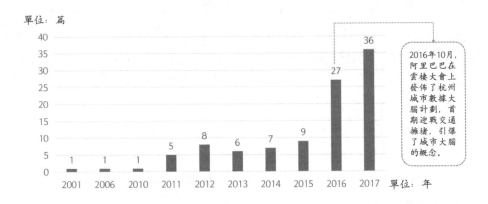

圖 7-10　中國知網關鍵詞 "城市大腦" 檢索結果的年度分佈

在知網上，中文世界能追溯到的最早關於城市大腦的論述出現於2001年。在一篇介紹廣東省南海市信息化建設經驗的長文中，作者暢想了未來的"數字城市"，認為"一條條相互勾連的光纖是城市的神經，各種各樣的信息是其中流淌的血液，一個超級CPU（中央處理器）是城市的大腦"[9]。南海市是中國第一個接入互聯網的縣級市，是政府信息化建設的先行者。本檢索結果僅包含期刊和報紙文獻，不包括互聯網上的文獻。

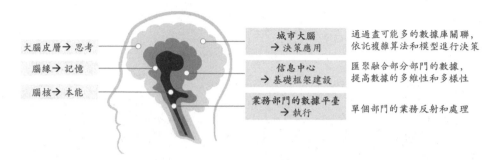

圖 7-11　城市大腦與人腦的對應和類比

按照仿生學派的理解，人腦的結構可以給城市大腦的建設帶來啟發，城市大腦也可以模擬人腦的認知機理。在人類的大腦皮層中，調節某一特定生理功能的神經元群叫神經中樞。人腦中有很多神經中樞，它們各司其職、協同工作、彼此交互，城市的管理也是分工協作的，管理者要針對特定的信息給予特定的反應，由此，人腦中的神經中樞可以對應為政府中負責城市管理的職能部門。人腦的各個神經中樞高度互聯，政府的各個職能部門也必須互聯，其聯接就是通過數據的交換和共享實現的，但上文也討論過把人工智能和人腦進行一對一的簡單類比，這就過於機械和牽強了。

上宰殺黃鱔並將血擠入礦泉水瓶中，卻把黃鱔肉丟棄在草地上，他覺得納悶，於是拍下現場並將照片上傳至當地的"群防雲"App。幾天之後，一個民警偶然看到了這些照片，突然聯想到近期當地發生了三起碰瓷卡車案件，其中"當事人滿身是血倒在路旁"，卡車司機因此被敲詐。這幾張照片啟發了這個民警，當事人身上的血應該是黃鱔血，他根據照片順藤摸瓜，最後一舉抓獲了這個利用黃鱔血造假碰瓷的團夥。

這一案件的偵破，靠的是人腦與數據的關聯，可以説是偶然的。今天的城市在產生大量的數據，但僅靠人腦無法有效地分析和處理這些數據。這個矛盾，是大數據時代所有城市都在面臨着的新的基本矛盾。

大數據，就是大量情況和記錄的堆積，收集情況就是收集數據，但如果僅僅專注於收集，而不進行有效的分析和研判，這無異於"有神經，沒大腦"。

我們今天的很多城市，恰恰正處在"有神經，沒大腦"的階段，大部分城市的數據分析、數據挖掘能力還十分有限，城市數據的紅利正"含苞待放"。

回到"黃鱔和碰瓷"的案件，城市每天都在產生大量的看起來毫無關聯的數據，照

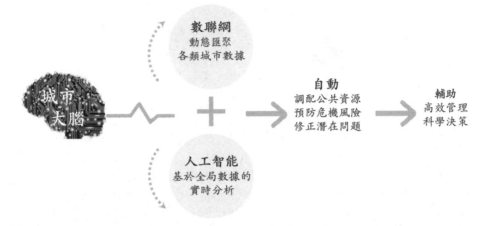

7-12　城市大腦將把城市管理帶入人機協同的新時代

片和案件的元數據中都可能包含"血"這個標籤,在數聯網上,它們都是某個數體的一部分,人工智能完全可能把它們自動關聯起來,通過機器分析把這兩條信息提交給偵查員人工研判。

　　如果有了城市大腦,我們就可能在紛繁複雜的城市生活中,發現更多類似"黃鱔和碰瓷"的關係,就好像沃爾瑪創造的經典案例"啤酒和尿布"一樣,城市大腦中的人工智能可以把偶然變成必然和常態,幫助城市管理者打造一個無僥倖社會。

　　人類長達半個多世紀的信息化歷程,開始是以個人、企業或組織為單位的,今天,我們進入了一個以城市為單位的歷史新階段。未來的城市管理是以數據流為基礎的分析、挖掘和計算,我曾稱之為"循數管理"¹⁰。

　　何謂數據流?數據好像無形的電線,它聯接着不同的系統、軟件和模塊。一個城市有能力把其中發生的所有商業行為、社會活動,包括每一筆商業交易的發生、每一輛汽車的行蹤以及每一個人的活動軌跡都源源不斷地記錄下來,並使其流向雲端,這就是數據流。一個城市是否能依託數據流進行管理,將成為衡量其現代化水平的重要標誌。有了數據流,通過對它們進行實時的分析、預測,以期及時發現問題、提供管理線索、預防危機風險、調配公共資源、優化日常決策，我們最終可以把控管理這個城市的人流、物流、車流和貨幣流，這就是現代化的治理。

城市大腦並不是要代替人腦，它也代替不了人腦。我已經說過，人工智能不是更聰明，而是更能幹。對海量數據進行分析、研判，超出了人腦的能力，但城市大腦可以做到，它的分析可以覆蓋傳統城市治理過程中的許多盲區，它的速度也可以和時間賽跑，它就是傳統的城市信息中心在智能化時代的高級形態。

我相信，城市大腦將成為未來全世界所有城市的一個標準配置，它將是新的基礎設施，把城市管理升級到人機協同的新時代。中共十八大、十九大都提出要"推進國家治理體系和治理能力現代化"。從技術上看，建設數聯網和城市大腦，正是實現城市治理能力現代化的最佳途徑。更重要的是，城市大腦屬於新生事物，中國和美國處在同一個起跑線上，中國現在率先起步，未來會有機會領跑全球。

目前，國內僅有個別城市提出了建設城市大腦。杭州因為有阿里巴巴，在智慧城市方面進步明顯，但業內人士知道，杭州的城市大腦還僅限於交通領域，準確地說是"交通小腦"。蘇州、珠海、合肥、青島、澳門也提出了建設城市大腦，但都還在探索階段，離實現以整體性數據、整體性政府為基礎的城市級人工智能，還相距甚遠。

從 1956 年開始勘測，到 1968 年通車，南京長江大橋歷時 12 年，耗用 50 萬噸水泥、100 萬噸鋼材。建設城市大腦，同樣無法一蹴而就，它需要 5~10 年的付出。為實現國家治理體系的現代化，這種付出十分必要且迫切。

僅此一次："最多跑一次"如何升級

"最多跑一次"的改革，在 2016 年底起源於浙江省，它是指當群眾或企業到政府辦理一件事情，在申請材料齊全、符合法定受理條件時，從受理申請到完成辦理的全過程，只需要群眾或企業去政府部門跑一次或一次也不用跑。

經過一年多的努力，這項改革在浙江省效果顯著。

我客居杭州，常常會在朋友圈看到有人為此"點讚"。2018 年 1 月的統計數據顯示，浙江省"最多跑一次"的實現率達到 87.9%，滿意率達到 94.7%。[11]

"最多跑一次"的做法成了浙江省改革的"金字招牌"，全國有很多省市都在學習，如山東省 2017 年就對標浙江省的"最多跑一次"，在山東推出了 3.6 萬項"零跑腿"和"只跑一次"事項。[12] 南京市更進一步，為減少老百姓跑腿，其政務服務中心在事務辦結之後，會將相關的證照等資料用郵政快遞寄給申辦人，快遞費用由政府承擔。

2018 年 3 月，"最多跑一次"被寫進了李克強總理的政府報告。[13]

我們要向浙江省取得的成績致敬，但是，這是不是就是改革的終點呢？"最多跑一次"還有沒有繼續深化、提升的空間？

我認為有，而且潛力巨大。

方向就是：僅此一次、一生只要一次。

我以為，如果以"整體性數據、整體性政府"的數聯網為基礎，那目前政府提供的所有公共服務，99% 都可以在網上辦理，而且絕大多數情況下將是"一次也不用跑"。

這件事意義重大，因為減少市民跑腿的次數，不僅意味着公共服務質量的提升，它還會影響行政效率、檔案管理、交通出行等多個領域。

首先，政府應該把所有的公共服務都推向手機，即依託於網上辦理，如果一定要說一個比例，我認為是 99%，在此基礎上，推行"只要下一次"。現在全國各地都在推"互聯網 + 政務服務"，政府各個部門不停地推出各種應用，為市民提供網上辦理公共事務的渠道。問題是，它們常常各自為政，市民今天注冊了一個公安的應用，明天可能又有一個醫療的應用需要下載、注冊，要反覆地下載、反覆地注冊、反覆地驗證。

當務之急，是在整體性數據和整體性政府的基礎上，統籌所有的窗口和過程，開發一個應用，賦予每個市民一個統一的、終身的數字身份：一次下載、一次身份認證，暢行所有的窗口和應用。

其次，市民辦事之所以還要跑，主要原因還是遞送材料。所以，從減少材料入手才是根本。我的建議是，只要是市民向任何一個政府部門遞送、提交過一次材料，就永遠不用再次提交 —— 僅此一次！

在數聯網的基礎上，市民首次提交的材料經過某個部門審核後，可以永遠保存，並多次地、重複地共享給其他部門使用。一個部門的審核，就是一個帶有時間的認證戳，因為該材料已經有了一個可信任的戳，其他部門不必再重複審核就可直接使用。這樣，市民一生中需要向政府提交的材料就會越來越少，最後實現完全不用再提交材料。

"僅此一次"意味着，對市民而言，政府就是一個整體，各個工作部門不能兩次向市民索要相同的信息。換句話説，如果一個市民把家庭住址或家庭成員的名字提交給公安局，社保局或房產局就都不能再向他索要這些信息。

屆時，任何政府機構的任何部門都不能要求市民重複提供已經儲存在政府數據庫中的信息。它能確保市民只提供一次特定的標準信息，因為政府部門會內部共享這些數據，市民就不再有重複提交信息的額外負擔。

推行"僅此一次"，將調動政府的內力、社會的外力，共同促成數據維度上的整體性政府。政府可以明令要求各部門不得保存相同的數據，相同的數據只保存一次，各部門有效共享。這也意味着，政府內部的各個部門都要"被迫"進行溝通並提高它們的服務效率，這是一種倒逼機制。

善於使用倒逼機制，已經被證明是推動政府改革最有效的方式。數字政府必須是整體性政府。

這就要求政府每一個部門在規劃信息化項目的時候，都要把政府當作一個整體。現今有不少地方政府已經實現了信息化項目的統一規劃、立項和審核，但目前的審核，是在項目的層面，即審查項目的必要性和可行性。我建議要儘快將其上升到數據的層面，即對收集、使用的數據字段進行審核，以避免各個部門重複收集數據。

重複收集數據不僅會浪費行政資源，數據收集上來之後，因為"數出多源"，還將人為地造成數據衝突，在數據聯通之時，為數據一致性要做出的清洗整理工作將十分煩瑣龐雜。

重複收集數據不僅埋下了數據不一致的隱患，還增加了隱私泄露的風險。2016 年 8 月，發生了徐玉玉事件：因為申領助學金，徐玉玉提交了姓名、身份證信息、聯繫方式、住址等 26 項內容，最終信息外泄，導致徐玉玉被"精準詐騙"，她年輕的生命停

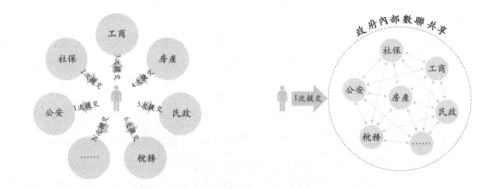

圖 7-13　通過政府內部共享，避免市民重複提交相同材料

左圖：市民將相同的材料重複地分別提交給政府不同的部門。右圖：政府內部數據聯網，建立數據維度上的整體性政府後，相同的材料市民僅需提交一次，政府內部各個部門即可共享使用。

止在了收到大學錄取通知書的那個夏天。

　　當然，數據被有效共享之後，一個新的問題可能出現，那就是所有的信息在整個政府內部都是透明的，這也可能導致工作人員泄露數據，而且政府難以追責。要解決這個問題，在傳統授權機制的基礎之上，可以採用區塊鏈技術對數據進行加密，並記錄每一次用戶對數據的訪問、修改和查詢，即可以追溯和審計一切訪問數據的行為。這也將是區塊鏈技術在政府領域應用的重要入口。

開放攝像頭：天網的未來

　　前文我們探討了天網在現代社會治理中的重要作用，也指出了攝像頭在城市中的快速增長是當下世界各國的一個重大趨勢。這些攝像頭把物理世界的無數事實轉變成結構化的影像數據，這些數據正在驅動人工智能技術的快速發展。

　　又因為霧計算，攝像頭不僅可以記錄，而且能夠對記錄下的影像數據進行處理和計算，它正在成為懸浮在空中的智能塵埃。未來 10 年，這種智能攝像頭將成為人工智能硬件領域的首重戰場。換句話說，攝像頭將更新換代，高清、智能攝像頭將會大規模普及。天網將成為一個城市越來越重要、越來越強大的基礎設施。

2017 年 11 月，中國多個省市幼兒園被曝出存在虐童事件。上海攜程託管親子園、北京紅黃藍幼兒園被曝出老師打孩子、扎針餵藥的事件，引起社會的強烈關注。在這兩起典型事件中，視頻都是後續案情處理的核心證據，但後來警方通報，因為硬盤故障，紅黃藍幼兒園的視頻無法正常查閱，這引來一片唏噓。

這兩起轟動一時的事件也引起了連鎖反應。山西一所幼兒園的多名家長要求查看園內的監控視頻，但學校以必須"打報告申請"為由拒絕了。幼兒園認為，要求看監控視頻是對老師的不信任和對教育工作的褻瀆，如果家長們堅持要看，老師只能辭職。[14]

拓展話題

英美國家的民眾如何獲取天網的影像資料

關於如何獲取天網的影像數據，各國設置了不同的門檻。英國曼徹斯特規定，只要指定攝像頭的位置、明確需要查閱的具體日期和時間，提交自己的身份證明及照片，就可以獲得該公共攝像頭所保存的和申請人有關的鏡頭和片段。美國南加州大學的大學安全部門則規定，在出現以下 4 種情況時，學校必須向申請人提供其攝像頭所錄製的文件：

(1) 出現了受害人；

(2) 出現了受害人的授權代表；

(3) 出現了提出索賠的保險公司或可能提出索賠的保險公司；

(4) 涉及人身傷害，財產損失。

在以下 3 種情況下，學校也有權拒絕提供：

(1) 它可能危及證人或其他當事人的安全；

(2) 它可能會阻礙調查的順利完成；

(3) 它包含法律禁止本部門發佈的信息資料。[15]

如此激烈的反應，並非僅出自該山西幼兒園一家。事實上，關於該不該開放監控視頻的討論，幾乎在每一所學校都有過爭議和博弈。

其中的根本原因，是關於監控攝像頭的開放，在中國我們暫時無規無法可依、無成熟的先例可循，但中國已經建立了一個龐大的視頻監控網絡，而且它的建設管理經費的相當一部分都來自公共財政。除了攝像頭的安裝部門，例如公安、學校、地鐵公司，這些視頻究竟誰可以獲取、誰可以查看？普通民眾能否調閱這些資料？這其實是天網建設者、管理者一開始就應該回答的問題。

在美國、英國、加拿大等國家，法律都明確規定"如果你的個人數據被政府或某機構持有，你有權查看這些數據的內容"[16]，"公民有權利知道行政機關是否保存有關於他們的記錄以及記錄的內容，並有權要求複製、得到這些記錄的副本"[17]。當然，這些數據和記錄也包括天網的視頻。

關於個人是否有權查看公共場所的監控視頻，在中國的國家和地方層面，這仍是法律法規的空白區域。中國僅有個別城市規定，在經公安機關審批同意後，個人可以查看。例如吉林、內蒙古、新疆在相應的管理辦法中，明確"經縣級以上公安機關確認，社會組織、個人確需查閱、複製或者調取有關公共安全視頻圖像信息的，公安機關應當提供"，但個人如何申請，公安機關如何確認、提供以及流程相應的時限，都沒有明確規定。[18]

很明顯，這種簡單粗放、落地困難的管理條款，難以滿足今天社會的複雜需求。

也有個別城市正在嘗試回應社會的需求，制定新的部門規章，推動公共監控視頻對市民的開放。2016 年 8 月，廣州市法制辦啟動了對《公共安全視頻系統管理規定》的修訂，其公佈的草案新增了一條：

> 個人因人身、財產等權利遭受侵害，情況緊急的，可以查看公共安全視頻系統相關信息，但不得複製和調取。公共安全視頻系統使用單位應當在登記查看人員身份信息後給予積極配合。[19]

這相當於賦予了個人"緊急查看權"，但同時也規定"不得複製和調取"，這一規定在落實中會如何展開我們還不得而知，因為截至本書出版，廣州、深圳的相關規定仍停留在草案階段，未正式出台。

2015 年，南京也着手編制了《城市公共信息資源共享開放管理辦法》，但也沒有正式出台。不過，在公共視頻數據開放方面，南京已經做出了非常突出的創新舉措。

南京的創新立足於二維碼。南京市玄武區在城市公共攝像頭下加上了二維碼，市民一掃碼，就能獲知攝像頭管理部門的聯繫方式。

2017 年夏天，我在編制南京智慧城市建設規劃期間，從當地警方那裡了解到一段"中國大媽"的傳奇。2017 年 4 月 6 日，南京的李大媽發現自己停在長江路 288 號附近的電動車被盜。大媽在現場看見了攝像頭和二維碼，她在掃碼之後就立即聯繫上了監控視頻管理中心。着急的李大媽自己騎自行車來到了中心，現場調閱視頻。很快，她在畫面中，鎖定了一名男子推走她電動車的鏡頭，她隨後通過微信上的"玄微警"[20]把這張截圖上傳給了當地派出所，完成報案。兩週之後，警方抓獲了犯罪嫌疑人王某。

要知道，一個派出所只有 10 多名幹警，其管轄的人口卻可能多達幾十萬，類似的電動車盜竊案，一個月可能有幾十件，每一件都需要走筆錄、取證、走訪、現場勘查的辦案程序，過程之耗時、瑣碎，一般人難以想像。電動車被盜，當事人大多不在場，

圖 7—14　南京為街頭公共監控攝像頭配上二維碼

左圖：市民掃二維碼後，即可知道攝像頭的管理者信息。右圖：攝像頭拍下了一名男子推走李大媽的電動車。

這種案件的偵破率一般較低。有時候公安部門到了案發現場，看到有監控攝像頭，但也搞不清楚這個攝像頭是哪個部門安裝的、歸誰管，常常要來來回回打幾通電話，才能調取到視頻，費時費力。南京市玄武區通過開放攝像頭數據，讓失主可以自己取證，再通過微信提交證據，完成報案，這中間節省了多少警力和時間呢？

前文也討論過，今天，天網的攝像頭已經成為公安破案的重要證據來源，在越來越多的公共場所，都安裝有"電子眼"。其反對者認為攝像頭侵犯了個人隱私，但從另一個角度來看，攝像頭所沉澱下的海量數據也讓犯罪行為被記錄、被曝光的概率更大。

不僅僅是犯罪，還有諸多不當的行為也可能得到糾正。我曾經在走訪某市城管部門時發現了一個案例。很多城市的街道清潔工作都外包給了環衛公司，街道清潔一般分四個步驟：一是初沖，即利用大水槍對路面進行沖洗；二是機掃，即利用清潔車配置的電動掃地機清掃路面垃圾；三是小掃，即利用小掃把對角落、牆根等位置的垃圾進行清除；四是用小車做精細化巡查保潔。某一天城管部門突然在視頻中發現，某路線的機掃車確實上路了，但其掃地機全程都沒有接觸地面，而是在空轉，這說明環衛公司偷工減料，做表面文章。當城管部門的工作人員笑着把這個發現告訴環衛局的朋友之後，當地的環衛局便成了城管視頻監控中心的常客，他們試圖通過視頻回放來抽查環衛公司的工作。

這是數據的"外部性"[21]，即數據的作用可能完全超出最初收集者的想像，就像視頻監控的起源是為了避免倒咖啡時白跑一趟而設置的"咖啡監控"，但它最終也可以看到誰倒光了咖啡、誰倒光後未及時煮上新咖啡等事實一樣，天網掌握了城市裡太多的事實。

2010 年 8 月 23 日晚，大學生馬躍在北京地鐵鼓樓大街站墜軌身亡。為了掌握馬躍的墜軌原因，馬躍的母親希望獲得現場的監控視頻，但地鐵管理部門提供不了記錄。事故調查組對監控系統進行了調查，鑑定結果是："錄像存儲設備因故障造成主存儲磁盤無法存儲，無人為刪除現象，只有訪問操作。"[22] 馬躍的母親從此走上了漫漫訴訟路。2013 年 2 月，北京市東城區人民法院通知馬躍的母親，說從北京市公安局公交分局調取到了當天現場的部分視頻，但表示只能提供兩個半天的時間給她觀看視頻，拒絕了她複製視頻、將其提交給專業人士進行分析的要求。

隨着城市管理的精細化，我認為會有越來越多的部門需要使用天網的數據，把天網歸口於公安管理過於局限。從上面的案例看，設置於教室、地鐵等公共場所的攝像頭，把它們簡單地歸口給教育、交通行政部門管理，也是極不合適的。現在很多城市，都在成立大數據局，準確地說，是大數據資源管理局。天網所沉澱的是一個城市的影像數據，它正是一個城市重要的數據資源，我的建議是，天網應該歸口於城市的大數據資源管理局，以獨立於專門行政管理部門的姿態，服務於市政管理的各個部門以及城市的每一位居民。

行文至此，我對天網的態度是十分清晰的，我支持在公共區域建設天網，它對社會的作用利大於弊，不可否認，即使在街頭、廣場、教室等公共場所，人們也有隱私。由於涉及隱私，數據需要被保護，但與其把天網看作監控我們的"老大哥"，不如換一個角度，它也可以被比喻成一位友善的大叔，這位大叔始終在微笑着，友善地看着我們，以防止發生搶劫、偷竊或其他意外事件。它要還原的是公共場所的事實和真相。個人應該有權利獲得天網之中和自己有利害關係的數據。

因此在更多的場景下，天網的數據也需要開放，因為它們關係到事實和真相，關係到個人生命和財產的安全以及個體的尊嚴。天網管理部門需要踐行的是數據取之民、用之於民，是政府收集市民數據的一個根本宗旨 —— "終身記錄、終身管理、終身服務"。

當務之急，是需要對申請開放的程序、數據如何調取、調取後的使用規範、超越規範使用要承擔的責任等問題，做出一個全國性的頂層設計。

除了公共安全方面的攝像頭，南京市還開放了部分交通攝像頭。2015 年，"我的南京"推出"主幹道監控"和"實時路況"功能，[23] 市民打開 App 就能調看南京市內各大主要幹道監控視頻的實時畫面，再配合"實時路況"的紅、黃、綠指示圖，隨時可以了解相關路段的擁擠程度。

南京開放鏡頭的這些創新，無疑都是市民需要和歡迎的，值得國內外更多的城市借鑑。

圖 7-15 "我的南京"向市民開放交通攝像頭的實時路況

市民下載 App 後,無須注冊即可查看南京街頭攝像頭的實時畫面。左圖:"我的南京"中公佈的攝像頭位置(部分為信號不暢或視頻缺失)。中圖:中山北路鼓樓廣場西北方向的攝像頭畫面。右圖:南京鼓樓廣場交通情況一覽,左上方是南京最高樓紫峰大廈。

　　一個攝像頭,究竟應該何時開放、對誰開放?如何防範、解決開放帶來的次生問題?要回答、解決這些問題,並不容易。我認為,未來的方向是把問題前置,即在安裝每一個攝像頭之前,都應該明確論證並界定該攝像頭的權力和邊界,包括它能記錄甚麼、甚麼時候記錄、數據保存多久、數據是否聯網共享、誰可以查看、如何查看等相關問題。對這些問題清楚明確的回答,才是一個攝像頭的"出生證",沒有"出生證",新的攝像頭就不能設置。

　　"黑夜給了我黑色的眼睛,我卻用它尋找光明。"同樣是對原子能的應用,既有原子彈,也有核電站,前者可以令數十萬生命頃刻消失,後者卻能產生源源不斷的能源造福人類。天網之眼,永遠都會受到過度監控的質疑,但也完全可能為世界打開一片新的光明。

對數據和算法的現代治理

本書一開始就說到，互聯網進入了下半場，面臨一個巨大的變革。互聯網下半場的關鍵詞是數據。在其上半場，互聯網企業收集數據是按無徵求的方式展開的，它堪稱互聯網的原罪。

2018 年 5 月，歐盟實施了史上最嚴厲的數據立法《通用數據保護條例》。之所以被稱為嚴厲，就是因為它觸及了互聯網的靈魂和核心問題 —— 數據產權。雖然該條例沒有直接用產權這個字眼，也沒有明確產權歸屬，但條例運行的結果可能使其無限接近產權的概念。

例如，條例中規定了"被遺忘權"，這就是變相賦予了消費者數據產權。"被遺忘權"指的是消費者可以決定是否在一個互聯網公司的平台上刪除該平台保存的有關他的數據，即消費者可以選擇不把數據留存給互聯網企業，即"遺忘"，消費者選擇要遺忘的數據可能是他最核心、最敏感的信息，而核心信息的缺失將直接影響數據的質量。一組失真的數據幾乎沒有甚麼價值。這將倒逼互聯網企業拿出更大的誠意和成本取悅用戶，用實實在在的利益換取用戶的支持，用戶則獲得了一次數據"變現"的機會。

數據的準確和完整是人工智能發展的基礎，如果沒有準確的、完整的數據，人工智能將寸步難行。失去數據的準確和完整，人工智能就將像失去靈魂一樣，成為"行屍走肉"。

可以預見的是，隨着該條例的實施，個人數據權利將從紙面上走到現實中，新的遊戲規則被確立，原有的模式已經無法持續，互聯網公司不得不放棄它們已經玩得非常嫻熟的技巧，接受新的規則。

這正是互聯網企業最不願意看到的結果。它們更願意從效率的角度解析權利的歸屬問題。它們認為，把數據的產權劃分給收集數據的企業會更有效率，這是為了彌補企業在收集數據、分析數據，並用數據改進服務質量方面的成本。它們認為，不能因重視隱私而否定企業對數據的產權，不能因對"數據壟斷"的恐懼而否定企業對數據的產權。

這種思想具有很強的代表性。阿里巴巴、騰訊興起的歷史也說明，這種產權歸屬企業的處理辦法在培育大型互聯網公司方面無疑是極為成功的。有人甚至認為，保守的歐盟之所以出不了像美國 Facebook、推特、亞馬遜，還有中國阿里巴巴、騰訊這樣的企業，是有原因的，這個條例的出台就是最新的力證。

我認為，類似的評論和判斷沒有打到"靶心"，經過近 30 年的野蠻生長，今天的互聯網開始強調秩序，所謂互聯網進入下半場，其實是一種新的宣示，互聯網將從上半場對效率的追求，轉到對公平合理的制度設計的追求上來。這是時代的必然。當然，該條例率先在歐洲出現，應該也和歐洲是現代產權制度和契約精神的發源地有關。

人類之所以能發展出今天的成就，跟產權保護密不可分。孟子說："有恆產者有恆心。"由此可見，數據私有化的出現並不是一件偶然的事，它是互聯網文明的一種高級進化方向。

當然，很多人並不反對個人對數據權的追求，但他們擔心對個人數據權的過度保護會傷害到互聯網企業的根基，並導致"兩輸"的局面。這種擔心低估了市場的自癒能力。對數據權的認定和保護，短期看會影響互聯網產業的發展，但長期看不會，互聯網產業的發展反而可能更好。保護是為了開發，是為了給數據開發利用建造一個堅實的法律基礎、一種完備的法律環境，這將有助於去除用戶對安全問題的擔憂，從長遠看，這有利於提高公眾信心，也有利於他們充分授權。這才是真正有可能構建起未來數據空間的基礎。

把數據權賦予企業或者個人，其實都是一種私有化的處理辦法，而歐盟《通用數據保護條例》的可貴之處，不在於它提出了多麼富有遠見的觀點，而在於它願意向現實妥協，願意尋找到一條可能需要為之付出代價的荊棘之路，願意為公平做出犧牲。這和一味地追求效率相比，內涵要丰富得多，眼界也要高得多。從整個人類進化的角度看，數據化生活已經是人類生活的常態，它對人類社會未來走向的影響程度之深，決定了這一步遲早得邁過去。大數據已經將人類連成了一個命運共同體，"一榮俱榮，一損俱損"，大數據確實有光明的未來，但如果它以犧牲人的權利為代價，把人變成數據的奴隸，而不是數據的主人，大數據就沒有未來。

從根本上說，這源於人類控制數據的渴望，而互聯網公司的數據壟斷恰恰違背了人類這一樸素的願望，人們希望隱私權不被侵犯，希望掌握自己的命運，而不是被數據算計，希望科技的發展是為了成就人類，而不是將人類置於數據的掌控之下。不理解人類對大數據深深的懼怕，也就無法理解這場平權運動的真正意義。它的本質，和歷史上的各種平權運動並沒有區別。

我預計，類似於《通用數據保護條例》的法規將會在全球興起，在中國也不例外。即將發生的，是一場全球範圍內的、重大的互聯網治理革命。

除了數據，算法也面臨新的治理。我們討論過個性化定價，在人手一屏的時代，互聯網公司可以通過算法和它掌握的數據實現千人千價，此外，還有動態定價和動態加價，例如滴滴，遇上下雨天、高峰期，現在都要加價，但加價的算法到底是如何運行的呢？是不是我們拒絕加價，叫車的優先級就會被算法降低，甚至被暫時排除在算法匹配的序列之外？滴滴的高管曾經在公開場合做過一些解釋和說明，但顯然並不能服眾，消費者仍然在質疑真相。

今天的城市生活對算法已經越來越依賴，算法無處不在，一些算法提供了個性化的貼身服務，讓人如沐春風，但也有一些算法可能存在公平問題、傷害公共利益、涉及歧視甚至滋生"算法腐敗"，它們成了少數人謀取不當利益的工具。

自誕生以來，算法就以保護競爭性商業機密為由，一直在黑暗的、封閉的空間中生長，對所有消費者而言，它是一個黑盒子，除了開發它的公司和程序員，外人無從知曉黑盒子裡面的運行機制。

也可以說，消費者不知道這些算法的元數據。

把算法的開發和設計列為商業秘密，我們可以理解，但算法的邏輯和功效，應該是可以公開的。這就好像藥品，其製藥過程可以是商業秘密，但藥品的成分和功效卻應該、也必須公開。算法可以被視為一種虛擬產品，既然是產品，就應該有說明書。沒有說明書就用，和不看說明書就把藥吃了，有甚麼不同呢？

考慮到算法對人類生活方方面面的重大影響，它甚至可以操縱一個人的心理和精神。我在第一章中還做過一個比喻，算法如藥丸，在一顆藥丸進入市場之前，生產廠家必須對它的成分、外表性狀、功用、服用方法以及可能產生的副作用逐一做出說明，

氨酚偽麻美芬片

【主要成分】 乙醯氨基酚、偽麻黃鹼、右美沙芬等
【適應症】 治療和減輕感冒引起的發熱、頭痛等症狀
【用法用量】 服用，一日3次，每次1～2片或遵醫囑
【禁　忌】 對其中任一種成分的藥物有過敏史者禁用
【副作用】 1.有時有輕度頭暈、乏力、上腹不適等症狀
　　　　　 2.飲酒、服鎮痛藥、鎮靜劑者會加重嗜睡
　　　　　 3.肝腎功能不全者慎用
【相互作用】 1.避免同時服用降壓藥、抗抑鬱藥及飲酒
　　　　　　 2.如正在服用其他藥，使用本品前請諮詢醫生

 基於多目標優化的叫車算法

【功能描述】 根據路程、顧客偏好等目標自動匹配合適的車輛
　　　　　　 並給出建議的行駛路線與預期價格
【主要方法】 採用多目標規劃和動態優化方法
【輸入參數】 叫車時間、出發地點、目的地點、乘車人特徵信
　　　　　　 息等數據項及其取值範圍、數據結構等
【輸出結果】 匹配的車輛、建議行駛路線、預期價格等數據項
　　　　　　 及其數據結構和含義解讀
【邏輯判斷】 如果響應車輛少於X輛，則執行加價，加價公式
　　　　　　 為XXX
【其他數據】 在判斷顧客的消費特點時可能調用其他消費數據
【不明情況】 優化效果受實時路況的影響較大，有X種可能
【適用領域與範圍】主要用於打車平台，也可用於公交調度或
　　　　　　　　　救護車路線規劃等

7-16　算法應該像藥品一樣公開其元數據

以上圖片僅為示例，並不代表真實的例子。

對應到算法，它也應該有成分、性狀和功效，對其輸入、輸出的參數等元數據，互聯網公司必須做出說明，其說明的真實性甚至還需要接受專門的審查。

　　傳統的互聯網治理，審查的常常是內容；今天和未來，更需要我們審查的是算法。審查算法，需要專業的人員、專業的機構，我認為在不久的未來，世界各國的政府部門都將增設這樣的機構。在中國，我們就可以在國家市場監督管理總局增設這樣的職能。

注釋

1   《中共中央關於全面深化改革若干重大問題的決定》，中國政府網，2013.11.15。

2   該數據截至 2017 年末，未含港澳台。《中華人民共和國 2017 年國民經濟和社會發展統計公報》，國家統計局官網，2018.2.28。

3   《關於實施標準地址二維碼管理工作的意見》，福建省公安廳、民政廳，2017.1。

4   案例源自 2017 年 8 月 27 日蘇州工業園區公安局調研座談會。

5   根據中國銀行業協會發佈的《中國銀行業產業發展藍皮書》統計，截至 2017 年 8 月底，央行個人徵信系統共覆蓋 9.3 億自然人，其中僅有 4.6 億人有信貸記錄。而截至 2017 年末，中國大陸總人口為 13.9 億。根據以上數據計算，中國大陸有信貸記錄的個人約佔總人口的 33.1%。

6   "我的南京"是南京市信息中心打造的一款集成當地各類生活信息的城市級公眾服務 App，是城市級 App 中的佼佼者。

7   *Urban Utopias in the Twentieth Century*, Robert Fishman, The MIT Press, 1982.

8   《我們要踏踏實實地把數字城市、無線城市和智慧城市建設好》，宋俊德，搜狐博客，2012.3.21。

9   《數字接管城市 —— 廣東南海信息化路徑》，張旭東，《IT 經理世界》，2001.7。

10 《大數據》(3.0 升級版)，涂子沛，廣西師範大學出版社，2015：336。

11 《權威調查顯示：我省"最多跑一次"實現率達 87.9%》，浙江政務服務網，2018.1.4。

12 《年底前九成事項"最多跑一次"》，王川等，《大眾日報》，2018.3.3。

13 2018 年政府工作報告，李克強，2018.3.5。

14 《一個"高端"家長的煩惱：堅持看監控，老師就説要辭職》，郭晉暉，第一財經網站，2017.11.27。

15 見南加州大學公共安全部網頁：https://dps.usc.edu/services/cctv-video-request/，獲取日期：2017.12.8。

16 見英國《1998 年數據保護法案》(Data Protection Act 1998)，第二部分第 7 節。

17 這是美國《隱私法案》中對信息主體主要權利的規定，其在歐美國家具有代表性。

18 見《吉林省公共安全視頻圖像信息系統管理辦法》第二十七條 (2013 年 1 月 1 日起施行)；《內蒙古自治區公共安全視頻監控圖像信息系統管理辦法》第十一條 (2014 年 11 月 1 日起施行)；《新疆維吾爾自治區公共安全視頻信息系統管理辦法》第十六條 (2014 年 7 月 1 日起施行)。

19 《廣州擬允許個人查看監控錄像　專家：需求與限制的平衡》，人民網，2016.9.2。

20 2015 年 3 月，南京市公安局玄武分局自主研發的警務微信服務平台"玄微警"上線。其中的"自助報備案"功能是當地警方全新研發的、國內首創的警務微信功能，面向公眾受理證件票證被盜遺失、便攜式電腦被盜、非機動車被盜、電瓶被盜、手機被盜以及少量的非接觸型詐騙等 6 類警情，市民在經過身份認證後即可自助報案，實現報備警情"只需指上，無須路上"。《南京玄武推出"玄微警"微信平台》，林笛，中國警察網，2015.11.23。

21 關於數據外部性，請參考澎湃新聞涂子沛專欄文章《數據外部性這把"大數據之劍"》，2015.1.4。

22 《墜亡大學生母親：地鐵公司曾勸她承認兒子自己墜亡》，孟慶利，《羊城晚報》，2013.8.26。

23 《我的南京，南京人一定要下的 App》，"南京發佈"微信公眾號，2015.4.16。

08

人工智能的邊界、風險和未來

數據表示的是過去，但表達的是未來。如果我們有了足夠的數
據，是否可以預測一切？其實在量子物理時代，這個問題就已
經有了答案。本章主張用量子思維看待人類社會，提出大數據
存在一種"預不準原理"。此外，人類無法記錄一切，時空可
以扭曲、局部再現，但時空不可能被完全複製。智能社會雖然
美好，但也有多種局限和無奈，甚至存在巨大的風險。

如果人類的生活可以被準確預測，那人就是機器。

2016 年 11 月，馬雲在上海的一場公開演講中表示，未來 30 年，因為數據的獲取，"計劃經濟" 將會越來越大。[1]

這不是馬雲第一次唱好 "計劃經濟"。早在 2015 年，馬雲在接受韓國的《中央日報》專訪時，就表示相信 "2030 年計劃經濟將成為更優越的系統"；在 2017 年數博會上，馬雲再次提出，未來 30 年，大數據時代將重新定義 "計劃經濟" 和 "市場經濟"，因為 "大數據讓計劃和預判成為可能"。[2]

馬雲對這個觀點的堅持引發了商學兩界的熱烈討論，作為一個過去時代責任權利不明晰的代名詞，"計劃經濟" 已經被掃入了歷史塵埃，近幾年很少有人提及，"市場經濟" 才是 "當紅炸子雞"，一時間媒體上唇槍舌劍，"計劃經濟" 大有前度劉郎今又來、重回公眾視野的趨勢。[3]

回顧過去近 100 年的實踐，絕大多數經濟學家都認為，"計劃經濟" 已經被證明是一種失敗的資源調配模式。講到這裡，相信你已經非常了解馬雲論斷的邏輯和依據了。今天互聯網平台上的數據就如上帝之眼，可以洞察消費者的一舉一動，既然基於大數據的預測可以強化計劃者的預判能力，那為甚麼經濟生活不能用大數據來進行計劃和調控呢？

人類一切的努力，從本源上分析，都是在預測未來。如果能掌控未來，就能更好地把握現在。我們今天究竟應該如何看待大數據的預測能力？它到底能預測甚麼，預測的邊界在哪裡？如果無法準確地預測，真正推動這個時代發展的動力又是甚麼？人工智能主導的社會，它的邊界和風險又在哪裡？

　　對這些問題，我們必須有清楚的認識。

一切皆可預測：拉普拉斯之妖

　　　　天色已晚；

　　　　天文學家在那人跡罕至的山頂，

　　　　搜索茫茫宇宙，

　　　　研究遠處金光閃閃小島般的天體。

　　　　他斷言，那顆放蕩不羈的星星，

　　　　"將在10世紀後的這樣一個夜晚回歸原處"。

　　　　星星將會回歸，

　　　　甚至不敢耽擱一小時來嘲弄科學，

　　　　或否定天文學家的計算；

　　　　人們會陸續去世，

　　　　但觀察塔中的學者

　　　　也會一刻不停地勤奮思索；

　　　　縱然地球上不復有人類，

　　　　真理將代他們看到那顆行星的準確回歸。

　　這是諾貝爾文學獎得主、法國詩人普呂多姆（Sully Prudhomme，1839—1907）的詩作《約會》，他用奔放、抒情、誇張的文字和韻律，稱讚了天文學家不可思議的預測能力。

　　人類預測未來的能力，首先是在自然科學領域獲得突破的。我們知道，人類在相當長的一段時間裡都處於蒙昧的狀態，前不見古人，後不見來者，不知過去也不知未來，人就像天地間一個渾渾噩噩的過客，只能愴然涕下。一直到近代科學出現，人的境況才曙光微露。

近代科學的確立，首功要歸於英國人牛頓。1687 年，他在《自然哲學的數學原理》（ *Mathematical Principles of Natural Philosophy* ）一書中，系統總結了物體運動的三大定律，創建了經典力學，這三大定律在人類歷史上第一次將宏觀物體的運動概括在一個理論之中，即給定一個物體在空間的具體位置，我們就可以通過分析它的環境和受力，來計算、描繪它即將展開的運動軌跡。

軌跡，又是軌跡，但它不再來源於此前的記錄，而是可以通過精準的計算進行預測。

牛頓把視線投入天空之後，他又在哥白尼、開普勒、伽利略有關 "日心説" 的學説基礎之上，證明了天體運動其實和地球上普通物體的運動一樣遵循着相同的規律，他用數學的方法精確地描述了古老天體運動的自然法則，在他的解釋之下，整個宇宙在人類面前立刻呈現出新的圖景。

可以説，牛頓把支配整個自然界的自然規律都用量化的方式表達出來了。他的理論是經典物理學和天文學的基礎，也是現代工程學的基礎。第一次工業革命之所以後來在英國發生，人類之所以可以進入使用蒸汽機、紡織機的機器時代，都是拜其科學發現所賜。

1727 年，牛頓去世，英國為他舉行了國葬，當時的英國人在他西敏寺的基碑上刻下了這樣的銘文：

> 自然與自然的定律，
> 都隱藏在黑暗之中。
> 上帝説讓牛頓去吧！
> 於是宇宙一片光明。[4]

又過了 100 多年，到了 19 世紀末，以牛頓理論為核心的經典物理學已經相當完善，人們發現，幾乎所有的物理現象都可以通過牛頓力學和麥克斯韋（James

Maxwell，1831—1879）的電磁理論加以描述和解釋，有人甚至認為，絕大部分自然界的規律都已經被發現完了，科學到此終結。

　　經典物理學的方法論和思維方式影響了人類工業化和整個工業文明的進程。它的核心是客觀、機械、精確，在這種方法論的背後，是把世界視為一台鐘錶，它內部的各部分機械地連接、精確地運行，物體的軌跡是客觀條件導致的，與人類的主觀意識無關，不存在不確定性。

　　受此啟發，心理學、經濟學和社會學都以物理學為參照，認為人類的社會生活也可能是一個恪守規律的精密系統，只不過這些規律我們還尚未認識，社會科學家的目標，就是尋找社會現象背後的法則和規律。

　　拉普拉斯（Pierre-Simon Laplace，1749—1827）是牛頓之後的法國科學家，他擔任過拿破崙的老師和法國政府的內政部長。1773 年，拉普拉斯把牛頓的萬有引力定律應用到整個太陽系，解決了一個當時著名的難題：木星軌道為甚麼在不斷地收縮，而同時土星的軌道又在不斷地膨脹？在完成了對整個太陽系的解釋之後，拉普拉斯把視線投向了人類社會。1781 年，他對巴黎出生的嬰兒性別比例進行了統計，並用經典物理學的方法描繪出誤差曲線，他興奮地發現，其概率天然地呈現出物理現象一般都具有的平衡性和對稱性，這使他相信，社會問題和自然問題有共通之處，它們都有普遍適用的規律。1814 年，拉普拉斯進而提出：

　　　　宇宙現有的狀態，我們可以視之為其過去的果以及未來的因。如果有一個"智者"，他能知道某一刻所有自然運動的力和所有自然物體的位置，假如他也能對這些數據進行分析，那宇宙裡從最大的物體到最小的粒子的運動都可以用一條簡單的公式來表達。對這位智者來說，沒有任何事物會是含糊的，未來只會像過去一樣出現在他面前。[5]

　　拉普拉斯在這裡所說的"智者"，被後人稱為"拉普拉斯之妖"。

　　這是決定論登峰造極之時。按照牛頓和拉普拉斯的理論，萬事萬物，包括人類，都受規律的支配，人類的思想、行為和他們的心臟一樣，都像被上了發條的鐘錶一樣工作，它們沿着預定的軌跡運行，一切皆有定數，一切皆可預測，只要我們有足夠的數據，就完全可以預測下一秒會發生甚麼。

之所以不能預測，是我們沒有掌握足夠多的、關於萬事萬物的記錄和數據。這和馬雲的論斷邏輯非常相似。

量子思維：不確定的現實

進入 20 世紀，人類把視線投向了微觀領域，開始研究分子、原子和基本粒子。出人意料的是，科學家發現有越來越多的微觀現象無法用牛頓的經典物理學進行解釋，整個經典物理學大廈開始動搖，就在這個時候，愛因斯坦、普朗克、玻爾、薛定諤等一批科學家，用大無畏的勇氣打破了原有理論的桎梏，用全新的概念和理論體系創建了量子力學理論。

接下來數十年，量子力學成為研究微觀粒子運動規律的新興學科。

所謂的 "量子"，它不是指分子、原子之類的粒子，而是代表一種狀態：當一個物體的某種測量數值結果是離散的，例如 1、2、3、4……，不能在 1 和 2 之間連續地、任意地取值，例如 1.11、1.111……，這種狀態就被稱為量子化，這個最小的單位則被稱為 "量子"。自然和社會生活中的很多現象都可以量化，但當我們試圖記錄其量化結果時，就會有連續和不連續之分。例如，當車加速的時候，不可能一下就到每小時 100 公里，它是個從 0 到 100 逐漸加速的過程，即它的變化範圍是連續的；又例如，在進行人口普查的時候，人口只能以 "個" 為單位，是一個一個的，決不會出現 "1.23 個" 這樣的結果，這種不連續的變化，就是量子化。

你也可以理解為，一個物理量存在最小的、不可分割的基本單位，在這個最小單位之內的狀態，人類無法確定。

德國物理學家普朗克（Max Planck，1858—1947）最早假設，一個粒子的能量是一份一份的，不能取連續的值。除了能量的不連續性，海森堡（Werner Heisenberg，1901—1976）後來又提出了 "測不準原理"，他認為微觀物理現象不可能在未被干擾的情況下被測量和觀察，一旦進行測量，參與觀察的人和測量的儀器就會對該粒子發生作用，即干擾，而且這種干擾處於決定性的地位。也就是說，當觀察者進行觀察時，他的觀察、記錄、測量這些行為本身就會影響觀察的結果。由此，量子理論認為，微觀世界的粒子具有跳躍性和不連續性，即使我們掌握了所有的信息和數據，我們還是無法預料粒子下一步的運動方向，因為我們一旦去觀察、預測，它就開始改變，這就是它和"拉普拉斯之妖"的本質區別。

為了對付這種不確定性，描述粒子的活動軌跡，量子力學又引出了一個重要的術語——概率。我們無法確認一個粒子的位置和狀態，只能用一個函數來表示某電子在 t 時刻、在空間某一位置 r 點附近的單位體積內出現的概率，即我們平常所說的可能性有多大。

經典物理學的思維特點是客觀、機械、精確以及"拉普拉斯之妖"反映出來的決定論。所謂的量子思維，則是認為主觀世界和微觀世界是一個整體，無法分割，人類認識微觀世界，必須通過感知、測量和記錄，但微觀世界一旦被感知、測量和記錄，它就開始扭曲，也就是說，微觀世界是不確定的。思想實驗"薛定諤的貓"甚至認為，"只有在揭開蓋子的一瞬間，才能確切地知道貓是死是活"，一切無法預測。

這和人類世界何其相似。我在前面已經談到，當史官拿起筆跟着皇帝、當鏡頭對準演講者，他們的語言和行為就開始調整，尼克遜的辦公廳主任也坦承，當他意識到錄音機的磁帶正在轉動的時候，主導他話語的意識就會扭曲。當人們知道自己在被觀測、被記錄的時候，會不由自主地修正自己的行為，從而改變了下一時刻的行為和軌跡。

人，正像微觀世界的粒子一樣，不可觀測，不可記錄。對現實的觀測，將會導致現實的坍縮。量子思維這些新的信念，逐漸被引入了經濟學、社會學和哲學等領域。

人是城市中的粒子：測不準

我們需要深入認識我們居住的地方——城市。每個人都熟悉城市，卻又並不熟悉城市，我常常在飛機的下降過程中，清晰地感受到這種陌生感。

從空中俯瞰城市，映入眼簾的首先是城鄉結合部。大地被道路分割，覆蓋鄉村的是農田、屋舍，是水，是泥。隨着飛機的下降，你看到公路、高樓、立交橋，覆蓋地面的變成了"水泥"，這個時候，你會清晰地意識到，城市是一個人工構建的巨大環境，它雖然是地表的一個組成部分，卻完全由人工所創造。人類用鋼筋、玻璃和水泥在地表上進行加工，城市因此從地表凸起。

飛機緩緩下降，不斷貼近地面。你會發現，再高的樓也像個火柴盒，公路就像一條在玩具世界裡搭建的通道，車流穿梭其上。這時候的城市，又如同一個沙盤，它容納了幾百萬人的衣食住行、喜怒哀樂，你一降落，也要在其中生活，你會突然為這個平常的事實感到驚訝。就此而言，城市就像一個承載人類生活的巨型容器。人們設計它、控制它，期待在其中創造安全、穩定、舒適、繁榮的美好生活。

所謂城市，就是人類世代營造的一個大容器，我們在其中共同生活，並參與它的設計和改造。16 世紀，在火炮被發明之前，世界上幾乎所有的城市都還有城牆，那個時候，城市就類似於一個半封閉的容器。

城市這個大容器，是人類對自然環境最大的改造，我在前文討論過，人類的文明來源於記錄，但城市是人類除了記錄之外，文明最集中的地方。文字、數據記錄的是思想，而城市是思想的物理表達。

從農業社會、工業社會，再到信息社會，人類不斷設計、培植、控制、清除，通過謀劃新的制度和規定、啟用新的發明和器械設施，力圖打造一個"園藝型"的理想容器。

如果把一個個的社會成員比作城市這個巨大物質結構中的粒子，並且這些粒子各自始終都在運動，那麼我們的任務就是研究這些粒子，刻畫和揭示它們在不同的時間和空間中運行的軌跡和行為選擇。

在"城市大腦：新時代的長江大橋"一節中我們講到，今天的城市面臨着一個新的矛盾，就是數據太多，僅憑人力無法有效處理它們，我們需要新的解決方案。這些數據的來源非常多元，包括政府各個部門的行政記錄、統計普查、互聯網的消費社交記錄、天網視頻等。雖然這是海量的數據，但無論這些數據如何相聯接，它們的結果都不是連續的數據，而是間斷的、跳躍性的數據，它們只記錄了事實的某個側面，可以被稱為斷片數據。

這種斷片，我認為就是數據的量子化。例如，天網的卡口數據就不是連續的數據。在已經設卡的不同路口，攝像頭能夠捕捉到一輛車通行的照片，並把它變成一條數據記錄，我們有了多個路口的數據，根據時間的先後順序，就可以還原一輛車的軌跡，但即便如此，其軌跡也是一種推斷。某輛車 10 點出現在卡口 A，10 點半出現卡口 B，但是在卡口 A、卡口 B 之間，卻有幾條通行路線的可能，司機完全可能因為突發小事，選擇了捨近求遠的路線。

雖然有了天網、城市大腦，但我們所能記錄到的人的數據，也是不連續的、斷片的，就像電子、中子一樣，我們無法確定一條完整準確的軌跡，但根據量子力學理論，我們可以推斷其活動空間的範圍，即概率，這也同樣具有巨大的價值。

假設有一張台球桌，桌上的球因為球杆的撞擊開始運動。牛頓的經典力學可以計算出一個台球在台球桌上的運動軌跡，我們也可以分析兩個或三個台球在桌上的運動軌跡，但如果人們試圖在同一時間計算幾十個球的運動軌跡，這些球還會相互碰撞，任務就變得驚人地複雜，難以完成。假設有一張足夠大的台球桌，上面可以容納幾百萬個球，這幾百萬個球都在運動，那這個台球桌就好像城市這個像盤子一樣的淺體容器。從微觀上看，每個球的運動都是無序的，就像城市裡的人在朝四面八方運動，但如果把城市作為一個整體來看，其運動又呈現出整體的規律性，整個城市擁有一種有序的平均特性，它只在很小的範圍內波動，偏離平均特性的大波動只在特定情況下才會發生。

對城市的管理者而言，我們並不需要一五一十地追蹤幾百萬個球體的運動軌跡，我們只需要回答一些特定的問題，就能很好地完成管理任務。例如，在一分鐘之內，有多少個球進洞了，又有多少個球擊中了特定橫杆的特定位置？或者是一個球和其他球發生了多少次撞擊？掌握了這些信息，就可以描繪出一個球的大致軌跡。對除了那些特定位置的其他位置，我們只要推算概率就行了。

這正是我們今天的城市在收集、使用、分析數據時的基本思想。

人在城市中的軌跡就像微觀世界的粒子一樣測不準。前文也說到，面對攝像頭和錄音機，人的行為就會改變，其實只要收集數據、反饋信息，就能改變人們的行為。例如現在很多城市都在顯要處安裝交通引導大屏，紅色表示擁堵，黃色表示繁忙，綠色表示通暢，你一看當然挑綠色走，但你會發現，你走到哪兒，哪兒就變成紅色，為甚麼？因為很多人和你一樣看了引導系統，所以改變了選擇。

再拿股市來說，每一時刻都有無數的人在股市上買進賣出，假設有一個人，上帝因某種原因賦予了他準確預測一隻股票明天走勢的能力，假設他知道這隻股票要漲，於是大量買入。問題是，他這種大量買入的行為本身就會影響市場，影響其他粒子在這個大磁場中運行的軌跡，其他粒子於是也大量買入或者賣出，這就影響了該股票第二天原本會有的走勢。可他如果知道這隻股票要漲，又甚麼都不做，那他的預知就沒有任何意義。

這就是基於人類預測的困境，如果人類能夠準確預知結果，就會改變結果，預測得再準，一旦作用於現實，也甚麼都得不到。

印度有一個古老的傳說，一位婆羅門教主吹噓他可以證明佛陀的話是錯的。他手裡抓了一隻小麻雀，藏在衣袖之下，來到佛陀面前，讓佛陀猜他手中拿的東西是死是活。他想，如果佛陀說是死的，他就把活着的麻雀拿出來；如果佛陀說是活的，他就捏死麻雀，再拿出來。佛陀並沒直接回答他，而是慢慢地走到寺廟的門檻之上，然後反問他，我是進還是出呢？

這位婆羅門教主當然永遠都預測不對，因為只要他告訴佛陀一個預測，佛陀就會用個人意志打破他的預測；如果他不讓佛陀知道自己的預測，那還會有 50% 的可能預測正確，但 50% 的正確率就和"猜"相差無幾。

人有自由意志，是不可觀測的粒子。人類對自己未來的預測永遠都不可能準確，因為你一旦說出你的預測，就會有人反其道而行之，預測本身會改變被預測者的行為，個體的行為因此無法被預測，但對一個群體來說，預測又重新變得可能，因為群體之內的自由意志可能互相平衡、抵消，這就是為甚麼預測一隻股票價格的變化非常困難，但預測整個股市的變化趨勢要容易很多。

只有總體是可以被預測的，但準確的預測只有在一種情況下才可能發生，那就是

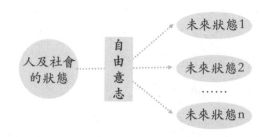

図 8-1　人類有自由意志

被預測的對象對記錄、觀測和預測毫無感知，完全不被干擾，但這幾乎不可能，因為通過記錄收集數據本身就是一種干擾。

除了人類行為測不準，人類通過記錄收集數據也有很大的局限，完全達不到拉普拉斯所定義的某一時刻所有數據的水平。這就決定了人類要完全掌控社會和經濟生活，憑藉準確的預測對其變化進行規劃和設計，這幾乎是不可能的。

數據相對論：普適記錄的極限

數據源於人類的記錄。

記錄無邊界。蘇軾在《赤壁賦》中說，人類在所處的環境中"耳得之為聲，目遇之成色"，這些聲色"取之無盡，用之不竭"。這意味着，可記錄的對象沒有邊界、無窮無盡。即便願意，人類窮盡一切力量也記錄不完。

雖然記錄之路沒有盡頭，但人的記錄能力存在邊界。不得不承認，對很多事情，人類目前還無法記錄。

美國小說家霍桑（Nathaniel Hawthorne，1804—1864）講述過一個很有意思的故事，[6] 從中我們可以看到人類記錄的局限，同時意識到，人類如果突破記錄的局限，又將會是如何不堪重負。

大衛是一位英俊的少年，有一天他準備搭乘馬車去波士頓。因為途中勞累，他在一棵大樹下乘涼,不知不覺睡着了。

他睡着後不久,就有一對商人夫婦因為馬車故障停在了他的身邊。這對夫婦剛剛失去兒子,沒有了財產繼承人。當他們看到熟睡中的大衛,就被他身上"令人敬畏的氣息"感染了,他們感慨於大衛的青春和健康,突然動心想要認識他,把他選為財產繼承人。

"好像是上帝把他安放在這兒似的。"正在這對夫婦差一點就要叫醒大衛的時候,僕人過來告訴他們馬車修好了,催促他們上路,他們突然從想像中驚醒過來,意識到這個想法如此荒唐,結果匆匆離開。

馬車駛離之後,又走來了一位姑娘。當她看到熟睡的大衛,感覺自己"好像闖入了紳士的臥房",臉色變得通紅。她停下腳步,被他的英俊所吸引,還為他趕走了叮人的蜜蜂。要知道,姑娘的父親是位成功的商人,他要找的正是大衛這樣一個小伙子做女婿。如果大衛這時候醒來,那他的命運將為之改變。然而大衛還是沒有醒來,"少女的呼吸急促起來,臉也更紅了,她偷偷瞥了一眼熟睡中的年輕人",最後不捨地離開了。

接着出現的,是兩個路過的歹徒,他們盯上了大衛腦袋下壓着的包裹。就在他們拿出匕首的時刻,一條大狗突然跑了過來。因為擔心引來狗的主人,歹徒收起了匕首,說笑着走開了。

霍桑在小說中這樣評價兩名歹徒:"可能幾個小時後,他們就把這件事忘得一乾二淨,但他們不曾料到,負責記錄的天使已為他們的靈魂加上了意圖行兇的罪名,記載在永不銷毀的檔案之中。"

沒過多久,大衛就醒了,在這短短的一小時內,他已經和財富、愛情、死神擦肩而過,但他渾然不覺。他登上了去波士頓的馬車,回到了他原本的人生軌道。

如果有記錄,一切都可能改變。大衛可以下車,重新去認識那對失去繼承人的夫婦和那個對他動心的女子,也可以將威脅自己生命的歹徒繩之以法。問題是,當我們閉上眼睛的時候,就失去了對世界的洞察。即使我們瞪大眼睛,也難以獲知、更無法記錄別人心裡的真實想法。迄今為止,心理世界還是一個難以記錄的空間,也正因為沒有記錄，小說家可以天馬行空地展開想像，對小說人物的內心世界做出各種猜測、推理和描述，創作出多種多樣的、匪夷所思的文學作品。

我認為，恰恰是因為"無法記錄"，文學才有了現在的發展空間，文學的核心目標是人性，人性的幽暗難以明確，人性的複雜難以窮盡，它就像星空一樣浩渺深廣、難以記錄，但文學可以對人性做出不斷逼近式的呈現，這是文學相較於科學所能提供的獨特價值。

當人性中的一部分可以被記錄的時候，它就將演變為科學，從而縮減文學的立足之地，這也是普適記錄能改變人性的原因。

如果我們能記錄一切，洞察一切，那我們的精神也將不堪重負。霍桑在小說中這樣描述，如果人們能夠預知自己命運中所有可能的轉折，那"生活就會充滿太多的希望和恐懼，狂喜與失望，使我們一刻不得安寧"。這也從另外一個方面，說明了人類個體的生活不可預測。

那麼，對於事實和真相，到底是記錄、知道，還是不記錄、不知道好呢？事情的透明度和幸福感未必成正比，是做一個先知更英明、還是做一個傻瓜更幸福，我們無從得知。這也是人性和世界的糾結之處。如果我們了解到人類世界不可記錄的空間之浩瀚廣大，就會動搖我們對數據業已形成的信念。

除了不可記錄之事，可記錄之事同樣有巨大的局限性。數據一經產生，就是碎片化的，數據就像碎玻璃，它從來都是斷片的、不連續的，數據只能記錄事實的一個或數個側面，無論怎麼記錄，它從來沒有、也不可能形成一個全然完整的事實。

12 年前，我剛到美國學習研究生課程。開學不久，就聽到一位教授在課堂上引用了一句名言："每個人都可以有他自己的觀點，但不可以有他自己的事實。"我們必須區分事實和觀點。從此，我將這句話奉為圭臬。

然而，隨着經驗和閱歷的增長，我又感悟到，大千世界之所以意見紛爭、共識稀少，還是因為每個人擁有自己的事實。客觀事實確實只有一個，但一個事實有千萬個面，人們因為自己的局限，往往只能看到自己認同的那一面，很少有人能面面俱到，看到一個事實的全貌，人們各有各的事實。

這帶來了一個巨大的時代風險：數量龐大的數據將導致"人人皆有數，人人都有理"。一個人要做出與其他人迥異的結論，總可以找到相應的數據來支撐自己。其中的本因就是，數據再多，我們都有可能無法掌握事實的全貌。

數據會逼近事實，但數據再大，終究不是事實。

如果有上帝，那只有他的眼睛才能看到萬事萬物的全貌，人做不到，再大的數據也做不到。

除了碎片化，記錄還滯後於現實。2016 年初，我參加硬盤製造商希捷公司（Seagate）的年會，在會上發表了演講。從成都返回杭州的家，一封郵件已經靜靜地躺在了我的郵箱中，裡面是迫切且尖銳的提問："涂先生，我是一名資深的數據分析師，但隨着數據的增多，我甚至成了一名大數據的懷疑論者，之所以沒有在現場提問，是擔心我的挑戰給大數據的信奉者潑上冷水……"

他的問題是，數據越來越多，他卻經常感受到離事實越來越遠，通過數據無法發現真正的真相。換句話説，雖然數據是真實的，但它不一定符合真正的事實。

他的洞見，令我非常感慨，數據記錄的是事實，但一記錄，事實就成為過去。記錄永遠在追趕事實，這就是記錄的局限。因為事實不斷在變，記錄的價值永遠是相對的，我把它稱為"數據相對論"。愛因斯坦的相對論是關於時空和引力的，新的相對論是關於數據和事實的。我不禁想起，為了掌握真實的人口數量，美國歷經 200 多年的、曲折反覆的人口普查。

美國政府曾經絞盡腦汁，想掌握全國真正的人口數量。19 世紀 60 年代開始，美國的歷任總統就開始給美國的普通公民寫信，請公民不要因為害怕人口普查而隱瞞人數，他們以總統的名義保證，這些數據只是為了掌握美國的真實人口數量，而不會用於徵税、徵兵和法庭調查等其他用途。此後歷屆美國總統都致力於排除人為因素，保證數據的客觀性。他們還想方設法縮短人口普查時間，最初一次普查要兩年時間才能完成，到後來慢慢縮短至兩個月，乃至兩三天。

每時每刻，都有人出生、死亡或者瀕臨死亡，這些事發生在不同的家庭、醫院甚至野外。現實不會靜止地等待你給它畫像，任何一次人為組織的人口普查，都沒有辦法在同一個時間點掌握全部這些事實，從而計算出某個時間點這個世界真正的人口數量。

直到今天，信息技術、互聯網、手機如此發達，這個問題仍然不能得到解決。

人類是萬物之靈長，我們迄今為止仍無法準確地掌握這個星球上有多少同類，遑論其他事情？世間萬物，一顆紅豆、一碗牛肉麵、一輛汽車、一段感情，其中的知識，往往都丰富得令我們難以想像，正所謂"一花一世界，一葉一菩提"。

世界之大，包羅萬象，周行不殆，須臾萬變，人類就像刻舟求劍的楚人一樣，能掌握的永遠只是某一個節點某一個範圍內的"小事實"，有混亂和困惑之感是再自然不過的事了。

在紛繁複雜、持續演變的世界中，人類又在不斷地努力。縱使人口數量不斷變動，美國政府亦不斷改進數據獲取方式，以提高效率、逼近真相。今天的美國人口普查局已經開發了一個"人口鐘"（Population Clock），每分鐘可以預測一次美國人口的變化情況。

數據永遠在追趕事實，就像鐘擺那樣永不停歇，隨着記錄能力的提高，在追求真理的道路上，我們進入了一個更為清晰的相對論時代。[7]

數據是人工智能的基礎，統治數據空間的不是人腦，而是人工智能。既然記錄有極限，數據空間存在邊界，那人工智能也必定存在邊界。

要正確認識人工智能，就必須把握它的邊界。

表情分析：人工智能的邊界

當下，除了下棋之外，人工智能實際的應用和發展有三大標誌性領域：一是無人駕駛；二是語音識別；三是圖像識別。它們都有清晰的邊界。

第一是無人駕駛。雖然最近兩年無人駕駛技術有較大的進步，但前文討論過，它與普適性的應用還有相當大的差距，其未來的發展路徑，關鍵在於人類的道路要向機器靠攏，要修建適合機器運行的封閉性道路，這涉及基礎設施的大面積更新，顯然不是一日之功，但在一些特定的場景之下，例如工業園區內部的固定路線、午夜之後的城市清掃、短線交通運輸，在這些方面我們會很快看到一些應用。

　　無人駕駛當然會讓司機下崗，但我相信，對人工智能導致失業的恐懼終究會消失的。人工智能在消滅一些工作的同時，會帶來一些新的工作，我們迎來的，是新一輪不同的增長。就像工業革命開始的時候一樣，機器像野草一樣蔓延和擴張，人類也害怕自己被機器替代，但機器最終帶來的，是全人類生活水平的普遍提高。

　　在這個過程中，人類也將付出代價。在智能時代，所有的發明和進步都在指向一個方向，那就是給機器賦予智能，而人類本身也在向機器靠攏。很多時候，人類將被迫調整自己的工作、行為模式和技能，以適應機器。這是一種相向而行。人和機器最終在一個旅程的中點相遇，然後它們互相補充、協同，在這個點上共生。當人要和機器高度協同的時候，人也將遭受程序化的侵蝕。

　　第二是語音識別，它屬於機器聽覺。近兩年，深度學習在語音識別方面也取得了巨大的進步，市場上出現了大量機器速記和語音翻譯產品。科大訊飛董事長劉慶峰介紹，其速記系統的準確度已達到 97%。在一個叫 WSJ Eval'92 的基準測試中，機器聽力的錯誤率已經下降到 3.1%，比正常人的聽力錯誤率（5%）還要低。在另外一個小型漢語基準測試中，機器聽力的錯誤率只有 3.7%，而一個 5 人小組的錯誤率為 4%。機器的語音識別能力已經超越了普通人。[8]

　　在語音識別中，我們也能看到人和人工智能相向而行，有的時候，我們必須模擬機器的聲音說話，以便我們的語音可以被識別，這就是人被訓練了，人在機器化。就好像為了發明能夠自動收割農作物的機械設備，人類不斷努力，最終農作物也會長成方便機械自動收割的樣式和形態一樣。

　　除了語音識別，機器聽覺還包括通過聲波識別身份、通過語音變化識別一個人講話的情緒以及讓機器模擬某個人聲音的語音合成。對專門的聲音，例如音樂，機器聽覺還有旋律識別、和弦識別和體裁識別等精細化的應用。

　　第三就是圖像識別，即機器視覺。這也是三者之中最值得關注的領域，原因我們講過，人類在日常生活中獲得的信息主要來自視覺，視覺信息要比聽覺信息多得多，事實上，無人駕駛能否成功在很大程度上也依賴於圖像識別。

我們前文已經展開論述過，圖像識別，特別是人臉識別具有巨大的價值和意義，但對人臉的圖像分析，其意義並不僅僅在於識別，它還有一朵並蒂之花：表情分析。雖然研究的對象同樣是人臉，表情分析和人臉識別並不相同：人臉識別是要找到一張人臉獨特的地方，以區別於其他人臉，表情分析卻要找到人類各種表情的共性，並做出解讀。

人有七情六慾、喜怒哀樂，這些情緒最直觀的體現就在面部。對面部表情的研究，無論東方，還是西方，都有專門的學問，察言觀色和古老的面相學就是其中兩個典型的代表。古書《智囊全集》記載了下面這樣一個故事。

　　春秋時期，齊桓公上朝與管仲商討伐衛，退朝後回宮。衛姬一看見齊桓公，立刻走下堂一再跪拜，替衛君請罪。桓公問原因，她答道：「臣妾看見君王進來時，步伐高邁、神氣豪強，有討伐他國的心志，看見臣妾後，卻臉色驟變，一定是要討伐衛國了。」次日齊桓公上朝，管仲問：「君王取消伐衛的計劃了嗎？」桓公疑惑地問：「你怎麼知道的？」管仲說：「君王上朝時，態度謙讓、語氣緩慢，看見微臣時卻面露慚愧，微臣因此知道。」[9]

正是因為善於察言觀色，衛姬、管仲才能參透齊桓公內心的玄機，這在傳統中國代表着非常高明的智慧，但另一方面，察言觀色、投人所好，又往往被視為奸臣和小人的必備技能。就技術而言，察言觀色和人臉識別一樣，需要大量的數據和複雜的計算模式，而在過去，奸臣只憑藉個人經驗就能快速判斷，這説明他們都有一顆善於運算的腦袋，説他們聰明，並非虛言。

就像人類很多知識來源於原始的巫術一樣，到 20 世紀 70 年代，一門新的學科 ──「表情分析」出現了，它雖然和察言觀色、面相學有交叉，但全面超越了它們，成為一門新的科學。

表情分析的奠基人是美國心理學家埃克曼（Paul Ekman，1934— ）。埃克曼和他的同事用了整整 8 年的時間，創造了一種科學可靠的方法來分析人類的面部表情。他們從解剖學出發，確定了人類面部的 43 塊肌肉，每一塊肌肉就是一個面部的動作單元，人類所有的表情都可以被視為這 43 種不同動作單元的組合，這些組合形成了一個「面部表情編碼系統」。

拓展話題

面相學曾經在歷史上大肆流行

從面相中找規律、做解讀，可謂最早的表情分析。前文説到，當照片開始普及時，世界各地都興起了肖像熱，但很多人沒想到的是，因為可以對着照片琢磨人臉，面相學也隨之興起。無論東方還是西方，古人都相信在面相、品行和命運之間存在着神秘的聯繫，很多詞語，例如相由心生、面相天授，都暗示了這種聯繫，前者説的就是有甚麼樣的心境，就有甚麼樣的面相，後者則是説一個人面部的特點是他內在品質的反映，暗示着他一生的命運。

面相學曾經大肆流行。1927 年，美國發生了一起震驚全國的殺人案，女主角斯奈德（Ruth Snyder）夥同情夫先後 7 次想殺死丈夫，第 8 次終於得手。在審判的過程中，法庭請來了一位知名的面相專家，他拿着卡尺對斯奈德的面部進行測量和計算之後，得出結論説："她的下巴像貓下巴一樣逐漸變尖，這證明她具有背叛和忘恩負義的人格特徵。她的面部表情表明，她具有一種尋歡作樂者的膚淺性格，習慣於無限制的自我放縱，這種放縱最終會終結在慾望和血腥的狂亂之中。"[10] 斯奈德是紐約監獄第一位被送上電椅的女性，這份面相解讀起到了極大的推波助瀾的作用。

面相學已經被證明是偽科學，但它的生命力非常強大，直到今天，世界各地都還有活躍的面相專家。

這個表情編碼系統是一個照片和文字數據庫，包括 10000 個面部肌肉動作單元的組合，每一條數據都在描述肌肉、肌肉組合和相應的表情，埃克曼認為其中 3000 個組合對人類是有意義的，也就是可以解讀的。為了解讀這些表情，埃克曼拿自己做實驗，他試圖調動自己臉上的每一塊肌肉，做出相應的表情，當他無法做出特定的肌肉動作時，就跑去醫院，讓外科醫生用一根針來刺激他臉上不肯配合的肌肉。

這個數據庫非常管用，憑藉它，埃克曼開創了人類心理學歷史上的諸多傳奇。

在精神病醫院，常常會有人自殺。試圖自殺的病人會來找醫生，告訴醫生："我現在感覺好多了，可以出院走走嗎？"有經驗的醫生知道，精神病患者這樣説，可能確實好了，但也存在另一種可能：他們完全絕望了，希望獲得脱離監護的機會，一旦脱離監護就會自殺。究竟誰是這樣的病人，醫生很難做出預判。

　　埃克曼要求醫生把他們和病人對談的過程用視頻記錄下來，然後他反覆觀看。一開始，埃克曼甚麼都沒發現，但是，當他用慢鏡頭反覆播放的時候，突然在兩幀圖像之間看到了一個一閃即逝的鏡頭：一個生動、強烈而極度痛苦的表情。這個表情只持續了不到 0.07 秒，但它泄露了病人的真正意圖。埃克曼後來在更多的場景中發現了類似的表情，他把它們定義為"微表情"，這種表情往往在人臉一閃而過，未經訓練的人無法察覺，但它們隱藏着主人真實的意圖和感情。

　　不僅是痛苦的"微表情"，埃克曼的表情分析，還可以知道一個人的微笑是發自內心的還是強擠出來的。自發的微笑由情緒引起，其調動的是在顴骨周圍彎曲的肌肉以及眼部周圍的小肌肉，這不可能用意識加以指揮；而強擠出來的微笑調動了一塊叫顴大肌的肌肉，它從顴骨延伸到嘴角。還有一塊肌肉被稱為額肌，位於內眉區域，當它微微抬起的時候，就代表着悲傷。"如果你看到這個動作，就會知道這個人已經非常難過了。"11

圖 8-2　美國心理學家埃克曼

埃克曼被評為 20 世紀 100 位最偉大的心理學家之一，他曾經在各個行業培訓過幾萬名測謊人員，埃克曼最終發現，最成功的小組是由曾經擔任特勤和特工的人員組成的，因為大多數特勤和特工都有過依賴人們的表情做出判斷的經驗。他的研究也表明，在傳統的法庭上，法官是很好欺騙的，因為證人經常坐在法官看不到他們面部的位置上，並且法官傾向於把注意力集中在聽和記筆記上。埃克曼的工作和經歷，在 2008 年成為著名電視劇《千謊百計》（*Lie to Me*）的原型。

　　我們必須注意到，埃克曼發現"微表情"的前提又是"記錄"。醫生和病人之間的對談視頻是埃克曼用來開展研究最重要的素材，他採用視頻，而不是照片，是因為人類的照片大部分是刻意擺拍的，它們並沒有拍下自然的狀態，當研究人員試圖捕捉到表情的變化，希望通過人臉丰富短暫的表情解讀一個人的意圖時，照片完全無法滿足其要求。這也説明，對表情進行記錄的需要，是催生電影和攝像機出現的一個重要原因。

　　1998 年，美國前總統克林頓同白宮女實習生萊溫斯基的性醜聞曝光，一開始，克林頓反覆否認他和萊溫斯基發生過性關係。當埃克曼看到克林頓在電視上説他沒有與"那個女人"發生性關係時，埃克曼就斷定克林頓在撒謊："人們在撒謊時，要做的第一件事就是使用疏離的語言，我們知道他認識萊溫斯基，而他用了'那個女人'一詞。"[12]，埃克曼回憶説，在克林頓當選之前，他就在電視上看到過克林頓曾經有過撒謊的表情，他甚至明確地指出了克林頓撒謊時所使用的肌肉。

　　當埃克曼創建的"面部表情編碼系統"被證明行之有效之後，把它和人工智能結合起來，自然成為很多人的設想和提議。埃克曼本人也曾經在 2004 年預言："5 年之內，面部表情編碼就會成為一個自動系統，當你跟我説話的時候，一個攝像頭會看着你，它會立即讀出你情緒狀態的瞬間變化。"[13]

圖 8—3　克林頓在聽證會上的表情視頻截圖

克林頓在聽證會上撒謊，已經成為心理學家的定論。心理學發現，摸鼻子是人們説謊時常有的動作之一，因為撒謊時，心臟會跳得更快，帶動鼻子更快地抽動。據統計，克林頓曾經在聽證會上一分鐘摸了26 次鼻子。

表情分析的其他作用

　　除了測謊，表情分析還有非常廣泛的應用。在商務談判中，如果及時解讀了一個面部表情微妙的變化，你就可能在談判中佔有優勢。又如，很多消費者不會告訴商家自己對一件商品的真實感受，但通過捕捉消費者拿起、放下商品的表情變化，商家可以評估消費者的真實評價，更好地引導消費。再如，大部分時候，人們看不見自己的表情，也意識不到自己的表情究竟對交流產生了甚麼影響，但他的家人和同事可能更有體會，表情分析可以幫助人們更好地理解和管理情緒、提高溝通技巧。

　　如果機器能夠解讀人類的表情，就可以讀懂人類的情緒和內心，那人工智能又將向前邁出重大的一步，機器將理解部分"人性"，人機交互的想像空間將驟然擴大。

　　這個設想雖然狂野，但符合邏輯。埃克曼已經把關於表情的隱性知識上升為顯性知識，明確了人類表情產生的規則。只要具備清晰的規則，計算機就可以理解並模仿人類表情。事實上，和人類相比，機器解讀表情更有優勢，埃克曼所定義的"微表情"，通常是一閃而過的，普通人用肉眼難以發現，但攝像頭可以又快又準地捕捉這樣的鏡頭。可以預見，終有一天，計算機對表情的解讀將比人類還要敏銳，甚至遠超那些高水平的奸臣。

　　2010 年起，以埃克曼的"面部表情編碼系統"為基礎，全世界已經有多個表情分析系統問世。例如，加州大學聖地牙哥分校研發的 CERT（表情識別工具箱），它可以自動檢測視頻流中的人臉，實時識別"面部表情編碼系統"中的 30 個動作單元組合，包括憤怒、厭惡、恐懼、喜悅、悲傷、驚奇和輕蔑等表情。經卡內基－梅隆大學和麻省理工學院聯合檢測，CERT 的表情識別準確率達到了 80.6%。[14] 除了被用於抑鬱症、精神分裂症、自閉症、焦慮症等疾病的分析，這套系統還可以裝在汽車上，監測駕駛員的疲倦程度，它還可以用於監測和照顧老年人。畢竟，絕大多數人不會明確地說他們不開心或不舒服，但表情會透露他們的真實感受。

2018 年 5 月，浙江杭州第十一中學引進了"智慧課堂行為管理系統"，該系統在課堂內的攝像頭每 30 秒進行一次掃描，它可以識別高興、傷心、憤怒、反感等常見的表情以及舉手、書寫、起立、聽講、趴桌子等常見的課堂行為，通過對學生面部表情和行為的統計分析，輔助教師進行課堂管理。

這則新聞引起了關注和討論，贊成者認為該系統可以監督課堂秩序、優化學生的學習狀態，反對者認為這一做法侵犯了隱私，如果孩子從小就生活在監控中，攝像頭將扭曲他們的行為，這與其說是優化，不如說是異化，屬於"畸形教育"。

我認為這種反對大可不必。一名老師的注意力是有限的，他無法關注到課堂內的所有孩子，自然會出現孩子打瞌睡、做小動作、走神等行為，但智能攝像頭可以眼觀六路，它彌補了老師能力的不足，當然應該被採用。所以，問題並不是用不用，而是怎麼用。

每個學生都可能走神，從來不走神的只能是機器。老師和校方對課堂走神的行為必須有一定的寬容度，不是一走神就要批評，那是把人機器化。在未來的課堂中，學生如果走神，智能攝像頭可以把信號傳遞給他的智能手錶，手錶可以發出一個震動，提醒學生"回神"。

此外，新一代人類必須適應機器看着他們，畢竟他們是數據化的新一代，必須學會和算法和諧共處，必須從小就意識到"數力"的存在，他們身處佈滿攝像頭的公共場所，就像身處大自然當中一樣。

回顧歷史，農業革命、工業革命這兩次革命，給人類的物質生活帶來了巨大的影響和解放，而正在發生的智能革命，將不僅給人類帶來解放，還將極大地影響人類的精神、文化和宗教生活，甚至改變人性，這絕非虛言。

類似的系統也在進入電影院。為了精準地掌握觀眾對每一個電影情節的反應，迪士尼公司開發了一個觀眾表情分析系統（FVAEs）。在一個擁有 400 個座位的電影院，迪士尼公司佈置了 4 台高清紅外攝像機。在漆黑一片的影廳中，這個系統能夠捕捉全場的哄堂大笑、微微一笑或者悲傷流淚等反應，通過分析這些表情，迪士尼公司可以知道觀眾是否喜歡這部電影、哪些情節最能打動人，用量化的方法對影片的情節設計進行評價。

這也說明，數據和人工智能正在走進藝術領域。曾經我們認為，計算機能夠理解的、能夠做的就是科學，計算機不能理解的、不能做的就是藝術，它們兩者之間有清晰的邊界，但今天科學正在進入藝術的陣地，藝術中能夠用邏輯和規則清晰表達的部分，也在變成科學。

我預計，表情分析、情感計算，未來將會和更多的傳感器、可穿戴設備所獲得的數據相結合，即通過人類的表情、語言、手勢、大腦信號、心血管血流速度等生理數據，實現對人的情緒、生理狀態的全面解讀。基於這些數據，機器甚至可以對人類的生理、心理甚至情緒的變化進行預測。機器做出的這種解讀和預測，要比人類更為準確。這種場景首先會在實驗室裡出現。這也預示著，全面記錄的時代必定同時是一個全面計算的時代。

在分析解讀的基礎上，機器也可以利用 43 塊肌肉組合的方法，再造和人類一樣的表情，埃克曼已經為人類 3000 多種有意義的表情總結出了清晰的編碼和規則。畢竟，只要我們清楚地掌握一件事情的規則，人工智能就可以對其進行模擬和複製，這意味

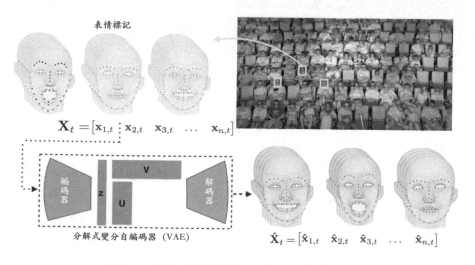

圖 8—4　迪士尼公司用模型匹配現場的觀眾表情 [15]

着，未來的機器人可以具備和人類幾乎一樣的表情。

這就是邊界：只要在可以用邏輯、規則和數據表達的領域，人工智能會向人類逼近，但對無法用規則清晰表達的隱性知識，人工智能就無能為力，人類顯性知識的邊界，就是人工智能的邊界。

當讀到埃克曼這樣偉大的心理學家的故事的時候，我們不禁迴腸蕩氣，驚歎於他對人類心理的理解，佩服他把表情分析變成一門顯性的科學，但一想到機器即將擁有同樣的能力，我們就會感到恐懼、反感，甚至不寒而慄。然而，這就是可以預見的未來。

轉型智能社會：懷揣瓷器花瓶，進入花花世界

人工智能推動我們進入了一個新的社會形態：智能社會。在智能社會中，精細化、個性化、智能化登峰造極，但新的危機也在四周潛伏着，特別是現階段，人類的一隻腳邁進了智能社會，但身體的重心還處於傳統社會。這將是一個問題多發階段，社會就像一顆玲瓏剔透的水晶球、一隻瓷器花瓶，越精緻光鮮，可能就越脆弱，這是我們向智能社會轉型時可能遭遇的風險。精緻與脆弱並存，這就是智能社會的一體兩面。

原因在於，在智能時代，整個社會將成為一個強關聯系統，這在人類歷史上未曾有過，這種強關聯性對社會治理的影響也將史無前例。

在過去的時代，整個社會是機械的、粗放的、鬆散的，就像一個大座鐘，它不僅巨大笨重，而且一天還要走慢幾分鐘，但未來的智能社會處處電子化、數據化，它是由集成電路驅動的，整個社會就像由無數塊精緻的電子石英手錶組成，它們互相協同、共同決策，和大座鐘相比，這些彼此相連的小單元不僅精緻、精確，而且更加靈活。

在農業社會，四季更迭、秋收冬藏、生老病死，結構相對簡單，鋤頭斷了可以換一把，誤不了農時，一個農戶的問題不太可能演變成集體的問題。

在工業社會，複雜的機器加快了社會的運轉，也增加了社會系統的複雜程度。一旦機器的某個部分出現問題，整個機器就會停止運轉。一個小小的故障就可能導致電力系統的癱瘓，整個區域陷入黑暗，這在蠟燭和油燈時代是不可能的。1986 年，美國

"挑戰者號"航天飛機發射 73 秒後在空中解體，7 名宇航員喪生，最後查明，這起事故竟然起源於一個小小的橡膠圈，因為發射當天氣溫驟降，這個小橡膠圈變形，引發了熱氣泄漏，導致爆炸。因此，沒有哪個零件是多余的，也沒有哪個細節是不重要的，國家必須投入更多的資源進行管理，以杜絕任何意外。

到了智能社會，藉助軟件、網絡和傳感器，整個社會由強關聯進一步聯接成為一個整體，這在工業社會的基礎上又邁進了一步。與火箭、航天飛機相比，其複雜程度有過之無不及。人的錯誤常常是孤立的，人類可以自覺糾正；對機器的故障，人們可以多花點時間去排查、檢修並改進；對智能聯接體主導的社會而言，其運轉不是依賴某個具體的人或某台具體的機器，而是依賴一個複雜程度呈指數級增長的智能系統。算法無比龐大、複雜，在包含着各種傳感器、中控設備、協議和數據庫的網絡之中，它們緊密關聯、環環相扣，一個參數出現問題，就可能引發連鎖反應，造成大面積的癱瘓，而且一出問題，要迅速完成檢修、糾錯，難度很大，很多時候唯一的選擇就是讓整個系統停擺，系統停擺則可能意味着一場災難。

道理很簡單，萬物互聯將會更頻繁地誘發蝴蝶效應。蝴蝶效應是指一隻蝴蝶在巴西扇動翅膀，可能會在美國得克薩斯州引發一場龍捲風，而一旦龍捲風出現，人類卻很難確定是哪一隻蝴蝶扇動翅膀引發了問題。

更複雜的社會，也意味着更複雜的糾錯機制、更高昂的糾錯成本。令人不安的是，只要是系統，就會存在漏洞，而且漏洞可能隨時爆發。Windows 系統自 1985 年面世至今已 33 年，每一年它都在不斷地升級、打補丁，例如 2015 年它還宣佈彌補了 135 個漏洞。這些漏洞隨時可能受到攻擊，防守方在升級，攻擊方也在不斷進步，因為有盾就有矛，有矛就有盾，相生相克，生生不息。所有的軟件、手機 App 都面臨着這種矛與盾此長彼消的挑戰。

墨菲定律（Murphy's Law）告訴我們："如果事情有變壞的可能，不管這種可能性有多小，它總會發生。"

有時候，它無傷大雅，有時候它的後果又是災難性的。2016 年 7 月 20 日，美國西南航空因一個數據路由器的部分故障導致業務癱瘓，4 天內共取消了 2300 個航班，成千上萬名旅客滯留。其 CEO 這樣描述當時的情形："路由器失靈時，數據開始堆積，就像高速公路上發生交通擁堵一樣。"

拓展話題

為甚麼傳感器是智能社會的軟肋

據朱尼普研究公司（Juniper Research）預計，2020 年全球物聯網設備數量將達 385 億，是 2015 年 134 億的 285%。[16] 傳感設備將滲入整個社會的每個角落，成為社會的有機組成部分，而這些物聯網設備，因為內存空間有限，無法安裝安全軟件，很容易受到攻擊和挾持。

2016 年 10 月，為美國眾多網站提供 DNS（域名系統）基礎服務的 Dyn 公司遭遇了大規模"拒絕訪問服務"攻擊，導致多個城市斷網。據估計，半天的癱瘓造成了上億美元的損失。這次攻擊涉及的 IP（網絡協議）數達千萬量級，其中很大部分來自物聯網和智能設備。這就是說，一台連接了互聯網的咖啡機也可能成為黑客的幫兇。2014 年，黑客就曾"劫持"10 多萬台物聯網設備，發起了 70 萬份垃圾郵件的攻擊，這些設備就包括冰箱、路由器和智能電視。

有一次，泰國的財政部前部長素察坐進自己的寶馬汽車，其車載計算機突然發生故障，發動機停止工作，空調被關閉，車門被鎖死，車窗無法開啟。身邊的人束手無策，最後不得不用大錘擊碎車窗玻璃，素察才得以脫身。

當系統過於複雜、智能，它發生死鎖的可能性不是更低，而是更高。這種風險凸顯了社會的脆弱性。

人會犯錯誤，但在智能社會，計算機和算法犯的錯誤可能引發災難。我預計，人類很快會認識到不能任由算法和網絡擴張，人類最終會立法限制算法的擴張。人類的最終目的，是要在人的機動性和算法的程式化自動性之間找到人機結合的平衡。

在向智能社會的轉型過程中，我們可謂懷揣瓷器花瓶，進入花花世界。我不僅擔心社會過"脆"，還擔心社會過"花"，未來的世界是一個海量信息爭奇鬥豔的花花世界，亂花漸欲迷人眼，塑膠花可能以假亂真。隨着機器視覺和機器聽力技術的進步，表情可以複製、語音可以合成，我們很難讓這些技術不被用於造假。

2016 年 3 月，德國紐倫堡大學發佈了一個名為 "Face2Face" 的應用。通過機器學習，它可以將一個人的面部表情、説話時面部肌肉的變化，複製到另一個毫不相關的人的臉上，即讓目標對象説出同樣的話，讓他的臉上出現和這番話相匹配的表情。"Face2Face" 並不是唯一一個能實時進行面部 "表情移植" 的應用，但它的準確率和真實度已經高到令人吃驚的程度，一般人難以看出端倪。

2017 年 8 月，華盛頓大學的研究人員發表論文，他們把美國前總統奧巴馬發表過的電視講話放置在神經網絡中讓機器學習，在分析了數百萬幀影像之後，機器掌握了奧巴馬講話時面部表情的變化，然後它可以用唇形同步的視覺形式，讓奧巴馬講出一段他實際上從來沒有説過的話。[17] 2018 年 3 月，科大訊飛的董事長劉慶峰在接受 "兩會" 採訪時表示："科大訊飛的夢想，是讓機器像人一樣，能説話、會思考，如今科大訊飛的語音合成技術已經能讓機器開口説話了，我們用機器模仿特朗普講話，連美國人都信以為真。"[18]

當然，這項技術可能被用於全世界任何一個國家的領導人、任何一個公眾人物或明星，甚至任何一個普通人，例如偽造朝鮮領導人金正恩或美國總統特朗普的講話，想像一下，一段關於核武器談判或試驗的視頻聲明，只要傳播幾分鐘，就可能對股市造成巨大的衝擊。

面對這些造假的視頻、音頻和大量圖片，在短時間內即使專業機構也難以分辨。要打擊類似的造假行為，還是要靠機器學習。通過檢測計算機合成的視頻，人工智能可能會發現它們過於完美、缺乏真實世界的原始瑕疵和統計特徵，因而判定它為合成視頻。在向智能社會轉型的過程中，我們必將看到，造假者和打假者利用人工智能的最新成果你追我趕，這將是一場新的 "軍備競賽"。

這種新的 "軍備競賽" 令人憂慮，當機器以人類千萬倍的能力去感知、記憶、學習、分析、決策和合成的時候，人類的能力被無限放大，但同時每一個壞的可能也會被無限放大。技術是中立的，天降雨於好人，也降雨於惡人。數據空間是虛擬空間，但我們不希望它成為一個虛假的空間。問題在於，歷史已經反覆證明，面對一個花花

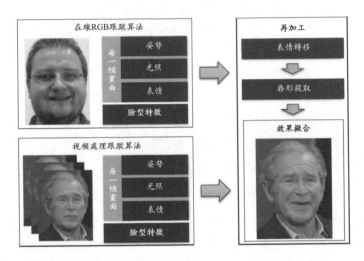

圖 8–5　德國紐倫堡大學 "Face2Face" 的 "表情移植"[19]

左上方為一個人在談話時的表情變化，"Face2Face" 可以將他的表情變化複製到一個新的目標對象上，再合成聲音，例如讓美國前總統小布殊用另一個人的表情講出同樣的話。

世界，人性其實缺乏免疫力和抵抗力，大眾也缺乏判別力。悖論在於，只有人工智能才能讓我們免於人工智能的傷害，它是這個時代的矛，也是這個時代的盾，我們必須發展，沒有回頭之路。

注釋

1　《未來 30 年，"計劃經濟" 會越來越大》，馬雲在世界浙商上海論壇上的演講，陳婕，《錢江晚報》，2016.11.21。

2　《數博大咖馬雲演講全文：未來三十年是最佳的超車時代 是重新定義變革的時代》，馬雲，新浪網，2017.5.26。

3　實際上，馬雲並不是將大數據與 "計劃經濟" 聯繫起來的第一人，在百度上輸入關鍵詞 "計劃經濟和大數據" 就會發現，至少 5 年前，就有人在討論 "大數據能否拯救計劃經濟" 了。2014 年 7 月，我在上海季風書園的主題講座 "當教育遇上大數據" 中和南橋先生對話，期間也有讀者站起來，向我提這個問題。

4 英語原文為：“Nature and Nature's law lay hid in night; God said , 'Let Newton be,' and all was light.”

5 英語原文為 “We may regard the present state of the universe as the effect of its past and the cause of its future. An intellect which at a certain moment would know all forces that set nature in motion, and all positions of all items of which nature is composed, if this intellect were also vast enough to submit these data to analysis, it would embrace in a single formula the movements of the greatest bodies of the universe and those of the tiniest atom; for such an intellect nothing would be uncertain and the future just like the past would be present before its eyes.” Pierre Simon Laplace, *A Philosophical Essay on Probabilities*, translated into English from the original French 6th ed. by Truscott, F.W. and Emory, F.L., Dover Publications, 1951：4.

6 霍桑的短篇小說《大衛‧斯旺》(*David Swan*)。

7 《大數據時代，一個新的相對論時代》，涂子沛，澎湃新聞，2016.3.31。

8 Amodei, Dario & Anubhai, Rishita & Battenberg.(2015). Deep Speech 2: End-to-End Speech Recognition in English and Mandarin. Arvix.

9 原文為：“齊桓公朝而與管仲謀伐衛。退朝而入，衛姬望見君，下堂再拜，請衛君之罪。公問故，對曰：'妾望君之入也，足高氣強，有伐國之志也。見妾而色動，伐衛也！'明日君朝，揖管仲而進之。管仲曰：'君捨衛乎？'公曰：'仲父安識之？'管仲曰：'君之揖朝也恭，而言也徐，見臣而有慚色。臣是以知之。'”見《智囊全集》，(明)馮夢龍。

10 “Would you lie to me?”, Oliver Sacks, *The Guardian*, 2003.4.27.

11 “The Lie Detective/S.F Psychologist Has Made A Science of Reading Facial Expressions, Julian Guthrie”, SFGate, 2002.9.16.

12 同上。

13 Paul Ekman Interview: Conversations with History, Institute of International Studies, UC Berkeley, 2014.1.14.

14 The computer expression recognition toolbox(CERT). Automatic Face & Gesture Recognition and Workshops, Gwen Littlewort, Jacob Whitehill, 2011 IEEE International Conference on Mar 21, 2011.

15 圖片來源：Disney Research 官網。

16 “Internet of Things Connected Devices to Almost Triple to Over 38 Billion Units by 2020”, Juniper Research, 2015.7.28.

17 “Lip-syncing Obama: New Tools Turn Audio Clips into Realistic Video”, Jennifer Langston, University of Washington News Website, 2017.7.11.

18 《劉慶峰代表：“我們用機器模仿特朗普講話，連美國人都信以為真”》，胡春豔等，中青在線，2018.3.11。

19 圖片來源：Face2Face: Real-Time Face Capture and Reenactment of RGB Videos. Justus Thies, Michael Zollhofer, Marc Stamminger, Christian Theobalt, Matthias Niessner. The IEEE Conference on Computer Vision and Pattern Recognition(CVPR), 2016：2387-2395.

結語

第四次浪潮：我們如何再次領先

公元 1500 年被很多學者視為世界近代史的開端，美國著名歷史學家斯塔夫里阿諾斯（Leften Stavros Stavrianos， 1913—2004）的《全球通史》（*A Global History*）就以公元 1500 年作為重要的歷史分期點，其主要依據是 1500 年前後，世界開始連為一體，標誌性事件就是大航海的興起，它讓歐洲、非洲和美洲聯繫到了一起。

在此之前，中國曾經是一個全面領先的帝國，但這之後，中國逐漸衰落，其中的原因，歷來眾說紛紜。

我從記錄的角度考察，認為導致這次落後的主要原因就是印刷機在歐洲發明。印刷機，可以說是繼文字和紙張發明之後的第三次浪潮，但中國錯過了這一浪潮。人類的歷史有一個著名的現象：當一個重要的機遇出現時，抓住機遇的人從此會擁有更多；而錯失機遇者不僅得不到新東西，連他原來有的優勢也會逐漸喪失，即強者越強，弱者越弱，這就是馬太效應。這種"馬太之痛"在中國一直持續到 20 世紀下半葉。

印刷機之後，西方在 19 世紀 40 年代發明了照相機，在 19 世紀 80 年代發明了留聲機，人類發現圖像竟然可以留駐，聲音竟然可以重現，這令當時的人類感到難以置信。憑藉這些新的工具，人類可以記錄圖像、聲音，這在文字的基礎上又擴大了記錄的範圍，但這時，因為設備昂貴、攜帶不便，人們要照相就要去照相館，要錄音也要去專業的場所，這些新的記錄手段仍然掌握在組織手裡，沒有普及到個人。

20 世紀的最後 10 年，這種情況開始改觀。由於互聯網的興起，人類的記錄能力得到了空前提高，文字、聲音、圖片、視頻，所有的信息都開始被數據化。2007 年，蘋果公司推出了第一代智能手機 iPhone，隨着智能手機的普及，這些空前強大的記錄能力已經轉移到了每一個普通人的手掌之中，普適記錄的時代大幕就此拉開。這是繼文字、紙張、印刷機之後，記錄的第四次浪潮，幾乎人類所有的生活過程都可以被記錄，這些多樣化的記錄還可以存儲在雲端，萬世可見。

回顧人類的歷史，從農業社會開始，人類早期僅僅是在大地上勞作，靠大地的產出生活，但人類對大地的影響微乎其微；進入工業文明之後，人類在地表架設機器、開採資源，對地表進行改造，創造了玻璃、鋼鐵、水泥、自來水、電、氣等新的材料和基礎設施，城市成了文明的中心，人類的精英在此集聚，在地表之上，城市堪稱一個半人工體；再到信息社會，人類創造了一種新的資源 —— 數據，互聯網成了人類社會沉澱數據的大陸架。在短時間內，數據迅猛增多，而且不斷相聯接，人類正在創造一個嶄新的空間 —— 數據空間，這意味着在宇宙之外又出現了一個空間，在這個新的空間裡，數據是滋生萬物的土壤，人類是它完全的主人。

換句話說，數據空間，是一個純粹的人工世界。

人類從這個新的空間中獲得了能量"加持"。相較於 20 世紀，因為普適記錄的個體化，今天的個體是高能個體，數據空間的能量將逐步被釋放，天下將為之改變。

今天，我們寫下的任何一段話，都可以在互聯網的知識庫中做實時的檢索、對比和計算，這句話和哪一本書中哪一段落相似，你的思考、感悟、結論是新的嗎？前人就此話題有哪些類似的發言、論述，有沒有深入闡述，或只是粗略地提及？當古今中外所有類似的論述，即使是歪評廄詞，都盡收眼底的時候，一個人已經站到了前人的肩膀上，你再往前邁小小一步，就是創新。

2017 年元宵節，我和杭州詩人王自亮先生聊天，他送了我一本他新出的詩集，談到他一直想以"貓"為題材寫一首詩，但一直不敢寫，因為法國詩人波德萊爾有一首《貓》，那首詩已經把貓寫到了形神皆具、登峰造極的地步。這讓我想到，一首好詩就是一首"永遠不需要重寫的詩"，一篇好文章、一本好書也是同樣的道理。因為它不可替代，它就是"邊界"。

　　人類現有的知識是有邊界的，但知識本身沒有邊界。對一個開拓者來說，快速地知道邊界在哪裡是至關重要的，知道了"自己在哪裡，在哪一條邊上，前人已經畫了一道甚麼樣的邊"，就可能"站到前人的肩膀上"，一旦站上去，創新就更容易了。

　　如果把現有的、所有前人開拓的知識比作一個圓，那在它的邊上、在它邊上的任何一個點上，後人都可能有所突破，隨着這一個一個的邊向外拓展，人類知識的邊界就會擴大。

　　就此而言，以前的創新，大部分是專業人員才可能做出來的，這是因為"找準這條邊、了解這條邊"，"站到前人的肩膀上"，需要專業的努力，即很高的成本。但今天，因為互聯網的數據沉澱，因為強大的、實時的、低廉的、無處不在的普適記錄，這個門檻降低了，普通人，即大眾，也可能創新。歷史上曾經有些創新就是由普通人做出的，未來，這種概率會大大加大。

　　一切業務數據化，導致了記錄的大規模沉澱，網絡中的記錄不僅在不斷積累，還在不斷疊加和優化。這是人類其他記錄手段，例如印刷機，難以解決的一個問題，書籍一經出版，它的知識雖然被保存了下來，但也隨着印刷機固化了，而網絡中的記錄永遠在更新，一個知識點，可以在網上不斷地被閱讀、編輯、討論，例如維基百科、大眾點評的條目。在這個不斷循環的過程中，網絡上的記錄是動態的、跳躍的、有機勾連的，因此查閱書籍和查閱網絡的效果完全不同。

　　在這些記錄中，有相當一部分是個人的行為和觀點。這些數據疊加在一起，產生了一種新的經驗和權威：眾智。

　　在歷史上，"不能記錄、不能量化"曾經是一種力量，藉助這種力量，組織、公司和專家可以蒙蔽、控制和操縱普通的個體，但因為普適記錄，這種力量被消解和轉移了，專家正在被大眾共識和眾智取代，這種共識的呈現形式就是數據。例如，我們在買一件商品的時候，可以清楚地看到有多少人購買了這件商品，有多少個評論、多少次"點讚"，這對我們的消費行為直接產生影響。

數據在給天下帶來新的光明。所有的數據都可能發光，它類似於自然之光、文字之光。我們在夜空中看到的星星，大部分都閃爍着微弱的光芒，但事實上它們像太陽一樣，每時每刻都在散發着灼熱的光，具有巨大的能量，只是距離我們太過遙遠。距離太陽系最近的恆星是"比鄰星"，它和地球相距 4 光年，也就是說，以每秒 30 萬公里的速度行走的光，需要 4 年多才能抵達，它和地球的距離比太陽和地球的距離要遠約 27 萬倍。我們之所以感覺它的光很弱，是因為它遠。只要我們一靠近，就會感受到它釋放出的巨大能量。數據也一樣，它距離我們似乎很遠，我們觸摸不到，但數據一旦為我們所用，就會釋放出大片的光明。

從長遠看，我對中國文明的發展抱以樂觀的態度，原因在於，近 30 年來，我們抓住了互聯網作為整個社會基礎設施所潛藏的機遇。歐洲是活字印刷機的故鄉，也是工業革命的策源地，但正像我們錯過了印刷機一樣，歐洲沒有抓住新一輪互聯網革命的機遇。迄今為止，歐洲還沒有出現一家世界級的互聯網公司，它落後了，工業革命時代的榮光，如今已經星光漸暗。

互聯網興起於 20 世紀 90 年代初。1991 年，美國政府取消了對互聯網使用的限制。此後，互聯網從一個用於軍事、研究的專門網絡變成了一個沒有限制的、可公開訪問的商業網絡。之後，世界各地無數的企業及個人紛紛湧入，帶來了互聯網發展史上的一個巨大飛躍。中國一直緊鑼密鼓地籌備，不僅參與了、跟上了，現在甚至在局部領域開始引領這個潮流。

2005 年，中國的網民數量首次突破了 1 億。2017 年末，中國的網民數量已經達到 7.72 億（其中手機網民 7.53 億）。[1] 全球有五大互聯網公司，中國已經佔據兩席。中國搭上了互聯網的快車，成為一個不折不扣的互聯網大國。

互聯網興起之初，更多的是作為一種信息傳播工具。回顧歷史，其實也是驚心動魄，中國曾經存在和互聯網失之交臂的可能，如果與互聯網失之交臂，幾乎可以肯定，

單位：年

1993
中國連入互聯網的第一根專線

1994
中關村地區教育與科研示範網絡通過64K國際專線實現與美國互聯全功能連接，中國互聯網開始商用

1995
媒體陸續開設新聞網站

1996
對外經貿部中國國際電子商務中心、國務院經濟信息化領導小組成立；公用計算機網絡開始向社會提供服務

1997
互聯網建設與管理16字方針"積極發展、加強管理、趨利避害、為我所用"提出；中國最早、最大的民營ISP、ICP瀛海威開通；網易成立

1998
國家各部委信息主管部門聯合啟動"政府上網工程"，目標是在2000年實現80%以上的部委和各級政府部門上網；QQ推出，天涯、阿里巴巴、百度成立

1999
中國出現首例"網購"；江澤民在APEC會議上闡明中國電子商務政策並指出它代表未來貿易方式的發展方向；搜狐、騰訊、新浪成立

2000
全國人大常委會通過《關於維護互聯網安全的決定》；中國移動互聯網投入運行；新浪、搜狐、網易美國上市

2001
國家信息化領導小組做出"中國建設信息化要政府先行"的決策；《網遊《傳奇》公測

2002
十六大提出"以信息化帶動工業化、以工業化促進信息化"戰略

圖結一1　1993—2002年：中國互聯網的黃金10年

中國不會出現今天的繁榮,所有互聯網帶來的經濟變化,電子商務、雲計算、社交網絡、移動支付、人工智能,其進程都將大大減緩,抑或根本不會出現。

從 20 世紀 80 年代開始,中國的領導人就對計算機和網絡持歡迎的、肯定的態度,持開放的心態,採取"先發展,後管理"的方式。在相當長的一段時間裡,中國的互聯網產業沒有明確的主管部門,這給互聯網在中國的發展提供了巨大的空間。

"先發展,後管理"的決定,帶來了巨大的紅利,這個紅利目前還在釋放當中,追根溯源,就是因為我們採用了開放的心態面對互聯網。今天,中國的領導層也充分體認到了這個決策的正確性,當新的大數據、人工智能的浪潮剛剛湧起的時候,面對新的機遇,中國用更積極的態勢張開了雙臂。

2015 年 8 月,國務院印發《促進大數據發展行動綱要》,倡導"用數據説話,用數據管理,用數據決策,用數據創新"。2017 年 7 月,國務院出台了《新一代人工智能發展規劃》(後文簡稱《規劃》),《規劃》中指出,中國必須主動求變應變,牢牢把握重大歷史機遇,主動謀劃、搶佔先機,引領世界人工智能發展新潮流。《規劃》確定了中國人工智能發展的"三步走"目標:到 2020 年,總體技術和應用與世界先進水平同步;到 2025 年,基礎理論實現重大突破,部分技術與應用達到世界領先水平;到 2030 年,理論、技術與應用總體達到世界領先水平,成為世界主要人工智能創新中心。

這份《規劃》中有很多超前的、醒目的、出人意料的表述,例如人機協同、群智開放、智能經濟、智能政府、跨媒體協同處理、人機協同增強智能等,從這些詞語中,我看到了中國政府的雄心,也體會到最高領導層抓住了時代機遇的欣喜之情。200 多年前,中國錯過了工業革命,這一直是我們的切膚之痛,但到目前為止,我們抓住了信息革命的機遇。

天下在變。今天出門,我常常搭乘高鐵,高鐵已經成為中國的一張名片。相較於傳統的火車,它最大的特點是"快",之所以快,是因為它新的動力結構,每次登上高鐵,我都會從它的動力結構聯想到整個社會的變化。

在火車漫長的發展歷程中,"火車頭"一直是牽引整個車廂前行的唯一動力,所謂"火車跑得快,全靠車頭帶",這種傳統的動力是集中的、單一的,但"一拖多"限制了

傳統火車：動力集中在車頭

現代高鐵：動力分散在車廂

● 動力輪對　　○ 非動力輪對　　■ 動力設備

圖結 −2　傳統火車與現代高鐵的動力分佈區別

火車前進的速度。高鐵的動力是分佈式的，它的每一節車廂單元都有動力，車廂是自己跑，不是被車頭拖着的，多節動力車廂構成的整體車身處於一個高度協同的狀態。這種協同，不僅是機械協同、能量協同，還是信息協同、數據協同。這樣一來，高鐵當然跑得快。

高鐵的這種動力配置和雲計算、大數據的架構何其相似。我們原來的計算體系是，數據集中存儲在一個地方，需要計算的時候，再把它們拉出去，常常是一部小型機拖着一個存儲機櫃，存的存，算的算；而分佈式的雲計算，它的每一個節點都既有存儲又有計算，因而提供了充沛的動力和功能模塊。一台普通的計算機只要和雲的體系相連，就不僅可以承擔存儲任務，也可以承擔計算任務。這意味着一個節點既提供原材料，又有加工的能力，而不僅僅是被動地執行。

再看區塊鏈的架構，它也是一種分佈式的記錄體系。一個交易發生後，區塊鏈會在所有的節點記錄備案，即每一個節點都可以存儲記錄，如果把區塊鏈比作一個公司，就相當於人人都是會計，人人手中都有一個賬本，所有的節點在鏈條中一律平等、互相監督、實時對賬，每一個節點都可以在必要的時候充當傳統結構中的主節點。

高鐵、雲計算、區塊鏈，當它們的架構被融合進整個社會的時候，我們社會發展的動力結構就會發生改變。

這種變化，是我對中國社會進步的信心之源。

我認為，中國的領導人已經敏銳地感受到了這種時代的變化。 2015 年，“大眾創業、萬眾創新"被寫入《政府工作報告》，"雙創"要激活的是億萬人的創造力，其最終目的，是要調動每一個人的能力來推動國家和社會的發展。換個角度看，國家的發展需要每一個人的能量，這也是國家對國民主體價值的尊重和認同。

中國的改革開放已經進入了第 41 個年頭，過去 40 年，更多是靠國家驅動、精英驅動，到了今天，我們需要全體國民來參與、驅動。一個國家的發展要有強大的、更持續的動力，這種動力，必然根植於這個國家的每一個國民。

技術正在賦能個體，文明正在翻開新的篇章，從國家驅動到國民驅動，這個正在轉變中的動力機制才是中國繼續蓬勃發展、再次領先世界最為根本的保證。果能如此，我們就能開創一個新時代，作為人口大國、數據大國，我們未來可期。

注釋

1　《中華人民共和國 2017 年國民經濟和社會發展統計公報》，國家統計局，2018.2.28。

後記
POST-MEMORY

野路無人自還

這是繼《大數據》《數據之巔》之後，我關於數據的第三本書。和前兩本書相比，我嘗試引入一些變化。

一是視角變了，前兩本書都是在留美期間寫的，更多的是從世界看中國，本書提筆之時，我已經回國工作三年，做過了企業高管，也開啟了自主創業，已接上國內地氣，這本書是我立足中國的變化，對當下發展趨勢和改革方向的思考。

二是在讀了 8 年多的英文書之後，我開始重新翻閱中文書，特別是歷史經典，我希望從傳統的中國智慧中獲得啟發，希望不僅用中國的語言，還要用中國的智慧闡述現代的問題，並提出解決方案。

例如寫到量子力學時，陶淵明這兩句詩跳入了我的眼簾："人生無根蒂，飄如陌上塵。分散逐風轉，此已非常身。"這是《雜詩十二首》第一首的開頭。靖節先生的大意是：人生在世就像漂泊在路上的塵粒一樣，四處分散、隨風飄轉，此身歷盡艱難，已非原來的我了。這啟發我想到，現代人就是城市中的粒子，他們像粒子一樣互相作用，人類社會更適用量子力學，人也像微觀世界的粒子一樣"測不準"。

又如寫到人臉識別時，我追溯了中國古代畫工的歷史。西晉文學家傅咸（239—294）曾經專門作《畫像賦》，他概括說，貴族之所以要畫像，是"惟年命之迫短，速流光之有經，疾沒世而不稱，貴立身而揚名"，即其根本目的是對抗遺忘、存名後世。也就是說，最早的繪畫也源於和文字幾乎一樣的目的：記錄。這在東方和西方是一樣的。

說記錄是人性的需要，其實也不為過。

本書的第三個變化，是需要面向未來，回答諸多前沿的問題。例如，由於深度學習的提出，最近 5 年人工智能取得了巨大進步，但人工智能是不是還會出現新的方法？深度學習是向數據學習，智能是用數據餵出來的，如果有一天，機器能夠向書本學習，它會不會更接近於人？又如，人類的駕駛員會出交通事故，醫生可以有、也肯定有誤診，為甚麼我們就不能允許自動駕駛出事故，不能接受人工智能有誤診呢？再如，人工智能的發展是不是也有邊界？人類擁有一些無法言說的隱性知識，它們很難被規則化、語言化，用文字、數據都無法有效表達，這也是為甚麼醫生年紀越大越值錢，因為隱性的知識只跟時間、年齡和經驗的積累有關，它們難以言表，因此也難以傳承。那問題便是，在數文明之外，未來又會不會出現新的文明形態？

在算法、機器智能大幅躍進，向人類逼近的同時，人類的生活卻越來越程式化，在向機器靠攏。20 世紀 30 年代，喜劇大師卓別林曾經創作《摩登時代》，塑造了一個因為在流水線上整天重複擰螺絲釘而異化的工人形象。大部分人沒有意識到的是，手機也是一台設備，它也有流水線，軟件就是它的流水線，但這條流水線在雲端，是不可見的。如果說工業社會的異化只影響了流水線上的工人，那數據社會的異化正在波及幾乎每一個人。今天，無論是在機場地鐵、街頭路口，還是辦公室、客廳、臥室，我們無時無刻不在看手機，而且也在重複一兩個動作：滑屏和點擊。

就人的本性而言，我贊同人工智能先驅明斯基的看法，大部分人在大部分時候就是一台機器。因此，人工智能只要達到人類的"平均智能"，就可以在很多場合代替很多人，而人工智能超越"平均人"僅僅是時間的問題。

但人工智能是否能為普通人所用呢？例如，把芯片植入我們的大腦，讓我們可以快速調取各種各樣的信息，人類就可以像機器人"沃森"一樣回答各種各樣的問題，那"平均人"的水平是不是會大幅提升，變成"增強人"？這種方法會奏效嗎？人類的創造力會不會因此增強？

此外，算法正在把很多事情都變成數據進行匹配，算法的普及減少了整個社會的隨機性，生活更經濟了，但是不是更美好了，我們也不得而知。再如，整個社會因為數據而形成了一個強關聯的系統，但這個系統又存在大量的漏洞，智能社會是更脆弱還是更穩健？

這些都是在人類現有的知識邊界凸現的新問題，本書就是在嘗試回答這些問題。

很多個深夜，我一人在書房徘徊，或獨坐在電腦面前，一遍遍校正自己的邏輯和基點，這時候，我的腦海中會反覆回響起南唐李煜的一首詞："心事數莖白髮，生涯一片青山。空山有雪相待，野路無人自還。"

這首詞描摹的是一個在雪山和野外徘徊的獨行人，字詞之間透着一股冷寂和無奈。我寫作期間，突然意識到這個古代的獨行人就是今天的一個創新者，這種冷寂無奈就是人類的創新之苦。創新就是要向邊界和邊緣突進，那裡大雪滿山，也可能是空山，你徒手攀登，可能空手而回；那裡是無人區，你必須在無人區思考、徘徊、拓進。這種冷寂和孤獨是常人難以忍受的，只要是人，在無人區就待不久，因為寂寥和寒冷，我們只能半路折返回來，所謂"野路無人自還"。

但這不要緊，一個人只要向前突破一點點，就是對人類文明的貢獻。文明的進步從來都是這樣產生的。

回答新的問題，就是創新，這是我撰寫本書最深的感受。

我的啟發是，現實中的創新者，一定要善於用語言和行動不斷突破周邊物理世界和人際關係的邊界。

我的另一個感受是，求人學、求文學可以借鑑中國古代的智慧，但若是求科學、求邏輯、求批判、求精確，那我認為，寄望於大部分中國的書就是緣木求魚。換句話說，從中國過去的智慧裡找不到現代社會的答案。科學技術正在重塑天下，人還是那個人，但世界已經不是那個世界了。今天的現代化，要着力於"數治"，中國的傳統智慧提供不了答案，這也正是我寫作本書的原因。

相較於前兩本書，本書的寫作還有一個困難。我從阿里巴巴離職之後，萌生了一個想法，希望創建一家優秀的數據科技諮詢公司，本書的寫作，是在諸多商業項目中見縫插針完成的。人和機器之間的另外一個共同點，就是人腦需要"預熱"，有很多次我無奈地發現，預熱的時間竟比寫作的時間還要長，在商業項目和寫作之間穿梭，我常感愧疚，因為兩件事可能都沒有做好。

本書最後能夠完成，有賴家人和朋友的支持。

我首先要感謝太太的理解、兒女的信任。其次要感謝雄安新區的陳剛書記、廣州市人大的陳建華主任以及時任浙江省人大常委會副主任的毛光烈先生，他們關注大數據在中國的發展，對我的思考研究鼓勵有加。我還要感謝南京市發改委的沈劍榮主任、何軍副主任，蘇州工業園區的許文清局長、段晴毅局長。2017 年，我承擔了為南京市新型智慧城市做規劃、為蘇州工業園區設計城市大腦兩個項目，這兩個項目幫助我了解了中國個別發達城市的智慧城市建設實況，本書中不少案例都來自南京和蘇州的調查和實踐。

我要特別感謝涂新輝先生，從 2012 年我們因書相識，結緣已經 6 年，他在事業發展上給了我諸多提點，幫助我應對人情世故中的"不測風雲"，可謂用"心"陪伴。在這個過程中，我發現了人生的新方向、新滋味和新追求，得一摯友，何其幸哉。

我要感謝公司的各位合夥人、同事以及業界專家。高路通讀過初稿，提出了不少修改補充意見，葛育民、胡曉萌協助我收集、整理了大量的素材。我還要感謝蔣永軍和張英潔，他們為本書的面世做了許多細緻的準備工作。

我最後要感謝錦天城律師事務所、大成律師事務所，它們優秀的律師團隊為我處理了大量的法律事務，我才能專心致志、心無旁騖。

手機和微信的普及，已經極大地改變了人們的閱讀習慣。在本書的寫作中，蔣永軍先生曾經多次提醒我，千萬不要大段地議論，這既費力又不討好。於是，我希望這本書，是一場對話。雖然是我在講，你在聽，但你可以隨時合上書本，來我的微信公眾號上提問，不管你在哪裡，只要有網絡，你我的距離，就是一個二維碼這麼近。我們的交流，也將成為數據，數據會記錄這溫馨一刻，這也是數文明發展的真實記錄。

是的，數據和人工智能將會重塑天下，人性的溫馨卻不會改變，這就是世界的變與不變。

涂子沛

2018 年 7 月 6 日

大事記
EVENT MEMORY

B.C.3500　蘇美爾人發明一種象形文字，說明文字從圖形和符號演變而來。商朝出現甲骨文，表明中國是世界上較早發明文字的國家

105　蔡倫改進造紙術，開始大規模造紙，當時中國的造紙術領先於世界

450　北魏皇帝拓跋燾因不滿司徒崔浩在《國史》中的記述而誅其全族，史稱"國史之獄"

626　李世民發動"玄武門之變"並繼承帝位，開創中國歷史上少有的盛世

819　韓愈因得罪皇帝被貶，從長安歷經100多天到達廣東潮州

960　趙匡胤發動"陳橋兵變"推翻後周稱帝，建立北宋

1041　畢昇發明活字印刷，但字模因用膠泥製作而易碎，無法重複使用

1101　蘇軾獲赦並從海南出發北歸，行走數月，途中病逝於江蘇常州

1275　元軍進攻南宋，文天祥召集三萬窯工勤王，吉州窯因此戰亂而衰落

1454　德國人古騰堡在歐洲發明活字印刷術，促進西方信息、知識的大規模傳播

1494　意大利數學家帕喬利提出複式記賬法，開創現代會計學

1519　西班牙殖民者來到墨西哥，開始長達400年的殖民掠奪

1605　德國天文學家開普勒確立三大行星運動定律，為萬有引力的發現奠定基礎

1687　牛頓系統總結物體運動的三大定律，首次將宏觀物體的運動概括於一個理論

1700　德國人伯特格爾通過三萬多次燒瓷實驗燒製出瓷器，打破中國技術壟斷

1727　牛頓去世，英國為他舉行國葬並留下經典的墓誌銘

1759　英國人韋奇伍德歷經5000多次實驗並最終推陳出新，發明骨瓷

1773　拉普拉斯把萬有引力定律應用到整個太陽系，回答木星軌道收縮、土星軌道膨脹難題

1774　歌德出版了代表作《少年維特的煩惱》，帶來時代性的轟動並引發"維特效應"

1776　潘恩的《常識》出版，從思想上對美國獨立產生巨大影響，一本書催生了一個
　　　國家

1781　"清代第一大貪污案"甘肅冒賑案案發，66 人被列入死刑名單

1791　《紅樓夢》迎"大轉折時代"，首個印刷版《紅樓夢》完成，被稱為"程甲本"

1808　拿破崙要求猶太人必須取姓，西班牙殖民菲律賓時也用同樣做法，以便於社會
　　　治理

1814　拉普拉斯提出"拉普拉斯之妖"理論，決定論登峰造極

1819　莫里森首次用活字印刷術在中國印成《聖經》，該技術由此在中國被推廣和應用

1823　倫敦使用煤氣路燈照明，在預防犯罪方面起到巨大作用，引來其他城市效仿

1837　美國成立首家信用公司，在信用評估領域走在世界前列

1839　達蓋爾發明攝影法，奠定現代攝影基本工藝的基礎

1841　美國國會在議會廳專設"記者席"，但議員指責記者斷章取義，雙方關係交惡

1860　英國維多利亞女王首次拍攝個人肖像照，並創下全國銷售 50 多萬張的紀錄

1877　愛迪生設計出人類第一個錄音機模型，次年成立愛迪生留聲機公司

1882　愛迪生在美國紐約建立了世界上第一個供電系統
　　　霍爾瑞斯在打孔卡實驗的基礎上發明打孔製表機，促進信息記錄規範化

1884　NCR 成立並在全球售出 2200 多萬台收銀機，帶來商業變革

1886　梅特卡夫大力倡導工時記錄，他認為所有的管理記錄都應該被保留

1897　留聲機進入西藏，喇嘛用它錄製了禱告語

1899　嚴復翻譯《國富論》，譯書院購買該書的版權，中國版稅制度由此發軔

1911　IBM 的前身 CTR 成立，主打產品出勤記錄鐘

1935　美國頒佈《社會保障法案》和《工資工時法案》，催生打孔製表機需求，IBM 由
　　　此壟斷打孔製表機市場

1937　美國金門大橋建成，成為人類征服自然的標誌和美國的一個象徵

1938　德國、美國發明了基於磁帶的錄音機

1939　羅斯福公開批評新聞界歪曲真相，而後他繞開媒體，藉助廣播進行"爐邊談話"

1940 剛被發明的磁帶錄音機進入白宮，日後影響了美國的歷史進程和政治生態

1946 人類發明的第一台計算機被用於處理美國人口普查的數據

1948 IBM 生產了自己的第一台大型計算機，每秒可運算數千次

1952 首款商用電子計算機 IBM 701 誕生。之後，塞繆爾在它上面開發了跳棋程序 "checker"，讓世人首次認識到計算機具備一定智能

1956 美國達特茅斯會議上，"人工智能"成為新的領域，該會議被認為是人工智能的開端

1957 美國康奈爾大學計算機教授羅森布拉特提出"感知器"概念

1959 塞繆爾在跳棋程序的基礎上，正式提出"機器學習"的概念

1960 人工智能專家布萊索在美國成立全景實驗室，受國防部資助而研究人臉識別

1961 雅各布斯出版名著《美國大城市的死與生》並發展了"街道眼"概念

1962 有約 7000 多年歷史的賈湖刻符在河南出土，它被認為可能是漢字的源頭

1964 恩格爾巴特設計出世界上第一個鼠標，互聯網訪問者的行為通過鼠標被轉化成數據
雅各貝利斯訴俄亥俄州"案中，電影《情人》的"淫穢"認定影響案件判決
IBM 打造"半自動商業體系"並應用於票務系統，極大地變革了航空業

1965 IBM 發明新的條碼技術，把收銀自動化推向新高度

1968 中國人自行設計和建造的南京長江大橋建成，改變長江南北交通格局

1969 三位日本科學家在人臉識別領域取得突破進展，實現在複雜的圖形中識別出人臉
明斯基在名著《感知器》中否定多層神經網絡，使仿生派陷入 10 多年頹廢期
尼克遜當選美國總統，後因"水門事件"辭職，成為美國首位任期內辭職的總統

1973 金出武雄創出當時人臉識別正確率最好成績，成為人臉識別幾何時代的代表人物

1978 埃克曼創造一種科學可靠的方法分析人類面部表情，並組成"面部表情編碼系統"
美國出台《總統記錄法案》，認定總統錄音的所有權屬於國家

1979　美國開始通過公共事務有線電視網直播國會的會議和辯論實況

1981　第一個商業化鼠標誕生

　　　習慣面對鏡頭的列根就職總統，在使用錄音時也使用錄像，把白宮記錄推上新高度

1982　香港一名出租車司機先後殺害 4 名女乘客，因缺乏記錄遲遲無法破案

1985　Windows 系統面世，此後每年都不斷地升級、打補丁

1986　美國 "挑戰者號" 航天飛機因一個小橡膠圈變形，而在空中爆炸

　　　辛頓和魯梅哈特提出反向傳播算法，推動神經網絡在學術界的復甦

1989　加拿大阿爾伯塔大學年開發跳棋程序 "Chinook" 並在 1994 年戰勝跳棋冠軍汀斯雷

1991　美國取消對互聯網使用的限制，互聯網成為可公開訪問的商業網絡

1992　為方便機器識別車牌，中國出台新的車輛號牌標準

　　　美國國防部高級研究計劃局等聯合發起 FERET 行動

1993　中國連入互聯網的第一根專線

1994　中關村地區教育與科研示范網絡實現互聯網全功能連接，中國互聯網開始商用

　　　"專家系統之父" 費根鮑姆因推動人工智能進入 "邏輯推理 + 專家知識" 新階段而獲圖靈獎

1995　中國媒體陸續開設新聞網站

1996　對外經貿部中國國際電子商務中心、國務院經濟信息化領導小組成立

　　　廣東南海市成為中國第一個接入互聯網的縣級市

1996　Viisage Technology 公司等成為美國人臉識別商業化的早期公司

1997　中國提出互聯網建設與管理 16 字方針

　　　美國新墨西哥等州的駕照管理部門利用人臉識別解決 "一人多證" 難題

1998　江澤民在 APEC 會議上首次闡明中國電子商務政策並指出它代表未來貿易方式的發展方向

　　　中國出現首例 "網購"

倫敦紐漢區在全球率先把人臉識別整合進天網監控系統

1999　國家各部委信息主管部門聯合啟動"政府上網工程"

2000　全國人大常委會通過《關於維護互聯網安全的決定》

　　　中國移動互聯網投入運行

2001　國家信息化領導小組做出"中國建設信息化要政府先行"的決策

　　　坦帕市成為美國第一個應用動態人臉識別系統的城市，因效果不佳被警方停用

　　　"9·11"事件中攝像頭拍到兩名劫機者卻未報警，促使人們重新關注人臉識別技術

　　　維基百科成立，現已成為全球最大的知識分享網站、最重要的百科全書

2002　十六大提出"以信息化帶動工業化，以工業化促進信息化"戰略，同時還首提

　　　"政治文明"，開啟何為政治文明的討論

2005　中國的網民數量首破 1 億

　　　倫敦發生公交系統爆炸，警方運用眼力戰 5 天後鎖定嫌疑人

2006　辛頓提出"深度網絡"概念

2007　北京在全國率先規定"在公共場所設置公共安全圖像信息系統，應當設置標識"

　　　蘋果推出第一代智能手機 iPhone，智能手機開始普及

2008　奧巴馬建立個人競選網站，史上首次嘗試通過數據對選民分類，以推送定制

　　　消息

2009　李飛飛等華裔學者發起建立圖像數據庫 ImageNet，次年依此舉行圖像識別

　　　競賽

2010　美國警方用"綜合自動指紋識別系統"破獲 1991 年的聖貝納迪諾血案，獲 FBI

　　　生物識別案件年度大獎

　　　中國開始試行火車票實名制，到 2012 年所有客車都實行車票實名制

　　　大學生馬躍在北京地鐵墜軌身亡，家屬調閱監控視頻的過程不暢

　　　加州大學聖地牙哥分校研發 CERT，實現視頻流中的人臉自動檢測

2011　因定價算法出錯，亞馬遜的 *The Making of a Fly* 一書創 2369 萬美元"天價"

　　　思科全球研發中心前總裁博諾米提出"霧計算"的框架和概念

2012　奧巴馬競選連任，通過個人競選網站和 Facebook 聯動

美國國會宣佈公眾可以通過網絡收看立法會議實況並下載會議的歷史錄像

陝西安監局原局長楊達才的照片遭 "人肉" 並牽出受賄等問題，被稱為 "錶叔"

辛頓率隊參加 ImageNet 圖像識別大賽，深度學習引起人工智能領域關注

武漢警方成立全國首支視頻偵查支隊，視頻成為重要的破案線索

周克華在南京作案，當地調集大量警力肉眼查看監控視頻，引發硬盤和眼藥水同時脫銷，堪稱中國治安史上的傳奇

2013　十八屆三中全會提出 "全面深化改革的總目標是完善和發展中國特色社會主義制度，推進國家治理體系和治理能力現代化"

最高法開始建立 "失信被執行人名單庫"，進行有效的社會信用治理

中國發起 "精準扶貧" 行動

波士頓馬拉松發生爆炸案，警方成立人眼小組調閱現場視頻，三天確認嫌犯

美國加州聖地牙哥警方開始配備便攜式人臉識別設備，隨時驗證行人身份

2014　杭州 8200 輛公交車安裝攝像頭，可自動拍攝違規車輛並把照片提交給交警部門

手機淘寶上線 "拍立淘" 功能，用戶可通過 "以圖搜物" 檢索商品

黑客 "劫持" 10 多萬台物聯網設備，發起 70 萬份垃圾郵件的攻擊，凸顯智能社會的軟肋

2015　國務院印發《促進大數據發展行動綱要》，倡導用數據說話、管理、決策和創新

"大眾創業、萬眾創新" 被寫入《政府工作報告》，成為國家發展的重大推動力

美國首宗算法合謀案宣判，被告因 "夥同他人合謀控制商品的網上銷售價格" 而被罰

國家發改委提出，到 2020 年實現公共安全視頻監控 "全域覆蓋、全網共享、全時可用、全程可控"

馬雲首次提出，大數據讓計劃和預判成可能，到 2030 年計劃經濟將成更優越的系統

杭州警方運用 "物證雲" 系統，破獲 13 年前的之江花園滅門血案並抓獲兇手

南京試水視頻開放，在“我的南京”App 推出“主幹道監控”和“實時路況”
服務

2016　鐵路部門規定暫停向動車上抽煙的乘客售票，破解乘客無懼罰款而抽煙的難題

AlphaGo 以 4：1 戰勝世界圍棋冠軍李世石，成為人工智能崛起的標誌性事件

美團網 CEO 王興先生提出“互聯網已經進入了下半場”論斷

中央政法委推出以視頻監控聯網應用為重點的“雪亮工程”

浙江啟用高速公路不繫安全帶違法檢測系統，它能自動識別沒繫安全帶的圖片
並推至交警執法系統

浙江啟動“最多跑一次”改革，因辦事效率提升顯著，全國各地紛紛效仿

美國女星卡戴珊因頻繁在社交網絡分享生活動態，在巴黎遭持槍搶劫

在總統大選最後角逐時期，《華盛頓郵報》披露特朗普勾引已婚女性的錄音

滴滴上線“分享行程”功能，通過分享行程數據保障乘車安全，被大量用戶使用

公安部規定，民警執法時要自覺接受群眾圍觀拍攝監督，習慣在“鏡頭”下執法

公安部等出台新規，規定電子數據可作為刑事案件證據

警方通過“Y-DNA 染色體檢驗”技術，破獲造成 11 名女性遇害的甘肅“白銀案”

南京玄武區在全國首創二維碼門牌，優化戶籍管理，該做法被其他省市效仿

美國西南航空因數據路由器的部分故障導致業務癱瘓，成千上萬旅客滯留

美國 Dyn 公司遭大規模“拒絕訪問服務”攻擊，導致多地斷網，半天損失上億
美元

德國紐倫堡大學發佈“Face2Face”的應用，實現視頻中的“表情移植”

2017　中國網民數量達 7.72 億，其中手機網民 7.53 億，中國成為互聯網大國

中國《新一代人工智能發展規劃》指出，要把握機遇，引領世界人工智能發展新
潮流

機器人索菲亞被沙特授予公民身份，成為史上首個獲公民身份的機器人

年度全球最大“黑天鵝事件”英國脫歐公投中，脫歐派以 52% 對 48% 的微弱優
勢勝出

中國女留學生章瑩穎失蹤案中，美國警方通過監控視頻確認涉案車輛並鎖定嫌犯

ImageNet 圖像識別最小錯誤率為 2.25%，深度學習算法已完全超越人類"眼力"

Facebook 推出人臉識別應用"魔術照片"，準確率達 98%

蘋果手機配置人臉識別工具，用戶可用人臉解鎖屏幕和支付，可靠性高於 99%

中國烏鎮圍棋峰會上，AlphaGo 以 3：0 戰勝世界排名第一的中國冠軍柯潔

南京市玄武區推出"玄微警"，實現旅客快速認證、入住酒店等功能

江蘇宿遷啟用"行人闖紅燈人臉識別系統"，識別準確率超 90%

中國公安開始全面普及帶有人臉比對功能的移動警務終端

支付寶推出"車牌付"，通過車牌自動識別實現賬戶自動扣除過路費

馬化騰透露，每天數億張人臉照片被上傳至騰訊平台，這些照片數據被用於人臉識別

加州警方通過基因分析匹配技術，確認涉嫌 12 起兇殺案、45 起強姦案的"金州殺手"

準大學生徐玉玉被"精準詐騙"後死亡，引起全國對隱私泄露風險的重視

中國多地幼兒園被曝虐童，引發對公共視頻調取查閱權限的討論

華盛頓大學研究人員通過機器學習製作出仿真奧巴馬講話的視頻

中國網友在微博首次曝出被大數據"殺熟"的經歷，其後相似案例湧現

2018　"最多跑一次"被寫進李克強總理的政府工作報告

Facebook 爆數據泄露，8700 萬用戶數據被劍橋分析公司用於多國選舉中的選民分析

愛奇藝在美國納斯達克上市，市值超 150 億美元，視頻版權受到認可

支付寶發生"年度個人賬單"事件，渾水摸魚"竊取數據"做法受質疑

鄭州鐵警在全國鐵路系統中率先使用人臉比對警務眼鏡，為篩查不法分子帶來便利

浙江杭州第十一中學引進"智慧課堂行為管理系統"，輔助教師進行課堂管理

科大訊飛宣佈，其語音合成技術實現讓機器開口說話，且機器模仿語音可以假亂真

索引
INDEX

A

AlphaGo — 27、28、29、173、283、284

阿克洛夫（George A. Akerlof） — 19

阿塔（Mohamed Atta） — 102

埃克曼（Paul Ekman） — 251、252、253、254、255、257、258、279

艾略特（George Eliot） — 160、161、163

艾森豪威爾（Dwight David Eisenhower） — 151、152

愛迪生（Thomas Alva Edison） — 19、136、147、148、149、150、166、278

奧巴馬（Barack Obama） — 15、17、158、261、281、282、284

奧爾波特（Gordon W. Allport） — 17

奧馬里（Abdulaziz Alomari） — 102

奧斯汀（Jane Austen） — 136、137

B

BBC（英國廣播公司） — 28

巴特菲爾德（Alexander Butterfield） — 154、155

白居易 — 126

班農（Stephen Bannon） — 15

版稅 — 43、44、46、278

《百官行述》 — 157

半自動商業體系（SABRE） — 35、279

貝萊爾－山石（BelAire-Hillstone） — 53

被遺忘權 — 229

比爾·蓋茨（Bill Gates） — 28

比鄰星 — 268

畢昇 — 179、277

邊沁（Jeremy Bentham） — 126

邊緣計算 — 63

標題黨 — 18

表情分析 — 249、251、252、253、255、256、257、258

表情移植 — 261、262、283

波德萊爾（Charles Baudelaire） — 267

波士頓馬拉松爆炸 — 72、193、195、282

波特蘭國際機場 — 102

伯格（John Berger） — 78、107

伯特格爾（Johann Friedrich Böttger） — 177、277

博諾米（Flavio Bonomi） — 62、281

布萊索（Woodrow Wilson Bledsoe） — 81、82、98、279

布殊（George Bush） — 262

C

CERT（表情識別工具箱） — 255、263、281

checker（第一個跳棋程序） — 85、279

CTR（計算－製表－記錄公司） — 186、187、278

蔡倫 — 107、176、179、277

倉頡 — 172、198

曹雪芹 — 180

測不準原理 — 240

《茶餘偶談》 — 192

《常識》（Common Sense） — 184、278

超級檔案 — 109、119、120、121、122

超級互聯 — 40

車牌付　　　　　　　　35、284
陳橋兵變　　　　　　　142、277
城市大腦　　　　　　　50、211、214、215、
　　　　　　　　　　　216、217、218、219、
　　　　　　　　　　　242、243、276
崇古　　　　　　　　　180
褚遂良　　　　　　　　144、145、166
詞彙學假設（lexical hypothesis）
　　　　　　　　　　　17
《促進大數據發展行動綱要》
　　　　　　　　　　　XII、270、282
崔浩　　　　　　　　　146、277

D

Dyn 公司　　　　　　　260、283
達‧芬奇（Leonardo da Vinci）
　　　　　　　　　　　78
達蓋爾（Louis Daguerre）　80、278
達摩克利斯之劍　　　　129、130
達特茅斯會議　　　　　85、87、279
打孔製表機　　　　　　188、189、199、278
大數據殺熟　　　　　　11、22、45
大五人格（OCEAN）　　17
大衛營（Camp David）　154
單件　　　　　　　　　123、124
單粒度治理　　　　　　109、110、119、122、
　　　　　　　　　　　123、125、126、140
德勤會計師事務所　　　28
低價喚醒策略　　　　　25
狄奧尼修斯二世　　　　129
迪安（John Dean）　　155
迪安傑洛（Joseph James DeAngelo）
　　　　　　　　　　　133
第二次工業革命　　　　80
第谷（Tycho Brahe）　64
雕版印刷術　　　　　　107、179
釣愚　　　　　　　　　19、20
動態定價　　　　　　　27、231
動態人臉識別　　　　　101、103、105、106、
　　　　　　　　　　　281
讀心術　　　　　　　　15、18
杜勒斯國際機場　　　　102
杜魯門（Harry S. Truman）
　　　　　　　　　　　151
杜正倫　　　　　　　　144、166
斷片數據　　　　　　　243

E

恩格爾巴特（Douglas Engelbart）
　　　　　　　　　　　36、37、279
二維碼門牌　　　　　　204、205、206、207、
　　　　　　　　　　　283

F

Face2Face　　　　　　261、262、263、283
FaceNet　　　　　　　95、108
FERET（人臉識別技術評估）
　　　　　　　　　　　97、98、280
翻燒餅　　　　　　　　152
反毒品技術辦公室（CTDPO）
　　　　　　　　　　　97
反向傳播算法（Backpropagation, BP）
　　　　　　　　　　　92、280
范斯坦（Dianne Feinstein）
　　　　　　　　　　　102
范仲淹　　　　　　　　127
仿生派　　　　　　　　86、87、279
費根鮑姆（E. A. Feigenbaum）
　　　　　　　　　　　85、280
分佈式表徵（Distributed Representation）
　　　　　　　　　　　91
分佈式賬本　　　　　　210
《富國》　　　　　　　127
弗林（Michael Flynn）　156
複式記賬法　　　　　　185、186、277

G

甘迺迪（John Fitzgerald Kennedy）
　　　　　　　　　　　151、159
甘肅冒賑案　　　　　　118、119、278
感知器（Perceptron）　88、89、90、93、279
高承勇　　　　　　　　132
高鶚　　　　　　　　　180
哥白尼（Nikolaj Kopernik）
　　　　　　　　　　　64、238
歌德（Johann Wolfgang von Goethe）
　　　　　　　　　　　183、277
個人數據　　　　　　　10、11、36、39、40、
　　　　　　　　　　　45、120、122、214、
　　　　　　　　　　　224、229、230
《個人信息安全規範》　59
工時管理　　　　　　　187
《工資工時法案》（Wage-Hour Act）
　　　　　　　　　　　188、278

《公共安全視頻系統管理規定》
224
公共安全視頻監控建設聯網應用示範城市
62
公共事務有線電視網　159、280
共和黨　15、151
共享經濟　34、35
古騰堡（Johannes Gutenberg）
176、179、183、277
谷歌街景地圖　57、58
骨瓷　177、277
觀眾表情分析系統　256
管仲　251、263
廣州　51、52、74、207、
224、233、276
軌跡研究　64、70
郭沫若　43
郭嵩燾　149
《國史》　146、277
國家市場監督管理總局　232

H

哈德曼（H. R. Haldeman）152、153、154、155、
156
海森堡（Werner Heisenberg）
240
寒蟬效應（Chilling Effect）101
韓愈　111、113、114、115、
277
郝伯（Carl Haub）　107
黑天鵝事件　20、283
弘一法師　127
《紅樓夢》　169、180、181、182、
183、184、199、278
胡銓　146
胡適　183
蝴蝶效應　259
互聯網原罪　41
《華盛頓郵報》　283
桓玄　146、166
黃仁宇　3、6、186、189、199
《輝煌中國》　50
惠施　175
活字印刷　176、179、183、198、
268、277、278
霍布斯（Thomas Hobbes）136
霍金（Stephen William Hawking）
28

霍桑（Nathaniel Hawthorne）
245、246、247、263

I

IBM 701　85、279
ImageNet 圖像識別大賽　94、95、281、282

J

"9·11" 事件　100、102、103、281
基辛格（Henry Kissinger）154、155
機動車號牌標準　65
機器（計算機）視覺　61、79、95、100、
250、260、261
機器聽覺　61、250
機器學習　85、89、90、94、97、
261、279、284
吉安　177、178
吉州窯　178、277
計劃經濟　236、262、282
記算機　189
甲骨文　175、277
劍橋分析公司　15、16、17、18、20、
21、22、45、284
交通小腦　219
腳本　37、38、39
傑克·倫敦（Jack London）
191
今日頭條　XII、4、7、11、14、
60
金出武雄（Takeo Kanade）
82、279
金門大橋　215、278
金州殺手（Golden State Killer）
133、284
"僅此一次"　221
緊急查看權　224
精準扶貧　123、282
精準營銷（推送）　3、10、212、215
景德鎮　177、178、198
靜態人臉識別　100
據數　XIV、1、2、3、4、6

K

卡戴珊（Kim Kardashian）115、283
卡口　64、66、67、68、243
卡內基－梅隆大學　82、91、255
開普勒（Johannes Kepler）64、238、277
康德（Immanuel Kant）　147

康熙　149
柯達公司　80
柯潔　28、284
科大訊飛　250、261、284
科根（Aleksandr Kogan）　16、21
科米（James Comey）　156、157、158
克林頓（William Clinton）254
孔子　5、141
匡政文　72

L

拉姆（Brian Lamb）　159
拉普拉斯（Pierre-Simon Laplace）
　237、239、241、245、
　277、278
萊比錫書展　183
萊溫斯基　254
瀨戶正人（Masato Seto）58
蘭開斯特縣（Lancaster）　117
蘭普（Samuel Lapp）　116、117
郎世寧（Giuseppe Castiglione）
　79
勞動所得退稅補貼項目（EITC）
　122
李昂　145
李昌鈺　132
李飛飛　95、281
李開復　28
李凱　95
李克強　220、233、284
李世民　143、144、145、277
李世石　28、283
李書福　60
《禮記》　143
梁建章　28
梁啟超　140
量數　XIV、1、2、3、6、
　110、155、240
量子　235、240、241、243、
　273
列根（Ronald Wilson Reagan）
　157、158、280
林彪　191
林毅夫　XII、XIII、176、177、
　198
劉泊　144、166
劉慶峰　250、261、263
劉裕　146
劉知幾　141、165

留聲機　148、149、150、265、
　278
柳虬　146
爐邊談話　151、278
魯梅哈特（David Everett Rumelhart）
　92、280
魯迅　43
陸軍研究實驗室（ARL）　97
羅森布拉特（Frank Rosenblatt）
　88、279
羅斯福（Franklin D. Roosevelt）
　150、151、155、158、
　159、188、278
洛克菲勒大學　98

M

Miros 公司　98
麻省理工學院　98、255
馬化騰　59、60、284
馬斯克　28
馬太效應　265
馬躍　226、281
馬雲　8、23、236、240、
　262、282
《瑪麗有一隻小羊羔》　148
邁森瓷廠（The Meissen Porcelain Manufactory）
　177
麥克斯韋（James Maxwell）
　238
麥肯錫公司　28
麥卡錫（John McCarthy）　85、87
茅盾　43
梅特卡夫（Henry Metcalfe）
　187、188、278
美國國防部高級研究計劃局（Defense Advanced
　Research Projects Agency,
　DARPA）
　97、280
美國國家標準與技術研究所（National Institute
　of Standards and
　Technology, NIST）
　98
美國人工智能協會（American Association for
　Artificial Intelligence,
　AAAI）
　82
蒙克（Edvard Munch）　78
米蘭達警告　58
面部表情編碼系統　251、254、255、279

面相學　　　　　251、252

民主黨　　　　　15、18、20、155

明斯基（Marvin Minsky）87、90、92、274、279

模糊社會　　　　116、118、126、136、
　　　　　　　　183

魔術照片（Photo Magic）96、284

莫里森（Robert Morrison）
　　　　　　　　179、278

墨菲定律　　　　259

默瑟（Robert Mercer）　15

《目擊者》（Witness）　116

N

NBC（美國全國廣播公司）151

NCR（美國國家收銀機公司）
　　　　　　　　186、278

Nextdoor　　　　53、54、55

南京　　　　　　51、56、71、72、74、
　　　　　　　　75、100、146、204、
　　　　　　　　205、206、207、212、
　　　　　　　　213、214、220、225、
　　　　　　　　226、227、228、233、
　　　　　　　　234、276、282、283、
　　　　　　　　284

南京長江大橋　　214、219、279

南京 e 貸　　　　212、213、214

尼克遜（Richard Milhous Nixon）
　　　　　　　　150、152、153、154、
　　　　　　　　155、156、157、167、
　　　　　　　　241、279

匿名權　　　　　106

牛頓（Isaac Newton）238、239、240、243、
　　　　　　　　277

牛津大學人類未來研究院 28

《紐約時報》　　156

O

歐陽修　　　　　141、146、166、167

P

帕喬利（Luca Pacioli）185、277

拍立淘　　　　　66、282

潘恩（Thomas Paine）184、278

培根（Francis Bacon）152

彭特蘭（Alex Pentland）98

《平原作戰》　　163

普朗克（Max Planck）240

普呂多姆（Sully Prudhomme）
　　　　　　　　237

普適記錄　　　　XIV、2、8、9、129、
　　　　　　　　130、131、139、140、
　　　　　　　　160、165、197、245、
　　　　　　　　247、266、267

Q

齊桓公　　　　　251、263

《起居注》（《禁中起居注》）143、144、145、146、
　　　　　　　　147、159、164、166

《情人》（L'amant）197、279

千人千價　　　　11、25、26、119、
　　　　　　　　121、215、231

千人千面　　　　23、24、25、33、119

強人工智能　　　96

區塊鏈　　　　　10、11、210、222、
　　　　　　　　271

全景實驗室（PRI）81、279

全面計算　　　　192、195、197、257

全面記錄　　　　40、192、193、195、
　　　　　　　　257

《全球通史》（A Global History）
　　　　　　　　265

群防雲　　　　　217

R

RFID（射頻識別技術）　125

人工神經網絡　　89

人機圍棋大戰　　27

人口學　　　　　17、107

人口鐘（Population Clock）
　　　　　　　　249

日不落帝國　　　41

日心說　　　　　238

S

Statist 公司　　　52

薩爾諾夫（David Sarnoff）151

塞繆爾（Arthur Lee Samuel）
　　　　　　　　85、86、279

三大行星運動定律 64、277

《三國演義》　　80、107、183

上帝之眼　　　　125、162、236

上釉　　　　　　177

《少年維特的煩惱》183、184、277

《涑水紀聞》　　142

《社會保障法案》（Social Security Act）
188、278
社會記錄體系　113、184、193
舍雷舍夫斯基（Solomon Shereshevsky）
82
攝像頭登記制度　56
深度網絡　93、281
深度學習　87、93、94、95、96、
97、103、250、274、
282、284
神經元　87、88、91、92、93、
217
生死簿　163、164
生物痕跡　132
聖貝納迪諾（San Bernardino）
133、134、137、281
《聖經》　5、6、162、179、
196、278
失信被執行人名單庫　113、282
施洛普弗（Mike Schroepfer）
45
十計九記　185、189
時間戳　64
實名制　112、113、281
史丹福國際研究院　36、45
視頻偵查　52、72、74、282
手機基站　69
鼠標　33、36、37、38、39、
279、280
數基　XIV、202、207
數據閉環　36
數據產權　43、44、45、229
數據分裂症　60
數據紅利　44、45
數據化　33、34、35、36、40、
114、132、135、140、
185、230、256、258、
266、267
數據經濟　XIII、15、45
數據爬蟲　16
數據平權　13、44
數據權益　14
數據社會　109、131、274
數據識人　23、26
數據所有權　210
數據鐵籠　111、125
數據相對論　245、248

數據新政　201
數據藥丸　20、22
數據資產　41、43、60
數理派　86、87、89
數力　139、141、164、165、
197、256
數聯網　XIV、208、209、210、
211、212、213、214、
216、218、219、220
數目字管理　3、6、186、189
數權　XIV、41、44、197
數體　115、197、208、209、
210、218
數同標　209
數文明（數明）　XII、XIV、4、7、9、
10、11、13、169、
192、196、197、198、
274、276
數紋　111、115、197、209
數字身份證　124
數治　XIV、6、7、201、275
《説文解字》　122、172、198
司馬光　142、166
思科（Cisco）　62、281
斯奈德（Ruth Snyder）　252
斯塔夫里阿諾斯（Leften Stavros Stavrianos）
265
斯圖亞特（Potter Stewart）197
宋俊德　216、233
宋仁宗　146
宋孝宗　146
搜痕儀　132
蘇州　50、205、206、211、
214、219、233、276
素察　260
算法腐敗　231
算法合謀　22、27、282
索菲亞（Sophia）　30、31、283

T
泰勒（F. W. Taylor）　187、189
特朗普（Donald John Trump）
14、18、20、156、
157、158、159、261、
263、283
天空立法者　64
《天煞異降》（Arrival）　170、171

天網　　　　　　　　47、50、52、53、55、
　　　　　　　　　　56、57、61、62、64、
　　　　　　　　　　67、68、71、72、73、
　　　　　　　　　　74、99、100、101、
　　　　　　　　　　105、110、222、223、
　　　　　　　　　　224、226、227、228、
　　　　　　　　　　242、243、281
天眼　　　　　　　　61、73、74、129
"挑戰者號"　　　　　259、280
《鐵路安全管理條例》　113
汀斯雷（Marion Tinsley）86、280
通俄門　　　　　　　156
《通用數據保護條例》（General Data Protection
　　　　　　　　　　Regulation, GDPR）
　　　　　　　　　　14、229、230、231
統計悖反　　　　　　51
圖靈獎　　　　　　　85、280
圖像識別　　　　　　47、63、67、94、95、
　　　　　　　　　　249、250、251、281、
　　　　　　　　　　282、284
推特治國　　　　　　158
托普金斯（David Topkins）
　　　　　　　　　　26
拓跋燾　　　　　　　146、277

V
Viisage Technology 公司　98、280
Visionics 公司　　　98、100、101、103

W
萬物網　　　　　　　208
萬有引力定律　　　　239、277
王峰　　　　　　　　83
王堅　　　　　　　　215
王興　　　　　　　　40、283
《網絡安全法》　　　59
威爾基（Wendell Lewis Willkie）
　　　　　　　　　　151
威廉二世（Wilhelm II）149
微表情　　　　　　　253、254、255
微調（fine-tuning）技術　93
微粒貸　　　　　　　3、24、25
微笑門（戴表門）　　130
韋奇伍德（Josiah Wedgwood）
　　　　　　　　　　177、277
維多利亞女王（Alexandrina Victoria）
　　　　　　　　　　80、278

維特效應　　　　　　183、277
魏謨　　　　　　　　145、166
文天祥　　　　　　　178、277
沃爾頓（Sam Walton）　191
沃森（Thomas J. Watson）186、189、274
吳軍　　　　　　　　28、198
無儉倖社會　　　　　129、140、218
無人駕駛（汽車）　　29、31、249、250
無徵求收集　　　　　10、57、58、61
物證管理系統　　　　132
物證雲　　　　　　　132、133、282
霧計算（Fog Computing）61、62、63、222、281

X
XCoffee　　　　　　48
希捷公司（Seagate）　248
希拉莉（Hillary Diane Rodham Clinton）
　　　　　　　　　　20、22
希特拉（Adolf Hitler）　151
顯性知識　　　　　　255、258
向量機（Support Vector Machine, SVM）技術
　　　　　　　　　　94
心理特質　　　　　　17、18、20
辛頓（Geoffery Hinton）91、92、93、94、96、
　　　　　　　　　　280、281、282
新經濟　　　　　　　15、33、35、36、45、
　　　　　　　　　　185
《新一代人工智能發展規劃》
　　　　　　　　　　270、283
信息繭房　　　　　　10
信息窄化　　　　　　10
信用評估　　　　　　212、213、278
信用治理　　　　　　113、282
行車記錄儀　　　　　55、56、75
行人闖紅燈人臉識別系統 103、284
虛擬貨幣　　　　　　215
徐玉玉事件　　　　　221
許家印　　　　　　　130
許倬雲　　　　　　　196
玄微警　　　　　　　100、225、233、284
玄武門之變　　　　　144、277
玄學　　　　　　　　119
薛定諤的貓　　　　　241
雪亮工程　　　　　　62、74、75、283
循數管理　　　　　　218
荀子　　　　　　　　127

Y

雅各布斯（Jane Jacobs） 52、53、279
《亞當‧比德》（Adam Bede）
　　160
煙槍（Smoking Gun） 155
嚴復 43、278
閻羅王 163
眼力戰 71、281
楊達才 130、131、282
藥品監管碼 124、137
一標三實 134
一人一屏 25、26
伊麗莎白一世（Elizabeth I）
　　152
移動警務終端 105、284
移動之眼 55
以房定人 205
以史制君 141、165
以臉搜人 73
以圖搜車（物） 63、65、66、70、73、
　　110
抑僥倖 127
隱私國際（Privacy International）
　　57、58
隱性知識 87、255、258、274
用戶畫像 60
宇宙社交恐懼症 170
語音識別 249、250
郁達夫 43
預訓練（pre-training） 93
元數據 183、209、218、231、
　　232
元積 8
圓形監獄 126
約翰遜（Lyndon Baines Johnson）
　　151、152

Z

造紙術 107、173、176、277
曾國藩 127、137、192、199

《貞觀政要》 144、166
章瑩穎 49、50、55、63、284
趙匡胤 142、277
整體性數據 214、219、220
整體性政府 201、208、210、214、
　　219、220、221、222
政治大數據 160
鄭朗 145、166
支付寶“年度個人賬單” 59
知情權 44、57、59
芝麻信用 3、58、119、120、
　　137、212、213
智慧課堂行為管理系統 256、284
《智囊全集》 251、263
智能塵埃 63、222
智能商業 4、33、34、36、114、
　　192
智能攝像頭 6、61、63、222、
　　223、256
終身記錄、終身分析、終身管理、終身服務
　　121、164、213、227
眾智 29、193、267、268
周克華 71、72、73、100、
　　203、205、282
朱熹 181
朱子奢 144、145、166
朱自清 214、215
豬灣事件 151、167
自動化 35、36、186、279
綜合自動指紋識別系統（IAFIS）
　　134、281
《資治通鑑》 142、166
《自然哲學的數學原理》（Mathematical Principles of
　　Natural Philosophy）
　　238
《總統記錄法案》（Presidential Record Act）
　　157、158、279
“最多跑一次” 99、219、220、233、
　　283、284
《左傳》 110、127

關於本書數據、專有名詞體例及圖片版權的説明

1、本書數據小數點之後一般保留兩位，部分引用的數據遵從引用原文的位數。

2、為行文簡潔，本書只對重點外國人物或在可能引起混淆的情況下，引用人物的全名。一般情況下，外國人名的翻譯只包括姓，不包括名，但英文全名一律在後繼括號內注明，以便讀者查對。

3、為方便讀者閱讀，涉及外國相關組織機構時，大多採用英文名稱的首字母簡稱。

4、本書未標明出處的圖表，皆為作者自己設計繪製。

5、本書引用的大部分圖片和照片，已獲得作者的授權；少數未獲授權的，歡迎作者見書後，與本書作者或出版社聯繫。

責任編輯	梅　林
封面設計	彭若東
版式設計	林　溪
排　版	高向明
印　務	馮政光

書　名	數文明：大數據如何重塑人類文明、商業形態和個人世界
作　者	涂子沛
出　版	香港中和出版有限公司 Hong Kong Open Page Publishing Co., Ltd. 香港北角英皇道 499 號北角工業大廈 18 樓 http://www.hkopenpage.com http://www.facebook.com/hkopenpage http://weibo.com/hkopenpage
香港發行	香港聯合書刊物流有限公司 香港新界大埔汀麗路 36 號 3 字樓
印　刷	中華商務彩色印刷有限公司 香港新界大埔汀麗路 36 號中華商務印刷大廈
版　次	2019 年 6 月香港第 1 版第 1 次印刷
規　格	16 開（168mm×230mm）312 面
國際書號	ISBN 978-988-8570-24-9

© 2019 Hong Kong Open Page Publishing Co., Ltd.

Published in Hong Kong